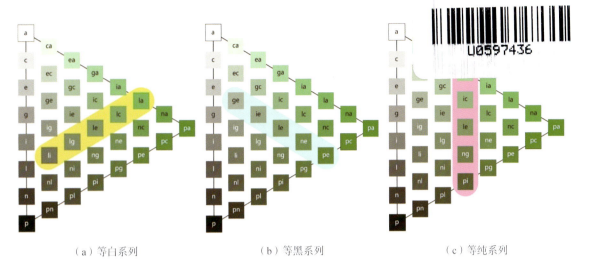

（a）等白系列　　　　　　　（b）等黑系列　　　　　　　（c）等纯系列

图 9.9　奥斯特瓦尔德等色相面

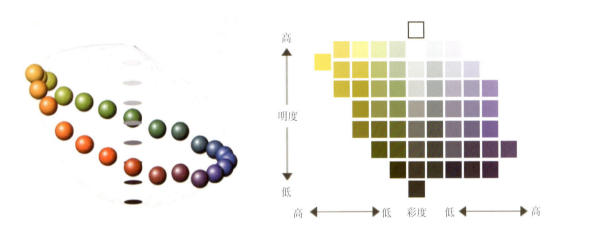

图 9.10　PCCS 色立体及等色相面

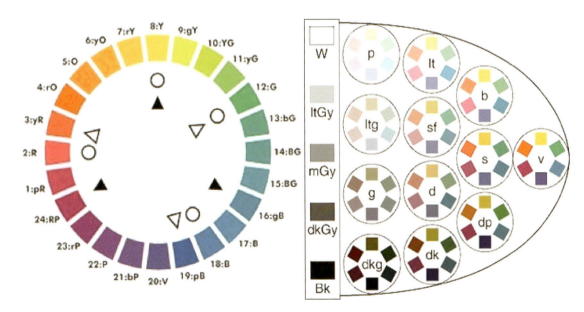

图 9.11　PCCS 色彩体系平面图

图 9.12　NCS 色彩体系的 6 种基础色

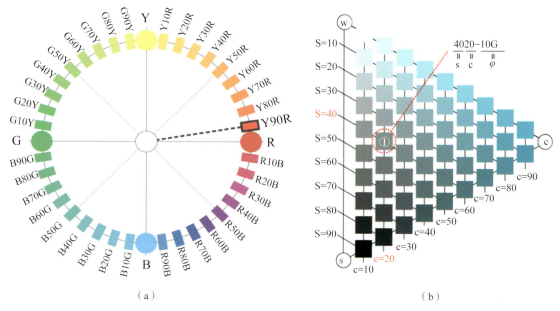

（a）

（b）

图 9.13　NCS 色相环及等色相面

（a）　　　　　　　（b）　　　　　　　（c）

图 9.14　共通性调和与对照性调和

图 10.32　上下装色彩比例

图 10.33　平衡、均衡的色彩美

图 10.34　均衡色彩关系

图 10.35　色相、明度、纯度对比　　　　　　　　图 10.36　补色对比

图 10.37　色彩对比中调整色彩面积、色彩分割手法

图 10.38　共通性调和——色相相似　　　　　图 10.39　共通性调和——明度相似、纯度相似

图 10.40　共通性调和——
点缀色、图案运用

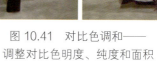

图 10.41　对比色调和——
调整对比色明度、纯度和面积

图 10.42　对比色调和——
间色 / 无彩色分割

图 10.43　色彩协调——关联、呼应、衬托

图 10.44　色彩协调——色调风格协调

"十三五"普通高等教育本科部委级规划教材

纺织服装概论

万　明　主　编

刘呈坤　袁　燕　副主编

中国纺织出版社有限公司

内 容 提 要

本书分为纺织和服装两大部分。分别从纺织纤维、纺纱技术、织造技术、染整技术、服装材料、服饰文化、服装色彩、服装设计、服装号型与结构设计、服饰品牌、服装生产工艺与管理、服装市场营销等方面，介绍了纺织服装全产业链的生产加工流程、产品形态及性能特点，并从宏观框架、基础概念、最新成就及跨行业应用等方面描绘了大纺织的概貌。

本书既可作为纺织服装类专业的导论教材，也可作为纺织特色高校相关专业的通识和特色基础课教材，同时还可供纺织服装行业的从业人员和爱好者参考。

图书在版编目（CIP）数据

纺织服装概论 / 万明主编 . -- 北京：中国纺织出版社有限公司，2020.9（2022.8 重印）

"十三五"普通高等教育本科部委级规划教材

ISBN 978-7-5180-7461-7

Ⅰ．①纺… Ⅱ．①万… Ⅲ．①纺织—高等学校—教材②服装—高等学校—教材 Ⅳ．①TS1②TS941.7

中国版本图书馆 CIP 数据核字（2020）第 085245 号

策划编辑：孔会云　　责任编辑：沈　靖　　责任校对：楼旭红
责任印制：何　建

中国纺织出版社有限公司出版发行
地址：北京市朝阳区百子湾东里 A407 号楼　邮政编码：100124
销售电话：010 — 67004422　传真：010 — 87155801
http://www.c-textilep.com
中国纺织出版社天猫旗舰店
官方微博 http://weibo.com/2119887771
北京市密东印刷有限公司印刷　各地新华书店经销
2020 年 9 月第 1 版　2022 年 8 月第 3 次印刷
开本：787×1092　1/16　印张：20.75　插页：2
字数：412 千字　定价：46.00 元

《纺织服装概论》编委会

前　言

　　纺织工业一直是我国国民经济建设的重要支柱产业之一。自 20 世纪 90 年代以来，纺织工业从计划经济向市场经济转变，由劳动密集型向技术密集型、资本密集型和人才密集型转变，并在科技、绿色、智能、品质、特色和管理六大方面持续加快升级，围绕建设纺织科技强国战略目标，大力推动行业科技创新和成果转化，加大科技投入，在纤维材料、纺织、染整、产业用纺织品、服装与品牌战略、纺织装备、信息化各领域取得了一系列创新成果，实现了全行业关键、共性技术的突破，行业自主创新能力、技术装备水平和产品开发能力整体提升，逐步实现了从"纺织大国"向"纺织强国"的战略转变。

　　为了使具有纺织特色院校的学生和广大纺织服装行业的从业者以及社会爱好者从宏观上了解纺织服装全产业链的生产加工流程、产品形态及性能特点，了解现代纺织工业体系的多样性、复合性、交叉性，了解行业对从业人员能力与素质要求的全方位性、专业的多样性、学科的交叉性，了解纺织工业本身对社会及各行业的支撑作用和跨界应用情况，作者在多年的教学实践基础上，参考国内外纺织服装专业书籍，结合当前科技的发展，完成了《纺织服装概论》2 种书面教材（中文版、英文版），2 种在线开放课程（中文慕课上线在智慧树平台、英文慕课上线在学堂在线平台），以及用二维码形式呈现的数字化配套资源，即形成了"2+2+1"系列新形态教材。该系列新形态教材也是作者多年来一直在思考与探索的教材与教学如何深度融合发展、新时代下新形态教材如何发展、线上与线下教学载体如何配套推进、教材在价值引领与知识传授方面如何有机结合等问题的一种有益尝试。

　　本书主要分为纺织和服装两大部分，分别从纺织纤维、纺纱技术、织造技术、染整技术、服装材料、服饰文化、服装色彩、服装设计、服装号型与结构设计、服饰品牌、服装生产工艺与管理、服装市场营销等方面，介绍了纺织服装全产业链的生产加工流程、产品形态及性能特点，并从宏观框架、基础概念、最新成就及跨行业应用等方面描绘了大纺织的概貌。纺织部分重在介绍工艺流程、产品特征、实际应用；服装部分重在使学习者了解一件服装从前期的品牌构建、品牌文化创意、设计表达、色彩表达、材料选择、款式与结构设计、生产工艺到最终推向市场到达消费者手中的全过程。通过学习，不仅可以掌握专业知识，同时作为消费者，也能够了解和感悟服装穿用所表达的内涵以及外在属性所表达的重要意义 。

　　作为《纺织服装概论》"2+2+1"系列新形态教材之一的中文版教材，本书具有如下四个特点：一是每个工序或章节前，都有一个框架示意图，可以使读者清晰地了解脉络和逻辑关系；

二是在文中尽量多用实物图表示，以使读者能够眼见为实，加深印象；三是尽量用简练的文字描述生产工艺过程，具有通俗易懂、深入浅出、条理清晰、融会贯通的特点；四是精心录制了与教材配套的慕课视频 83 个，扫描书中相应位置的二维码即可观看，可以有效地支持各院校开展线上教学，帮助学生提高自学效果；慕课视频能帮助授课教师实现翻转课堂的教学模式，帮助学生更好地进行课前预习、课后复习。期望通过对本书及配套在线开放课程的学习，提高学习者对纺织服装整个产业的认识。本书既可作为纺织服装类专业的导论教材，也可作为纺织特色高校相关专业的通识和特色基础课教材，还可供广大纺织服装行业的从业人员及爱好者参考。

本书由西安工程大学万明担任主编，刘呈坤、袁燕担任副主编。具体参加编写的人员及分工是：第一章由刘呈坤、万明编写，第二章由张昭环编写，第三章由吴磊编写，第四章由支超、万明编写，第五章由师文钊编写，第六章由余灵婕、谢光银编写，第七章由李宁编写，第八章由刘冰冰编写，第九章由薛媛编写，第十章由刘静编写，第十一章由张睿编写，第十二章由袁燕编写，第十三章由蒋晓文编写，第十四章由梁建芳编写，附录由郭西平、张振方编写。本书章节前的流程图和框架图统一由西安工程大学纺织工程专业硕士研究生张庆负责绘制与润色。纺织概论部分由刘呈坤统稿，服装概论部分由袁燕统稿，全书由万明统稿。

本书在编写过程中，参阅并引用了许多教材、专著、论文、学术报告等国内外文献资料，引用了许多有关图、表、数据、资料及许多老师多年的教学研究成果和科学研究成果，因而是集体智慧的结晶。在各章节末集录了这些文献名称，因限于篇幅未列出每一图、表、数据的页码，也可能有一些未能详细列出，在此谨向各位专家和学者表示歉意和诚挚的感谢。

由于作者水平有限，书中疏漏、错误之处在所难免，恳请各位读者对书中的不足之处给予批评指正。

万　明
2020 年 1 月 8 日

目 录

第1章 概述

1.1 纺织发展简史

1.1.1 古代纺织技术发展

研究世界纺织生产的起源、形成、发展及变革，是以纺织技术的发展为核心，涉及科技、经济、文化、艺术和对外交流等各个领域，并与考古学、民族学、历史地理学、经济史、交通史和工艺美术史等多个学科相关。纺织生产技术是世界各族人民长期创造性劳动经验积累的产物，世界各文明发祥地对于纺织技术的发展都有着突出的贡献。如大约公元前5000年，中国黄河、长江流域居民开始用葛、麻纺织；北非尼罗河流域居民用亚麻纺织；南亚印度河流域居民和南美居民均已用棉花纺织；里海、爱琴海沿岸和西亚两河流域已用羊毛纺织。

狭义上的纺织是一种服务于人类穿着的行业门类，纺纱织布、制作衣服、遮丑饰美、御寒避风、防虫护体等应该是纺织起源发展的重要动机。据考古记载，中国纺织生产习俗大约在旧石器时代晚期已见萌芽，当时的北京山顶洞人已学会用骨针缝制苇、皮衣服（图1.1）。这种原始的缝纫术虽不是严格意义上的纺织，但可以说是原始纺织的发轫。

真正纺织技术和习俗的诞生及流行是在新石器时期。《周易·系辞》中"黄帝、尧、舜垂衣裳而天下治"反映的正是中国新石器时代纺织业的诞生，麻、丝衣服开始出现并流行的真实情况。

图1.1 山顶洞人用骨针缝制衣服

甘肃秦安大地湾下层文化出土的陶纺轮表明，在西北地区，原始的纺织业在新石器时代早期便已出现，距今已有8000年左右的历史。新石器时代中、晚期，人们除了使用毛、麻、棉这三种纤维外，还大量使用蚕丝，出现了最原始的织布工具"距织机"（也叫腰机），织出的纺织产品有的用手绘花纹，有的用织纹或刺绣构成简单图案。以麻、丝、毛、棉天然纤维为原料的纺织品实物表明，中国新石器时代纺织工艺技术已相当进步，但仍属于原始手工纺织时期。

夏代以后，进入手工机器纺织时期，出现了具有传统性能的简单机械缫车、纺车、织机等，其中原始织机的发展演变过程如图1.2所示。纺织生产无论在数量还是在质量上都得到很大的发展，技术水平居于世界领先地位，并一直延续到18世纪。夏商周时期，织造技术在纺织领域中就处于领先地位，并在原始腰机的基础上增添提花综等构件，成为我国最早的提花织具。生产的纺织品开始被赋予身份和地位等社会意义，奠定了丝织品在中国纺织历史上至高无上的地位，绢、组、绣、罗等种类的织物都有出土记载。河北藁城台西遗址出土黏附在青

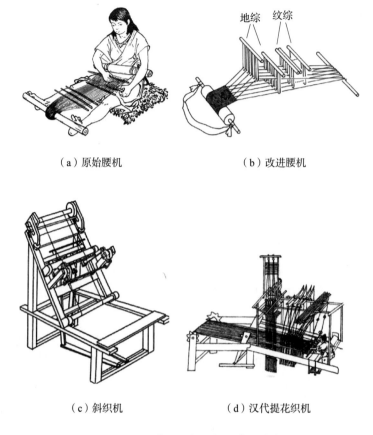

（a）原始腰机 　　　　　（b）改进腰机

（c）斜织机 　　　　　（d）汉代提花织机

图 1.2　中国原始织机的发展演变

铜器上的织物，已有平纹的纨、绉纹的縠、绞经的罗、三枚（$\frac{2}{1}$）的菱纹绮。河南安阳殷墟妇女墓铜器上所附的丝织品有纱纨（绢）、朱砂涂染的色帛、双经双纬的缣、回纹绮等，殷墟还出土有丝绳、丝带等实物。陕西宝鸡茹家庄西周墓出土了纬二重组织的山形纹绮残片。春秋战国时期，丝织品更是丰富多彩，湖南长沙楚墓出土了几何纹锦、对龙对凤锦和填花燕纹锦等，湖北江陵楚墓出土了大批的锦绣品。毛织品则以新疆吐鲁番阿拉沟古墓中出土的数量最多，花色品种和纺织技术比哈密五堡遗址出土的更胜一筹。秦汉之际，人们革新成功一种手脚并用的单综织机（也叫斜织机），并开始使用复杂精密的提花机，用于织造带有复杂花纹的织物，形成了发达的桑麻生产和手工丝织业，并通过东西方经济、技术、文化交流的"丝绸之路"，以精湛的技术和规模化的商品生产方式，引领中亚、西亚、南欧、西欧和东南亚、南亚许多国家，先后开辟出蚕桑业和丝织业。唐以后，纺织机械日趋完善，进一步促进了纺织业的发展。宋元明时期，棉纺织技术发展迅速，人们日常衣着由麻布逐步改用棉布。元代著名的女纺织革新家黄道婆为棉纺织业发展做出了突出贡献，被誉为纺织业的"始祖"。

1.1.2　近代纺织技术发展

18 世纪下半叶，第一次工业革命时期的英国手工纺织机器的工作机件经过一系列改进，使得利用各种自然动力代替人力驱动的集中生产成为可能，纺织技术开始进入大工业化时期。在纺纱方面，1764 年，纺织工人哈格里夫斯发明了手摇式多锭纺纱机（即"珍妮机"），极大地提高了劳动生产率。为解决珍妮机上纱锭增多而动力不足的问题，钟表匠阿克莱特于 1769 年发明了使用水力驱动的纺纱机。珍妮机纺出的纱精细但易断，水力纺纱机纺出的纱质地结实却显粗糙，1779 年，纺织工人克伦普敦综合珍妮机和水力纺纱机的长处，发明了新型走锭纺纱机（也称"骡机"，取骡子兼具马和驴的优点之意）。1828 年，美国发明了更先进的环锭纺纱机，到 20 世纪 60 年代几乎完全取代了走锭纺纱机。纺纱机的发展演变如图 1.3 所示。在织造方面，1733 年，钟表匠凯伊发明了飞梭，初步改变了手工穿梭织布的落后方法，使织布工效提高了两倍。1785 年，乡村牧师卡特赖特在参观阿克莱特的棉纺厂后，受水力纺纱机的启发，发明了水力织布机，织布工效提高了约 40 倍。1895 年发明了自动换纤装置，1926 年发明了自动换梭装置，织机进一步走向自动化。

与其他发达国家类似，美国的纺织工业也是伴随着第一次工业革命发展起来的一个重要的工业行业。1790 年，北美历史上第一家水力纺纱厂的建立，标志着美国踏入了工业化时代。从发展之初移植英国的纺织工业化技术，到通过改造、创新成为世界重要的纺织工业化国家。可以说，纺织业作为美国工业化进程的母亲行业，不但为美国强大的工业化生产能力奠定了坚实的基础，也为美国科技进步和国民经济壮大做出了重要贡献。

中国的纺织业历史十分悠久，手工业曾经达到辉煌的水平，但是机器纺织工业起步于 19 世纪 70 年代，与英国相比晚了一个世纪。动力机器在中国纺织业中的使用，使得过去手工小作坊的分散形式逐步演变成集中式大规模的工厂生产形式，劳动生产率有了大幅度提高，实现了生产力的飞跃，从而逐步发展为近现代的中国纺织工业。1872 年，越南归侨陈启沅在家

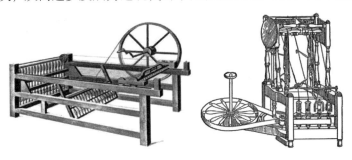

（a）珍妮纺纱机　　　　　　　　　（b）水力纺纱机

（c）走锭纺纱机　　　　　　　　　（d）环锭纺纱机

图 1.3　纺纱机的发展演变

乡广东南海创办了继昌隆缫丝厂，成为中国近代第一家中国人投资的使用了机器动力的缫丝厂。缫丝业成为中国纺织业最早实现动力机器生产的行业，也是整个近代中国工业中发展迅速的行业之一。鸦片战争之后，经过30多年的孕育，中国开始引进西欧国家的纺织技术装备，仿照当时世界上先进的方式兴办近代纺织工厂。1880年投产的甘肃织呢局是典型代表，既是中国最早的毛纺织工厂，也是近代中国纺织工业最早的工厂。近代棉纺织业的起步虽然晚于缫丝业和毛纺织业，但是一经出现，便迅速发展，成为中国纺织工业的主干。上海机器织布局于1889年开始投产，成为中国最早的近代棉纺织厂。与棉纺织密切相关的动力机器轧棉业也初步成型。最早的轧棉厂是直隶候补道严信厚创办的宁波通久源轧棉厂，成立于1887年，投产早于上海织布局。针织行业是比较新兴的纺织行业，1850年，广州归国华侨从国外带回德国制家庭式手摇袜机，成为针织机械传入中国的开端。而中国工厂引进国外针织机器设备始于19世纪末期，最早的针织厂是1896年成立的上海云章袜衫厂。

1898年，张之洞从德国引进包括脱胶、纺纱、机织工艺的整套纺织设备，建立武昌制麻局，从此，中国纺织工业开始走进机器生产时代，形成了较为完整的近代纺织工业体系。在我国早期的染整业中，最先使用动力机器的是丝光染纱业。20世纪初，丝光纱线的市场几乎被日本垄断。1912年，从日本学习染织专业归国的诸文绮在上海创办启明丝光染厂，这是中国最早的染纱厂。近代纺织工业中，纺织与印染形成了较手工业更为密切的协作关系，纺织业的快速发展带动了印染业的起步和发展。

1.1.3 现代纺织技术发展

欧洲自第一次工业革命以来，在全球纺织服装行业一直保持较强的竞争力，并且始终在世界纺织价值链中占据重要地位，尤其在品牌、零售、前沿技术等方面一直占据主导地位。其中，德国、英国、法国、意大利和西班牙五国，不仅是全球重要的纺织品服装消费市场，也是全球纺织品服装贸易中心，还是高档时装设计、制造和发布中心。而与众多传统制造业在工业化中期以后的衰退一样，美国的纺织工业在20世纪经历了从繁荣到衰退的巨大变化和调整。日本纺织服装产业的发展，经历了从低附加值到高附加值，从代工生产到原创设计生产、再到自有品牌生产的过程。通过持续的科技创新和价值链升级，日本纺织产业已从基础纺织品成功转型至高科技纤维及技术纺织品，服装产业也从服装加工转移至时尚产业。其调整的核心主要表现在两个方面：一是通过产业转移、专业化和不同产业间的合作，弱化或放弃低附加值制造环节，增加研究开发的投入，大力开发技术纺织品；二是通过大力发展时尚产业增强企业的市场竞争力和话语权。在此过程中，日本政府、产业界、企业均对这些高附加值环节进行了投资，因此使日本的纺织服装产业较顺利地完成了改造。

我国现代纺织工业的发展经历了恢复、发展和贡献的阶段。恢复阶段指的是中华人民共和国成立初期在治理战争创伤中尽快恢复现有企业生产，国家通过对上海、青岛、天津等地的纺织厂和纺机厂进行公私合营或收归国有的方式形成纺织工业的基础，艰难起步。发展阶段指的是从第一个五年计划开始，国家投巨资在北京、石家庄等大中城市新建了一批规模较大的棉纺织厂、毛纺织厂、麻纺织厂、丝绸（织）厂、印染厂、针织厂和纺机厂，全国纺织工业进入第一个快速发展期。70 年代初，上海金山石化、辽阳化纤、天津化纤和四川维尼纶四个大型化纤厂陆续顺利投产，化纤与各种天然纤维的混纺交织，大幅度增加了纺织产品的产量和花色品种，使纺织工业进入第二个快速发展期。1978 年，改革开放伊始，皮尔·卡丹、伊夫·圣·洛朗等一批国际设计大师的到来，开启了国人对时尚的认识。1983 年，布票制度取消，老百姓可以凭喜好挑选服装，产业发展的春天也随之来临，"三来一补"外向型经济迅猛发展，机制灵活、量大面广的乡镇企业成为我国服装业的主力军。1986 年，全国纺织工业总产值达 933.55 亿元，十年增长了 1.7 倍。贡献阶段指的是满足国内市场需求的同时，纺织服装的出口创汇为国家做出了巨大的贡献。1987 年，我国纺织工业进行战略调整，即从以国内市场为主转为保证国内市场供给的同时，着重抓出口创汇。1994 年，我国纺织品服装出口额达 355.5 亿美元，占全球纺织品服装比重 13.2%，成为世界纺织服装第一大出口国。其中，服装开始从代加工向品牌化转型，名企、名师、名牌的"三名"工程为中国服装产业确立了新的发展方向。1997 年，第一届中国国际时装周在北京举办，成为聚焦国内时尚界视线、彰显中国设计力量的首个重量级舞台。2001 年，中国加入世界贸易组织（WTO），纺织服装产业进入全球化发展的快车道，开启了由大变强的新征程。2005 年，全球纺织品服装配额取消之后，中国的纺织品服装出口额占全球纺织品服装出口总额的 23.85%，2006 年上升到 27.19%，这表明中国纺织服装出口贸易大国地位进一步增强。2015 年至今，以"一带一路""十三五"发展规划等为契机，中国纺织服装业进入高质量发展新阶段。

世界纺织业历经几百年的发展仍在继续前进，尽管中国纺织发展的历程经历了不少起伏，但无论市场环境如何恶劣，只要给一点儿阳光，就可以再次迎来生机，走向辉煌。纺织业作为一个传统产业，纺织品主要起到蔽体御寒的作用，所以很多人认为纺织行业是一个科技含量较低的行业。但是，随着科技的发展以及多学科科技的不断渗透和融合，纺织行业已经成为或者正在成为"科技和时尚融合、衣着消费与产业用并举"的产业。纺织品具有较高的技术含量，且不说汉代金缕玉衣即使在当今的科技条件下也难以复制成功，更不论汉唐霓裳在如今技术条件下也难以超越；即使在当今的中国，纺织技术发展也已经取得了很大成就，未来在设备智能化、产品功能化等诸多方面将发生更大的变革。

1.2　我国纺织工业的基本概况

1.2.1　发展现状

（1）我国纺织工业一直在转型升级之中

自 20 世纪 90 年代以来，纺织工业从计划经济向市场经济彻底转变，由劳动密集型向技术密集型、资本密集型和人才密集型转型，并在科技、绿色、智能、品质、特色和管理等六大方面持续加快升级（图 1.4）。

（2）我国纺织工业已经进入纺织强国建设阶段

① 我国纺织服装出口额约占全球的 36% 以上，纺织品出口、服装出口、纺织纤维加工

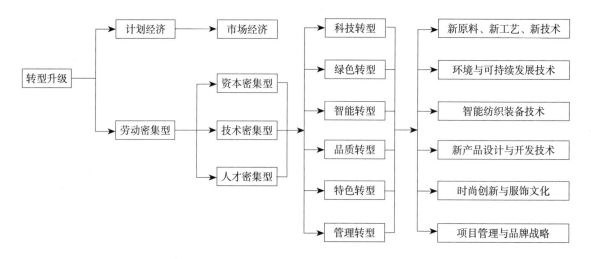

图 1.4　纺织工业转型升级图

总量均排名世界第一。纺织行业主营业务收入与利润、规模以上企业主营业务收入、全行业净创汇率等均占全国较大的比重。因此，原料供应、设计研发、纺织染加工、三大终端制造、品牌运营零售，都形成了全球体量最大、最完备的产业体系，已成为社会主义现代化强国建设的重要支撑力量。

②我国纺织工业主营业务收入已经达到每年 5 万亿元以上，从业人数达到 2000 多万人，人年均纤维消费量已经从 1949 年的不到 1kg，发展到 2019 年的 22.4kg 以上，纺织工业在解决就业、满足人们衣着消费、繁荣经济等方面发挥着重要作用，已成为实现全面建成小康社会的重要支撑力量。

③从自主创新能力、劳动生产效率、时尚话语权、模式创新等方面看，纺织工业是我国为数不多的具有全产业链闭环创新能力的工业部门，已成为推进创新发展的重要支撑力量。

④目前，我国企业在海外设立纺织服装生产、贸易和产品设计企业分布已经超过 100 个国家和地区，对"一带一路"市场的纺织品服装出口在快速增长，成为我国纺织工业生产力布局的重点区域，已成为推动人类命运共同体建设的重要支撑力量。

⑤据统计，目前我国百强县的前十位中，全部都与纺织服装产业深度相关，形成了庞大的纺织产业集群，纺织工业已成为推动区域协调发展的重要支撑力量。

（3）新形势下我国纺织工业发生的新变化

①我国纺织工业智能转型加快，产业链更加柔性化、精益化、协同化。纺织装备数字化、网络化、智能化并行发展，系统性和集成性不断提升，智能制造关键技术不断取得突破，相关成果应用已覆盖纺织行业全产业链，重点领域智能化发展成效显著。

②我国纺织工业，深度融入文化设计，本土品牌快速崛起。据统计，超六成消费者偏好买国货，一大批国内品牌迎来快速发展时期。

③从纤维材料、绿色发展、智能制造、跨界应用等多领域看，技术集成创新和融合应用已成为推动行业创新发展的重要力量，技术、产品、模式创新迭代加快，应用场景不断丰富。

纺织工业创新交叉融合,产业技术密集型的特征日渐显著。

④我国纺织工业全球化布局取得了良好的进展,迈入了新阶段。在产品、产能、资本、品牌,走出去的战略指导下,一大批龙头企业都纷纷在国外拓展生产和市场。

1.2.2 科技创新进展与成就

(1)科技水平整体提升

我国纺织行业围绕着建设纺织科技强国战略目标,大力推动行业科技创新和成果转化,加大科技投入,在纤维材料、纺织、染整、产业用纺织品、纺织装备、信息化等领域都取得了一系列创新成果,实现了全行业关键、共性技术的突破,行业自主创新能力、技术装备水平和产品开发能力整体提升,具体体现如下。

①碳纤维、芳纶和超高分子量聚乙烯等高性能纤维,新型纤维素纤维、生物基合成纤维、海洋生物基纤维、生物蛋白质纤维等生物基纤维材料技术不断取得重大突破。

②紧密纺、喷气涡流纺、精细印花等纺织产品加工技术进展越来越快。

③非织造技术和装备水平以及医疗卫生、土工建筑等领域的产业用纺织品的开发应用发展非常迅速,研发和加工技术推进有力。

④纺织品低温快速前处理、印染废水处理等一批关键技术取得突破,节能减排与资源循环利用技术成效明显。

⑤纺织机械、高性能纤维成套技术工艺装备等纺织装备技术和制造水平明显提升。

⑥全流程在线监控系统、行业智能装备等纺织两化深度融合,亮点突出。

⑦国家工程技术研究中心、重点实验室等创新体系建设取得了较大进展,纺织科技支撑体系建设呈现创新活力。

⑧标准体系进一步优化完善,纺织标准化建设新增优势。近年来,行业共制定、修订的各类标准覆盖了服装、家用、产业用三大应用领域以及纺织装备。

(2)创新能力明显增强

近年来,纺织行业获国家级科研奖项、专利总量都有较大的增长,纺织科技创新能力明显增强,为产业发展增添了新的动能。

(3)技术发展,引领消费

近年来,我国智能可穿戴设备市场规模同比增长46%左右,人工智能、物联网、互联网、大数据、云计算等技术发展迅猛,技术创新及消费升级催生了纺织服装行业的巨量市场,前景十分乐观。

(4)结构优化,持续发展

近年来,纺织行业积极落实《中国制造2025》,在《建设纺织强国纲要》等指导下,积极推进供给侧结构性改革,加大科技创新力度,不断优化产业结构,形成了可持续发展的新动能、新优势。

(5)生态文明,惠及民生

统计表明,在生产总量持续增长的情况下,纺织污染排放总量呈逐年下降趋势。采用绿色技术、低碳技术、循环利用技术等，大力推进生态文明建设。

1.2.3 发展战略

（1）我国纺织工业发展目标

我国纺织工业具有明确的发展目标，可以归纳为：一是要建立以纤维材料与智能制造为突破口的科技创新力的纺织科技强国；二是要建立以时尚创意与消费引领为目标的品牌消费力的纺织品牌强国；三是要建立以环境友好与绿色循环为动力的可持续发展责任力的纺织可持续发展强国；四是要建立人力资源自然流向与价值孵化为基础的人才凝聚力的纺织人才强国。其中，最为重要就是一要树立新的产业发展观，即树立贯穿全产业链制造环节的责任导向的绿色产业；以高品质高性能纤维、产业用纺织品、智能制造为代表的创新驱动的科技产业；以服装品牌、家纺品牌为代表的文化引领的时尚产业。二要加强纺织服装创新驱动高质量发展战略，即首先要加强基础研究，蓄积行业发展势能；其次是要加强前沿技术研究，引领行业发展趋势。三要加强重大关键共性技术研究，促进行业转型发展。

（2）我国纺织科技发展战略目标

我国纺织科技发展战略目标具体地说，一是品牌、设计、研发、环境等要高端化；二是新型纤维、新兴产业用纺织品等要高技术化；三是装备设备、生产原料、多功能纺织品等要多元化；四是清洁生产技术、原料、资源、纺织品等要生态化；五是对于未知领域的前沿研究与开发要提前布局，尽早形成成果，为后续发展积淀新的力量。

（3）纺织行业科技发展重点方向

重点围绕纤维新材料、高技术纺织品、高端装备、智能制造、绿色制造等方面，加大攻关力度，力争早日取得源源不断的突破，形成成果，做到可持续发展，继续创造我国纺织工业辉煌的明天。

1.3 纺织与其他产业的关联

纺织产品的应用范围已经大大超越"衣被天下"的民生领域，成为一个"上天入地"的行业。航空、航天、交通、土工、建筑、水力、农业、过滤、医疗、警用、军用等领域处处可见纺织品的身影，该纺织品即为经过专门设计，具有工程结构特点的产业用纺织品。从服装、家纺到高铁汽车，到神

纺织与其他产业
的关联

舟飞船外壳、火箭电池板，再到人造器官等高科技产业用纺织品的广泛应用，与国家、行业、企业发展水平和每个人的生活质量息息相关。澳大利亚迪肯大学首席终身教授王训该精心设计的"纤维轮"，就是对各类纺织品应用领域的高度概括，如图1.5所示。

目前，高附加值的产业用纺织品已经成为欧美纺织行业增长的主要动力，而且已形成非常健康和多元化的应用市场，涵盖从飞机到智能手机、从赛车到医疗植入体、从桥梁到深海平台、从消防服到室内清洁设备、从高科技温室到食品加工设备等诸多终端市场。德国纺织学会在其2025远景分析中明确定义纺织十大"跨界"应用方向，包括医疗保健、出行、未来

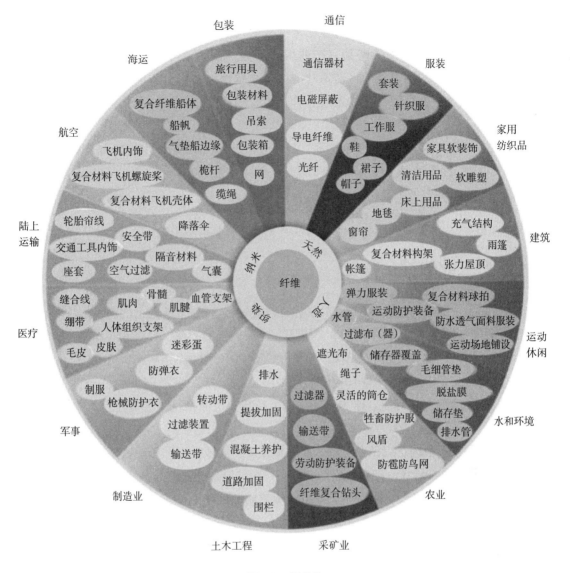

图 1.5 纤维轮

城市生活、建筑、能源、食品等。美国产业用纺织品形成了贯穿纤维、纱线、织物，以及下游包括传统服装市场及军事、航空航天、医疗、基础设施、园林绿化、交通运输、工业等各个产业领域的创新体系。

曾经"传统"的纺织业，在美国和德国已经脱胎换骨，进入了全新的时代。这一时代的来临，主要是凭借着两股东风："第一股东风"是纺织纤维技术本身发展到了新的阶段，基于纤维（碳纤维、玻璃纤维、陶瓷纤维等）的材料在性能和应用上有了本质性的突破，并且有着巨大的潜在市场。高科技的纤维材料可以用于纺织服装的调温，可以做成电源为可穿戴产品供电，可以用于神经再生、器官修复、骨组织工程，可以用做能源发电，可制成传感器用于生理检测等，凡是需要柔性材料的领域，科学家们首先会想到纤维；"第二股东风"则是新一代的制造业革命，德国的"工业4.0"将纺织业作为首要突破口之一，而美国的物联网技术和数字化革命也和纺织业密切融合，催生出全新的产品和应用场景。

总体来看，我国产业用纺织品行业已走上战略发展的快车道。从早期多用于国防军工产品，到如今逐步成为国家战略新兴产业组成部分和横跨诸多领域的多元化高新技术产业。欧、美、日等发达国家和地区对医疗卫生、结构增强、安全防护等高端产业用纺织品领域的需求，以及中国市场自身的发展，都将为我国产业用纺织品行业企业提供广阔的发展空间。

随着战略性新兴产业快速发展，装备、技术、工艺的升级换代，纳米、信息、三维成型等技术的交叉融合，纺织功能性材料和多功能复合材料加工技术和应用水平的提高，产业用纺织品的性能水平和对传统产品的替代比例将不断提升，新产品开发将获得持续突破，并将拓展出更多新的应用空间和市场份额。

1.4 纺织工业的社会特征

中国纺织工业既经历过发展的高潮，也跋涉过发展的低谷。从最初的国民经济支柱产业到传统的支柱产业、重要的民生产业和创造国际化新优势的产业，科技和时尚融合、衣着消费与产业用并举的产业转变，中国纺织工业经历了不少坎坷。站在新的历史方位，中国纺织工业正加速质量变革、效率变革和动力变革。纺织工业已经发展为一个融合了新材料、节能环保、智能产品等的全新行业。作为全球第一个在行业层面推行社会责任工作的实体部门，中国纺织工业积极调整产业结构，淘汰落后产能，深化技术创新，大幅减少污染物排放总量，大幅提升发展质效。中国纺织工业正进入高质量发展新阶段，以往劳动密集型的传统产业印象正在消除，以高性能纤维、产业用纺织品、高端智能制造为代表的科技产业，以服装品牌、家纺品牌为代表的时尚产业，贯穿全产业链的绿色制造产业，正成为新的社会认知，"科技、时尚、绿色"正在成为中国纺织工业的产业新定位与新标签。

1.4.1 支柱和民生特征

纺织工业作为世界各国工业化的先导产业以及中国最大的传统产业，是当代中国国民经济中一个庞大的、稳定的支柱产业部门，是国民经济中稳增长、促就业、惠民生、防风险的重要产业力量。它在中国社会"全面小康"建设中，担负着实现人民丰衣足食以至"美衣美居"美丽中国梦的历史使命。由纺织工业主导的服装、家用纺织品等民生用品的生产和供应，是中国社会最先告别"短缺经济"、最先由卖方市场转变为买方市场的工业经济领域。中华人民共和国成立以来，党和国家致力于保障和改善民生，中国社会衣、食、住、行等诸多重大民生问题都在逐步解决，穿衣问题是解决得最早最好最彻底的一个民生问题。全行业就业人口超过 2000 万，每年为农村进城务工人员提供 1000 多万个岗位，民生产业地位更加凸显。

1.4.2 科技创新特征

纺织工业是中国为数不多的具有全产业链闭环科技创新能力的工业部门。纺织服装企业围绕市场需求，通过自主创新与协同创新，在组织内部加速全员创新、全要素创新、全时空创新，从而全方位构筑起技术核心能力，并将技术研发的核心优势转换为现实的生产力，引领产业升级、结构转型。科技属性中，核心是以原创纤维材料为标志，攻关材料、装备、工艺等领域的核心技术，加快提升行业自主创新能力与创新质量。在材料领域，国产大容量化纤成套技术持续发展，差别化、功能性纤维开发能力大幅提升，高性能、高功能性纤维实现了从无到有、从缺到盈、从量到质的转变；在装备领域，制造装备向智能化、绿色化、服务化方向加快转变，国产纺织机械国内市场占有率已达 80%；在工艺领域，纺织、染整工艺技术不断创新，混纺、交织、复合等新工艺广泛应用，高支高密、超轻薄等新品种不断推出。在技术驱动下，行业模式创新快速发展，个性定制、共享经济等新业态大量涌现。

以信息技术、智能制造、新能源和新材料为代表的新一轮技术创新浪潮的到来，为传统纺织工业的升级带来了前所未有的历史机遇，同时也开启了技术创新融合下的"无界"时代。"无界"将给中国纺织工业突破自身产业边界、实现价值延伸、提升空间与时间意义上"再创新"，提供更多的发展机遇。数字化、网络化、智能化、服务化为纺织服装制造业高度"赋能"，使得整个产业链更具柔性、智能、敏捷、高效，"产业＋互联网"的平台战略得以形成，基于互联网和大数据的商业模式、服务模式、管理模式及供应链、物流链等各类创新也在加速实现"无界"融合。

1.4.3　时尚文化特征

中国纺织工业加快发展科技硬实力的同时，正在同步提升其文化创造力和文化影响力。一方面正确激活中华优秀传统文化的"总开关"；另一方面通过更具延展力与再造力的跨界创意资源协同，构建行业创意策源的"总枢纽"，提升产业的内涵式发展与高附加值发展——文化自信。纺织服装工业是树立文化自信和推进人类命运共同体建设的重要产业平台。做文化引领的时尚产业，提升时尚话语权是树立文化自信的重要途径。

纺织品服装作为文化载体，蕴含着一个国家的文化传统和价值理念。在世界第一纺织服装生产大国的产业语境下，在世界最大的奢侈品消费群体的现实基础上，"中国制造"向"中国时尚"的转换在呼唤"内生型智慧、原创型设计"，中国设计的智慧未来，正在与"从失衡到平衡""从局部到整体""从功能到审美""从子题到母题""从表象到本质"这样的哲学语汇深度关联，实现传承取舍、创新再生。设计创新作为制造业创新体系的重要组成部分，将与科技创新共同成为新一轮全球竞争的关键。纺织服装行业正以设计创新、智能制造为主攻方向，以"大师、大牌、大事"为抓手，构建时尚生态，强化趋势研究、时尚设计和品牌建设，树立文化自信，培养消费市场，推动新技术、新业态、新模式与实体经济的融合。

1.4.4　可持续发展特征

纺织服装工业是将资源（原料、能源、水和化学品等）转化成具有更高附加值产品的行业。历史上，纺织企业曾向环境一味索取，现在两者关系发生了质的变化，企业保护环境，环境反哺企业。企业正在通过技术与服务推动环境改善，赢得社会尊重。

纺织品制造业作为资源密集型制造业之一，在全球性的产业集聚、产业转移等发展进程中，资源成本是一大决定性因素。一些纺织工艺，如染整是真正资源密集型的工艺。随着对能源效率、二氧化碳排放、用水、废水和废气排放方面的法规日益严格，行业一方面遵循法律法规，另一方面积极寻求对经济发展和生态都有益的新技术。再者，在终端市场上，环保纺织品越来越受消费者青睐。为了实现更严格的资源效率目标，纺织行业正在寻求渐进的和激进的创新途径。做责任导向的绿色产业，需要深化人本责任、环境责任以及市场责任，从而真正实现纺织服装产业的负责任、可持续发展。纺织行业作为行业生态文明建设的重要参与者、贡献者、引领者，以自己的成功实践树立了"绿色样板"。2005年，纺织行业构建了中国第一个社会责任管理体系CSC9000T；2014年，建立全球第一个供应链环境（化学品）足迹系统；2018年，率先试点海外实施行业社会责任标准。

节约能源、节约资源、发展清洁生产和循环经济，是中国纺织工业建设纺织强国的战略性任务。纺织工业在发展过程中要始终关注"碳足迹"，紧跟行业低碳技术发展，采用新技术、新工艺、新设备、新能源，实现生产经营中的全程节能把控。同时，要始终全程追寻"水足迹"，研发减排新技术、采取减排新措施，紧抓污染源头，始终坚持使用安全、健康的助剂、染化料，并实施一系列应对措施，严格化学品的管理控制。

"推进绿色制造，发展循环经济"是纺织行业的重点任务，促进行业绿色生产和节能技术的研究与应用，建立重点领域节能减排和清洁生产标准，推进行业节能减排和清洁生产，重点加快提升节能降耗水平，提高再生纤维和废旧纺织品在产业用纺织品中的开发与应用，加快和鼓励再生涤纶、丙纶等纤维和废旧纺织品在保温、填充、包装、减震、隔音、农业等方面的应用技术研究与市场推广；加快推进绿色可降解纺织品的应用，提高一次性可降解医卫非织造产品的技术水平和应用比例。另外，绿色纤维认证体系的全面启动和不断完善，将促进绿色纤维在医疗卫生、过滤、环保、安全防护等产业用纺织品领域获得更多应用，充分发挥绿色纤维的价值，进一步加快产业用纺织品行业走向绿色制造的步伐，推动产业用纺织品行业的可持续发展。

1.5 纺织服装工艺流程

从纤维到服装需要经过很长的工序。简单来说，原料经过初加工、纺纱、织造、染整等工序后形成织物（即布料），再经过设计、裁剪、制作等形成服装。生产工艺全流程如图1.6所示。

纺织服装工业不只是终端产业的发展命题，而是贯穿于产业链的始末，即从纤维、纱线、坯布、面料到服装，每一个工艺环节都发挥着举足轻重的作用。由于使用原料的不同，每一道工序的加工工艺也不同，因而可形成诸如毛纺织厂、棉纺织厂、丝绸厂、麻纺织厂等不同的专业工厂；同样，由于生产的产品不同，服装生产又可以分为西服厂、羊毛衫厂、内衣厂等工厂。

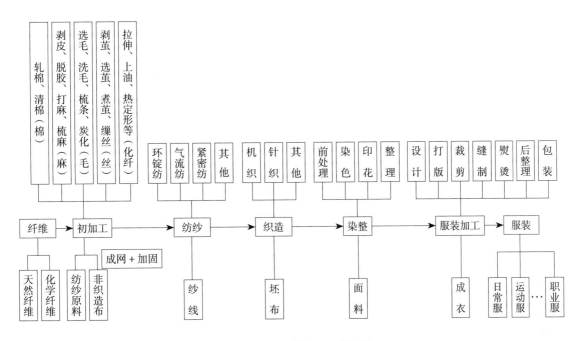

图 1.6 纺织服装加工工艺流程

流程中的每一个分类或者工序，都可以成为一个独立的工厂，如洗毛厂、毛条制造厂、纺纱厂、织布厂、染织厂、色织厂、针织厂、服装厂等；而几个工序或者全部工序联合起来，又能形成一个中型或大型联合工厂，如棉纺织厂、全能精梳毛纺织厂等。每个工序生产的产品都不尽相同。

一个地区，如果集中了从纺织原料采购、辅料供应、生产加工、产品销售、研发机构、人力资源等纺织服装全产业链的众多工厂、专业化供应商、服务供应商、相关产业厂商和相关机构（如纺织院校、纺织科研机构、纺织标准制定机构、纺织产业协会等），也就是说囊括了从纺织产业前端到产业终端的所有厂商与机构，就形成了纺织产业集群。在纺织产业集群中，各厂商或机构分工明确，相互协作，成为利益共同体。

1.5.1 纤维加工工艺

（1）天然纤维加工

毛、麻、棉、丝作为人类最早使用的天然纺织纤维，为纺织业的发展奠定了重要的基础。天然纤维原料的初加工（即纺纱原料的准备）就是对纺纱前的天然纤维原料进行初步的加工，以尽量去除原料中的杂疵（即非纤维性物质），从而有利于纺纱工艺的进行。纤维原料的种类不同，杂质的种类和性质不同，加工的方法和工艺也不同。原料的初步加工方法主要有物理方法（如轧棉）、化学方法（如麻的脱胶、丝的精练）以及物理和化学相结合的方法（如羊毛的洗涤和去草炭化）。

（2）化学纤维加工

化学纤维是用天然的或人工合成的高分子化合物为原料，经过纺丝原液制备、纺丝和后处理等工序制得的具有纺织性能的纤维。化学纤维后处理是指对纺丝成型后的初生化学纤维进行一系列后处理加工,使其满足纺织加工和使用的要求。依化学纤维品种和纺丝工艺的不同,后处理工序也不相同。湿法纺丝的后处理工序较长,例如,黏胶纤维采取湿法成型,后处理工序有水洗、脱硫、漂白、酸洗、上油、脱水及干燥等;醋酯纤维采取干法成型,后处理工序比较简单,只有卷绕和加捻;至于大多数以熔体纺丝成型的合成纤维,则有卷绕、拉伸、热松弛、热定型、卷绕及加捻等;制造短纤维时还增加切段工序。三种主要的纺丝方法如图1.7所示。

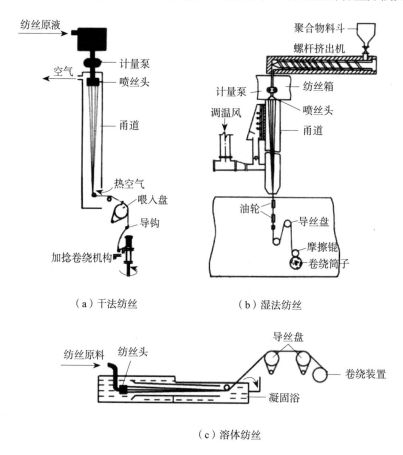

（a）干法纺丝　　　　　　（b）湿法纺丝

（c）溶体纺丝

图1.7　三种主要的纺丝方法

作为原材料的纤维,在产业链中的特点正在从"质朴"变得"多彩"。近年来,纤维的流行性呈现出技术与创意并重的发展方向,并越来越受到行业重视。2012年,工信部消费品工业司联合中国化学纤维工业协会等共同推出了"中国纤维流行趋势"预测,这不仅开创了国内原料端趋势研究的先河,更为行业依靠软实力驱动升级指明了方向。正是这种来自源头的时尚,给予了产业链下游更多的可能性。

1.5.2　纺纱工艺

纺纱是将动物或植物性纤维等短纤维运用加捻的方式使其抱合成为一连续性可无限延伸的纱线,以便适用于织造的一种工艺。纺纱原就属于一项非常古老的活动,自史前时代起,人类便懂得将一些较短的纤维纺成细长纱条，然后再将其织成布。纺纱过程一般包括开松、梳理、除杂、混合、牵伸、并合、加捻以及卷绕等。工艺流程根据不同的纤维原料和纺纱方式会有不同，传统环锭纺棉纺工艺流程主要包括清花、梳棉、精梳、并条、粗纱、细纱、络筒；新型纺纱工序与环锭纺纱相比，工序得到了简化，如气流纺纱生产工艺流程主要包括清花、梳棉、并条和络筒。

为了获得不同品质的纱线，不同的纤维材料应采取不同的纺纱方法和纺纱系统，如棉纺纺纱系统、麻纺纺纱系统、绢纺纺纱系统和毛纺纺纱系统等。

1.5.3　织造工艺

织造技术是从制作渔猎用编结网和编织框席等演变而来的，主要包括机织和针织两种。

（1）机织

机织是以纱线作经、纬，按各种组织结构形成织物的工艺过程，通常包括织前准备（把经纱做成织轴、把纬纱做成纡子或筒子）、织造和织坯整理三个部分。其中，织造过程分为送经、开口、引纬、打纬和卷取五个步骤。根据所用原料种类可分为棉织、毛织、丝织和麻织，产品统称为机织物。机织物的品种和用途极其广泛，根据不同的使用要求选择合适的纱线和织物组织。

（2）针织

针织是利用织针把各种原料和品种的纱线构成线圈、再经串套连接成织物的工艺过程。根据不同的工艺，针织分为纬编和经编两大类。在纬编生产中，原料经过络纱后，便可把筒子纱直接上机生产；每根纱线沿纬向顺序地垫放在纬编针织机的织针上，形成纬编织物。在经编生产中，原料经过络纱、整经后，纱线平行排列，卷绕成经轴，然后上机生产；纱线从经轴上退解下来，每根纱线沿纵向各自垫放在经编针织机的织针上，形成经编织物。

1.5.4　染整工艺

染整是现代印染的概念，指对纺织材料（纤维、纱线或织物）进行以化学处理为主的工艺过程。古代虽然也有整理的雏形，但整个纺织品的加工以印花和染色为主，整理只是一个次要的环节，所以古代没有"染整"一词，只说"印染"。到了近代，随着各种抗皱、抗菌、抗静电、抗紫外线、防火、防水、透气整理的新技术纷纷问世，"印染"一词已经很难概括染整加工的全部含义，所以更多地使用"染整"一词。

染整同纺纱、机织或针织一起，形成织物生产的全过程。染整包括预处理、染色、印花和整理。预处理也称练漂，主要目的是去除纺织材料上的杂质，使后续的染色、印花、整理加工顺利进行，获得预期的效果。染色是通过染料与纤维发生物理或化学结合而使纺织材料具有一定的颜色。印花是用色浆在织物上获得彩色花纹图案。整理是通过物理作用或使用化学药剂改进织物的光泽、形态等外观，提高织物的服用性能或使织物具有拒水、拒油等特性。

1.5.5 服装加工工艺

服装加工大体上包括八道主要生产环节，即服装设计、纸样设计、生产准备、裁剪工艺、缝制工艺、熨烫工艺、成衣品质控制和后处理。

（1）服装设计

服装设计是解决人们穿着生活体系中诸问题的富有创造性的计划及创作行为，根据不同的工作内容及工作性质可以分为服装造型设计、结构设计和工艺设计。一般来说，大、中型服装厂都有自己的设计师以设计服装系列款式。企业的服装设计大致分两类：一类是成衣设计，根据大多数人的号型比例，制订一套有规律的尺码，进行大规模生产，设计时，不仅要选择面料、辅料，还要了解服装厂的设备和工人的技术；另一类是时装设计，根据市场流行趋势和时装潮流设计时装。

（2）纸样设计

当服装设计的样衣被客户确认后，下一步就是按照客户的要求绘制不同尺码的纸样。服装纸样，也称为服装样板或服装模板。制作服装纸样的过程叫出纸样。服装纸样设计的方法包括平面裁剪、立体裁剪以及两者并用等三种。将标准纸样进行放大或缩小的绘图，称为纸样放码，又称推板。目前，大型的服装公司多采用计算机来完成纸样的放码工作。在不同尺码纸样的基础上，还要制作生产用纸样，并画出排料图。

（3）生产准备

生产前的准备工作很多，如对生产所需的面料、辅料、缝纫线等材料进行必要的检验与测试、材料的预缩和整理、样品或样衣的缝制加工等。

（4）裁剪工艺

一般来说，裁剪是服装生产的第一道工序，其内容是把面料、里料及其他材料按排料、划样要求剪切成衣片，还包括排料、铺料、算料坯布疵点的借裁、套裁、验片、编号、捆扎等工作。

（5）缝制工艺

缝制是服装加工过程中技术性较强，也较重要的加工工序。按不同的款式要求，通过合理的缝合把各衣片组合成服装的工艺处理过程。所以，如何合理地组织缝制工序，选择缝迹、缝型、工具和机器设备等都十分重要。

（6）熨烫工艺

服装制成后，经过熨烫处理使其达到理想的外观。熨烫一般分为生产中的熨烫（中烫）和成衣熨烫（大烫）两类。

（7）成衣品质控制

成衣品质控制是使产品质量在整个加工过程中得到保证的一项十分必要的措施，因此，需根据产品在加工过程中产生的质量问题，制定必要的质量检验标准。

（8）后处理

后处理包括包装、储运等内容，是整个生产过程中的最后一道工序。操作工按包装工艺要求将每一件整烫好的服装整理、折叠好，放在胶袋里，然后按装箱单上的数量分配装箱。有时成衣也会被吊装发运，即将服装吊装在货架上，送到交货地点。

思考题

1. 简述纺织业从广义和狭义上的含义。
2. 查阅相关资料，以简图形式概括"丝绸之路"途径的路线。
3. 简述纺织服装的生产加工工艺流程。
4. 纺织品除用于服装外还在哪些方面广泛应用？
5. 简述我国纺织业现状及发展趋势。

参考文献

［1］ 造字二厂. SU 小打小造（一）原始腰机［EB/OL］.［2017-06-05］. https：//zhuanlan. zhihu. com/p/27258877.

［2］ 木兰当户织，想来并不易［EB/OL］. https：//sns. 91ddcc. com/t/109695.

［3］ 王宇，虞晨洁. 东华出版的这部"大部头"，填补中国纺织业发展通史空白［EB/OL］.［2018-03-19］. http：//www. sohu. com/a/225867602_407298.

［4］ 布联讲堂. 古代织造技术的最高成就——提花机［EB/OL］.［2017-12-04］. https：//zhuanlan. zhihu. com/p/31662801.

［5］ 自由度. 工业革命：纺织机械的发展（1）［EB/OL］.［2016-08-19］. http：//blog. sciyard. com/Web/ShowAllArticle. aspx?userid=66011&&id=9113#.

［6］ Hargreaves's Spinning Jenny, engraved by T. E. Nicholson, 1834［EB/OL］. https：//www. pbslearningmedia. org/resource/xjf104447eng/hargreavess-spinning-jenny-engraved-by-te-nicholson-1834-xjf104447-eng/#. XhbiQ_nAiEU.

［7］ Crompton's spinning mule［EB/OL］. https：//ageofrevolution. org/200-object/cromptons-spinning-mule/.

［8］ 环锭细纱机 G37［EB/OL］. https：//www. rieter. com/zh/产品/系统/环锭纺/环锭细纱机.

［9］ Arkwright's Spinning Machine［EB/OL］. https：//etc. usf. edu/clipart/79800/79829/79829_arkwright. htm.

备注 本章部分内容参考了中国纺织工业联合会研究文献以及孙瑞哲先生的讲话材料，在此表示感谢。

第2章　纺织纤维

2.1　纺织纤维的分类及细度表达

纺织纤维的分类

2.1.1　纺织纤维的定义及分类

一般而言，直径为几微米到几十微米，长度比直径大很多倍的细长物质称为纤维，因此纤维的命名特点是以形命名而非以质命名。纺织纤维还要求具有一定的物理和化学稳定性，一定的强度、柔曲性、弹性、塑性和可纺性。

纺织纤维是构成纺织材料的基本原料，在很大程度上决定着纺织工业的发展和进步。人类对纺织纤维的利用经历了从天然纤维、再生纤维到合成纤维三个阶段，对纺织纤维的性能要求也越来越高，特别是产业用纺织品需要用到大量的高性能纤维，因此性能较高的合成纤维得到了巨大的发展。

纺织纤维的种类繁多，有多种分类方法，如按形态结构分类可分为长丝、短纤、薄膜纤维、中空纤维、超细纤维等；按色泽分类可分为本白纤维、有色纤维、有光纤维、消光纤维、半光纤维等；按性能特征分类可分为普通纤维、差别化纤维、功能性纤维、高性能纤维等，但更为广泛使用的则是按照纤维来源和化学组成进行分类，具体如下。

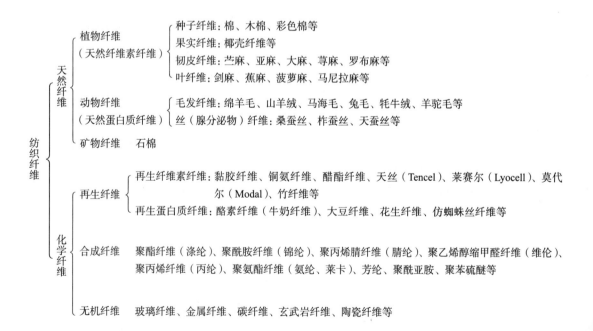

2.1.2　纺织纤维的细度表达

纤维细度直观上可以用纤维的直径或截面面积的大小来表达，实际上，因纤维截面形状不规则及中腔、缝隙、孔洞的存在而无法用直径、截面面积准确表达，因而，在大多数情况下使用单位长度的质量（线密度）或单位质量的长度（线密度的倒数）来表示纤维细度。以线密度及几何粗细来表达纤维细度时，其值越大，纤维越粗；而使用单位质量纤维所具有的长度来表达纤维细度时，则其值越大，纤维越细。

纤维的细度指标有直接指标和间接指标两类。

（1）直接指标

直接指标主要指直径、截面积及宽度等纤维的几何尺寸表达。

当纤维的截面接近圆形时，纤维的细度可以用直径、截面积和周长等直接指标表示，最常用的是直径，因纤维很细，其单位为微米（μm），常用于截面接近圆形的纤维，如绵羊毛及其他动物毛、圆形截面化学纤维等。

（2）间接指标

①线密度（Tt）。线密度的法定计量单位为特克斯（tex），简称特，表示 1000m 长的纺织材料在公定回潮率时的质量克数。设一段纤维的长度为 L（m），公定回潮率时的质量为 G_k（g），则该纤维的线密度 Tt 为：

$$Tt = 1000 \times \frac{G_k}{L} \tag{2.1}$$

由于纤维细度较细，用特克斯表示时数值较小，故常采用分特（dtex）或毫特（mtex）表示纤维的线密度，分特为特克斯的 1/10，毫特为特克斯的 1/1000。

特克斯为定长制，同一种纤维的特数越大，则纤维越粗。

②旦尼尔（N_D）。旦尼尔（Denier）数是指 9000m 长的纺织材料在公定回潮率时的质量克数，简称旦，又称纤度 N_D，它曾广泛应用于蚕丝和化纤长丝的细度表示中。设一段纤维的长度为 L（m），公定回潮率时的质量为 G_k（g），则该纤维的纤度 N_D 为：

$$N_D = 9000 \times \frac{G_k}{L} \tag{2.2}$$

纤度为定长制，同一种纤维的旦数越大，则纤维的截面越粗。

③公制支数（N_m）。单位质量纤维的长度指标称为"支数"，公制支数是指在公定回潮率时质量为 1g 的纺织材料所具有的长度米数，简称公支。设纤维的公定重量为 G_k（g），长度为 L（m），则该纤维的公制支数 N_m 为：

$$N_m = \frac{L}{G_k} \tag{2.3}$$

公制支数为定重制，N_m 越大，表示纤维越细。

2.2　天然纤维简介

凡是从植物、动物或矿物中直接获取的纤维统称为天然纤维，根据纤维的来源属性将天然纤维分为植物纤维、动物纤维和矿物纤维。

2.2.1 植物纤维

天然纤维素纤维简介

2.2.1.1 棉纤维

（1）棉纤维品种

棉纤维是一种种子纤维，种植历史悠久，种植区域广泛，品种繁多，主要可以分为陆地棉种（细绒棉）、海岛棉种（长绒棉）、亚洲棉种（粗绒棉）和非洲棉种（草棉），细绒棉和长绒棉是目前白棉种植的主要品种，少量种植的天然彩棉则属于粗绒棉品种，非洲棉种已停止种植。几种棉纤维的基本性能对比见表2.1。

表2.1 陆地棉种、海岛棉种、亚洲棉种和非洲棉种的纤维性能对比

纤维性能	陆地棉种	海岛棉种	亚洲棉种	非洲棉种
纤维长度 / mm	23 ~ 32	33 ~ 75	15 ~ 24	17 ~ 23
中段复圆直径 / μm	16 ~ 18	13 ~ 15	24 ~ 28	26 ~ 32
中段线密度 / dtex	1.4 ~ 2.2	0.9 ~ 1.4	2.5 ~ 4.0	—
比强度 /(cN · dtex⁻¹)	2.6 ~ 3.1	3.3 ~ 5.5	1.4 ~ 1.6	1.3 ~ 1.6

（2）棉花的初加工

棉花的初加工也叫轧棉或轧花，目的是使籽棉中的棉纤维和棉籽分离，除去棉籽和部分杂质，得到皮棉。根据轧花方式，皮棉则有锯齿棉和皮辊棉之分。

① 籽棉。籽棉是由棉田中采摘的带有棉籽的棉花。

② 皮棉（原棉）。皮棉是经过轧花加工后去除棉籽的棉纤维，又称为原棉。

③ 锯齿棉。锯齿棉是由锯齿轧棉机上高速回转的锯齿抓取纤维，采用撕扯方式使棉纤维沿根部切断，从而实现纤维与棉籽分离，纤维集合体呈松散状态。由于锯齿轧棉机一般都经过清棉，可以排除部分短绒、杂质和疵点，所以锯齿棉含杂质、短绒较少。

④ 皮辊棉。皮辊棉是由皮辊轧棉机的胶辊黏附纤维，再经冲击刀的冲击实现纤维与棉籽的分离，纤维集合体多呈片状。因为在轧棉过程中一般不经过清棉，所以所含短线、杂质及疵点较多，纤维长度整齐度较差，黄根多，纺成的纱线强力比锯齿棉低，条干也较差。

（3）棉纤维的颜色

① 白棉。正常成熟的棉花，颜色呈洁白、乳白或淡黄色，工厂使用的原棉绝大部分为白棉。

② 黄棉。生长晚期，棉铃经霜冻伤后枯死，棉籽表皮单宁染到纤维上呈黄色，属于低级棉。

③ 灰棉。生长过程中，雨量过多、日照不足、温度偏低、纤维成熟度低或受空气污染或霉变呈现灰褐色。

④ 彩色棉。自然生长，带有颜色的棉花的统称，属于粗绒棉种。

（4）棉纤维的形态特征

棉纤维的形态受成熟度的影响很大。正常成熟的棉纤维横截面为腰圆形，中腔干瘪，纵

向转曲较多；未成熟的棉纤维胞壁很薄，横截面极扁，中腔很大，纵向转曲较少；过于成熟的棉纤维横截面为圆形，中腔很小，纵向几乎无转曲。正常成熟的棉纤维横截面和纵向外观如图 2.1 所示。

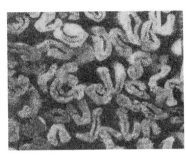

图 2.1　正常成熟的棉纤维横截面及纵向外观的扫描电镜照片

（5）棉纤维的生长发育

棉纤维正常生长发育分三个阶段：伸长期、加厚期、转曲期（干涸期）。

①伸长期。纤维长度和直径增加，形成薄壁细胞，长度基本长足。

②加厚期。纤维素逐层沉积在内壁，胞壁逐渐加厚，而长度不再增加。

③转曲期。棉桃开裂，棉纤维失去水分、胞壁扭转，形成纵向的天然转曲。

（6）棉纤维的微观结构

复圆的棉纤维截面是由许多同心圆柱组成，由外至内为表皮层、初生层、次生层和中腔，如图 2.2 所示。

①表皮层。由蜡质与果胶混合物组成，具有防水和润滑作用。

②初生层。是纤维的初生细胞壁，由网状原纤组成，和表皮层一起在伸长期形成，对棉纤维起约束和保护作用。

③次生层。是纤维的次生细胞壁，在加厚期由纤维素微原纤紧密堆砌而沉积形成，次生层可以分为 S_1、S_2、S_3 三层。由于每日温差的原因，大多数棉纤维逐日沉积一层纤维素，故可形成次生层的日轮，如图 2.3 所示。次生层是棉纤维的主体，决定着棉纤维的主要性质。

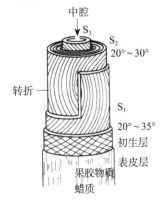

图 2.2　棉纤维微观结构示意图　　图 2.3　棉纤维截面的日轮

④中腔。是棉纤维停止生长后，胞壁内留下的空腔，淀积有细胞原生质、细胞核干涸后的物质。

（7）棉纤维的主要性能

①力学性能。棉纤维比强度随品种不同差异较大，见表2.1。断裂伸长率介于3%~7%，属于低弹型纤维，且弹性回复性能较低，因此棉织物易起皱。

②吸湿性。棉纤维组成物质中的纤维素、糖类物质、蛋白质、有机酸等分子上都有亲水性的极性基团，而且棉纤维本身又是多孔物质，因此棉纤维具有较强的吸湿能力。棉纤维的公定回潮率为8.5%。

③耐酸性。棉纤维与有机酸（醋酸、蚁酸）等一般不发生作用。但与无机酸（盐酸、硫酸、硝酸等）会发生水解作用而使纤维强力明显下降。尤其是遇到强酸或浓酸时，纤维会发生脆化甚至碳化而丧失使用价值。酸的浓度越高，作用越剧烈。

④耐碱性。棉纤维抗碱能力很强，通常不会发生破坏作用。棉的丝光整理就是用18%的氢氧化钠溶液浸渍棉纤维织品，使纤维膨胀成圆形，纤维光泽明显增强，抗拉强度提高。

⑤耐热性。棉纤维在150℃以上时，纤维素就开始热降解，强度下降，超过240℃时剧烈分解，热解产物主要是水、二氧化碳、一氧化碳以及少量的乙烯和甲烷。但是在煮沸以及110℃以下进行熨烫都不会造成损伤。

⑥染色性。棉纤维的染色性较好，可以采用直接染料、还原染料、活性染料、碱性染料、硫化染料等染色。

⑦耐生物性。棉纤维并不是昆虫喜欢的食物，但棉纤维在潮湿环境下容易受到细菌和真菌的侵蚀。霉变后棉织物的强力明显下降，还有难以除去的色迹。

⑧耐光性。日光的长期照射会引起棉纤维强度下降，一方面是因为日光中的紫外线能够导致纤维素大分子上的苷键稳定性下降；另一方面则是因为光和氧气及水分的复合作用引起光氧化，导致纤维素大分子破坏。

2.2.1.2 木棉纤维

木棉纤维是一种果实纤维，主要产地在热带地区。我国的木棉主要生长和种植地区为广东、广西、福建、云南、海南、台湾等，中国在晋代就采用木棉制作被褥，宋、元之后因为棉纤维的种植和推广，木棉在纺织领域的应用减少。由于木棉纤维和果壳体内壁以及种子的附着力小，比较容易分离，不须经过轧棉加工，只要将木棉纤维剥出，种子就可以自行分离。

木棉纤维的纵向呈薄壁圆柱形，无转曲，两端封闭，胞壁极薄，细胞未破裂时呈气囊状，具有独特的薄壁大中空结构，是优质的絮填、隔热、吸声材料。未破裂细胞体积重量仅为$0.05 \sim 0.06 \text{g/cm}^3$，因此，纤维块体浮力好，在水中可承受相当于自身重量20~36倍的负载而不下沉。木棉纤维表面有较多腊质，使纤维光滑、不吸水，木棉块体在水中浸泡30天，其浮力也仅下降10%，因此是救生衣的良好填充材料。

木棉纤维的相对扭转刚度很高，大于玻璃纤维的扭转刚度，使纺纱加捻效率降低。因此，很难用加工棉或毛的纺纱方法单独纺纱，但可以混纺成纱。

2.2.1.3　麻纤维

麻纤维的分类是以纤维所在的植物部位进行分类的，主要是韧皮纤维和叶纤维。韧皮纤维来源于麻类植物茎杆的韧皮部分，主要有苎麻、亚麻、黄麻、大（汉）麻、槿（洋）麻、苘麻（青麻）、罗布麻等。叶纤维有剑麻和蕉麻等。

麻纤维的主体成分也是纤维素，因此基本化学性质和棉纤维无异。另外还含有不同比例的半纤维素、木质素、果胶、脂蜡质、灰分等其他成分。麻类纤维中果胶和木质素含量较高，这是它和棉纤维重要的不同之处，因此两者的初加工方式也非常不同。

除苎麻单纤维较长可以采用单纤维纺纱外，其他麻类纤维的单纤维长度相比棉纤维明显偏短，不具备单纤维纺纱价值，因此纺纱都是采用工艺纤维（即多个单细胞纤维藉果胶黏结而成的纤维束）。麻类织物吸湿、导湿性好，强度高，变形能力小，织物挺爽，主要用于夏季服装。

（1）苎麻

苎麻为苎麻科苎麻属多年生宿根植物，中国是苎麻主要的原产地之一，因此又名"中国草"。苎麻俗称白苎、绿苎、线麻、紫麻等。苎麻是中国独特的麻类资源，种植历史悠久，产量占世界 90% 以上，主要产地为湖南、四川、湖北、江西、安徽、贵州、广西等地区。

苎麻纤维由单细胞发育而成，纤维细长，两端封闭，有中腔，胞壁厚度与麻的品种和成熟程度有关。苎麻纤维的纵向外观没有转曲，纤维外表面有的光滑，有的有不规则条纹或横节，纤维头端钝圆。苎麻纤维的横截面为腰圆形或椭圆跑道形，有中腔，胞壁厚度均匀，有辐射状裂纹。图 2.4 所示为苎麻纤维的横截面和纵向外观。

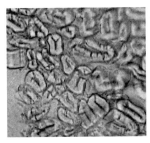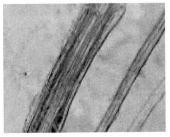

图 2.4　苎麻纤维横截面及纵向外观

苎麻纤维的细度与长度明显相关，一般，越长的纤维越粗，越短的纤维越细。苎麻纤维的长度较长，一般，可达 20～250mm，最长为 600mm，是唯一可以单纤维纺纱的麻类品种。纤维宽度 20～40μm，有一定的刺痒感。苎麻纤维越细，品质越高，成纱越细越柔软，刺痒感越低。采割期越早的苎麻纤维越细，但制成率和强度都低。

（2）亚麻

亚麻为一年生草本植物，分为纤用、油纤兼用和油用三类，也称鸦麻、胡麻。

亚麻纤维的利用起源于 8000 多年前的古埃及，然后传播到欧洲大陆。我国的油用亚麻古代由西域引入，纤维用亚麻的种植开始于 19 世纪。亚麻适宜种植地区在北纬 45°～55°，我国的亚麻主要产地在黑龙江。

亚麻单纤维纵向中间粗，两端细，中空，两端封闭，无转曲，表面有横节和竖纹。纤维截面结构随麻茎部位不同而存在差异，麻茎根部纤维截面为圆形或扁圆形，细胞壁薄，中腔大；麻茎中间部位纤维截面为多角形，细胞壁厚，纤维品质优良。图 2.5 所示为亚麻纤维的横截面和纵向外观。

亚麻单纤维长度为 10～26mm，以束状存在于韧皮中，每束中有 30～50 根单纤。经沤麻脱除部分果胶后，使纤维束松散，再经压轧、打麻得到工艺后纤维可用来纺纱。亚麻单纤维较细，宽度 12～17μm，因此亚麻织物刺痒感不像苎麻那样明显。亚麻对细菌具有一定的抑制作用，其中，亚麻布对金黄色葡萄球菌的抗菌率可达 94%，对大肠杆菌抗菌率达92%。

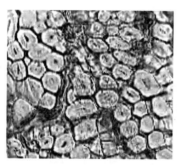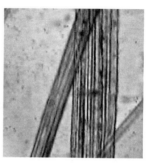

图 2.5　亚麻纤维横截面形态及纵向外观

（3）黄麻和红麻

黄麻为一年生草本植物，主要有圆果种和长果种两大品系，中国有近千年的黄麻种植历史，是圆果种黄麻的起源地之一，我国的黄麻主要产地为安徽、湖南、湖北、河南、四川、广西、山东等省区。圆果种黄麻脱胶后纤维色泽呈乳白至淡黄，纤维较粗短；长果种黄麻纤维脱胶后呈浅金黄色，纤维要细长一些。黄麻单纤维长度很短，一般为 1.5～5mm，必须采用工艺纤维纺纱。

黄麻纤维在麻茎韧皮中分多层分布，每层中的纤维细胞聚集成束，一束截面中有 5～30根纤维，束纤维之间形成网状组织。黄麻纤维纵向光滑，无转曲，富有光泽。纤维横截面一般为不规则的五角形或六角形，中腔为圆形或椭圆形，中腔的大小不一致。黄麻纤维吸湿后表面仍保持干燥，但吸湿膨胀并放热。图 2.6 所示为黄麻纤维的横截面和纵向外观。

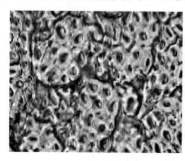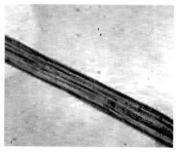

图 2.6　黄麻纤维横截面形态及纵向外观

红麻又称槿麻或洋麻，台湾称为钟麻，习性及生长与黄麻十分相近。红麻的单细胞纤维长度只有 2～6mm，与黄麻相近，也必须是工艺纤维纺纱，工艺纤维呈棕黄色。单细胞截面为多角形或近椭圆形，中腔较大。单细胞一端为尖圆角、一端为钝圆端，时而有小分叉或分枝，比黄麻纤维要粗。

黄麻和红麻用途相近，适用于麻袋、麻布、麻地毯和绳索，但应用于服装时必须进一步将工艺纤维柔软化和细化。

（4）大（汉）麻

大麻是一年生草本植物，高毒性大麻（含四氢大麻酚较高）品种作为药用，低毒大麻（四氢大麻酚含量 0.3% 以下）品种作为纤维用，为避免混淆，现代将纤维用（工业用）大麻命名为汉麻。大麻也称花麻、寒麻、线麻、火麻、魁麻等，是我国最早用于纺织纤维的麻类纤维之一，已有近 5000 年的历史。大麻适应环境能力强，耐贫瘠、地域适应性广，生长过程中极少受虫害，几乎不需使用农药和化肥。

大麻单纤维表面粗糙，有纵向缝隙、孔洞及横向枝节，无天然转曲。大麻横截面有多种形态，如三角形、四边形、六边形、扁圆形、腰圆形或多角形等，中腔呈多分散的椭圆形，总面积占截面积的 1/2～1/3。纤维纵向有许多裂纹和微孔，并与中腔相连，具有优异的毛细效应，因此，吸附性能和吸湿排汗性能优异。图 2.7 所示为大麻纤维的横截面和纵向外观。

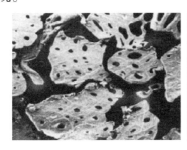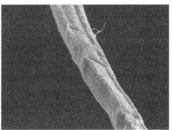

图 2.7　大麻纤维横截面形态及纵向外观

大麻单纤维的细度和长度与亚麻相当，故亦需工艺纤维纺纱，大麻纤维制品类似于亚麻，具有柔软和低刺痒感的特点。与亚麻一样，大麻纤维也有一定的杀菌功能。但大麻相比于亚麻，纤维间的木质素含量更高，因此加工中含有针对木质素的脱除工艺。

（5）罗布麻

罗布麻又称野麻、茶叶花，是一种多年生宿根草本植物。罗布麻属于野生植物，适宜在盐碱地、沙漠等恶劣的环境中生长，主要集中在新疆、内蒙古、甘肃、青海等地。罗布麻单纤维为两端封闭，中部较粗而两端细，纵向无扭曲，纤维表面有许多竖纹和横节。纤维横截面呈不规则的腰子形，中腔较小，胞壁很厚，纤维粗细差异较大。图 2.8 所示为罗布麻纤维的横截面及纵向外观。罗布麻也需工艺纤维纺纱，主要用于服用纺织品。罗布麻除具有麻类纤维的一般特点外，还具有一定的医疗保健性能，如罗布麻对降低穿着者的血压有显著效果。类似于亚麻和大麻，罗布麻纤维也具有天然抗菌功能。

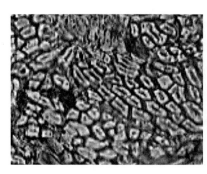

图 2.8　罗布麻纤维横截面及纵向外观

（6）剑麻

剑麻是热带多年生草本植物，因其叶片形似宝剑而得名。剑麻原产于中美洲热带、亚热带高温、少雨的半荒漠地区，剑麻适应性广，容易栽培，并且耐干旱，抗风沙，在丘陵、盐碱地、山地都可以生长。剑麻纤维纵向呈圆筒形，中间略宽，两头端钝而厚，有的呈尖形或分叉。单纤维横截面为多角形或卵圆形，多数为不规则六角形，有明显的中腔，中腔呈卵圆形或较圆的多边形，细胞具有节结和明显的细孔。

剑麻纤维色泽洁白，质地坚韧，强度高，耐海水腐蚀。传统产品主要是船用缆绳和网具、编织地毯、麻袋以及制造特种高级纸张。

（7）蕉麻

蕉麻又称马尼拉麻、菲律宾麻等，为多年生宿根植物。蕉麻生长在热带和亚热带，适宜在高温高湿环境中生长。蕉麻原产国和主产国是菲律宾，在印度尼西亚、厄瓜多尔、危地马拉、洪都拉斯等国家也可以种植。蕉麻纤维表面光滑，直径均匀，纵向呈圆筒形，头端为尖形。横截面为不规则椭圆或多边形，中腔圆大，细胞壁较薄，细胞间由木质素和果胶黏结，极难分离。一般用途与剑麻相同。

2.2.2　动物纤维

2.2.2.1　毛发纤维

天然蛋白质纤维
简介

毛发纤维的分类是依据动物的名称进行的。纺织用毛发纤维最主要的是绵羊毛，通常称作羊毛，除绵羊外的其他动物毛发纤维统称为特种动物毛。毛发纤维的命名简单明了，以"动物名称＋毛或绒"来进行命名，如兔毛、山羊绒等，这里毛是指动物皮肤上较长和粗硬的毛发，绒则是动物为御寒在长毛下长出的更为细软的毛发，更为细短，具有季节性。毛发纤维的主要成分是角蛋白，也称为角朊，因此毛发纤维是一种天然蛋白质纤维。不同于植物纤维的单细胞特性，毛发纤维是由多种细胞组合而成的。

毛纤维的角蛋白是由多种氨基酸缩合而成，在氨基酸构成中，含硫的胱氨酸占有很大的比例，这是毛纤维和丝纤维重要的不同之处。胱氨酸在毛纤维结构中具有重要作用，它能够交联相邻的蛋白质大分子形成网状结构，从而赋予毛纤维优良的弹性。

（1）绵羊毛（羊毛）

细度是区分羊毛品质的首要指标，由于毛纤维具有越细越圆的特性，因此毛纤维的细度简单地采用直径来表达。我国把直径在 8~30μm 的称为细绒毛，无髓质层，富于卷曲，其中 20μm 及以下的称为超细毛；直径在 30~52.5μm 的称为粗绒毛，无髓质层，卷曲略少；直径为 52.5~75μm 的称为刚毛，有髓质层，卷曲少，纤维粗直；直径大于 75μm 的称为发毛，有很大髓质层，纤维粗长，无卷曲，在一个毛丛中经常突出于毛丛顶端，形成毛辫。因此，羊毛越粗，髓腔越容易发生而且越大。在羊种改良的过程中，羊毛会出现断续的髓腔，纤维粗细也不匀，这种毛称为两型毛。从羊毛的质地均匀性角度来看，一只羊身上的毛都是同一种粗细类型的，叫作同质毛；如果兼含有绒毛、发毛、两型毛等不同类型的毛，则称为异质毛。

毛纤维横截面具有明显的层次结构，从外向内分为鳞片层、皮质层和髓质层，如图 2.9 所示。绒毛是无髓质层的。鳞片层由片状细胞连续层叠构成，鳞片的上端伸出毛干的部分永远指向毛尖，这称为鳞片的指向性。由于鳞片的突出，存在着逆鳞片摩擦因数大于顺鳞片摩擦因数的独特现象，这称为毛纤维的定向摩擦效应。鳞片对羊毛毛干形成保护层，而且会影响羊毛的光泽、手感、缩绒等特性，缩绒性也称毡化性，其本质原因是羊毛表面鳞片的指向性和羊毛的高弹性。皮质层是羊毛的主要组成部分，一般由正皮质和偏皮质两种

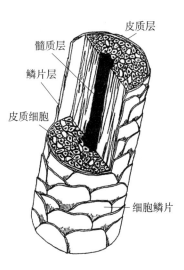

图 2.9　粗羊毛的层次结构

皮质细胞组成，通常是双侧分布，是羊毛卷曲的本质原因；在其他毛纤维中正、偏皮质细胞还会呈现海岛型或皮芯型的分布，则不会形成卷曲。髓质层又称髓腔，结构松散，含有色素和较大的气孔，几乎无强度。髓腔越大，羊毛的品质和纺用价值越低。

毛纤维的染色是在酸性环境中进行的，因此，毛纤维对酸的耐受能力远高于碱，即使低浓度的碱也会造成毛纤维的损伤。毛纤维对氯极为敏感，氯会造成鳞片的降解，因此，有色毛纤维的漂白不使用含氯漂白剂，通常采用过氧化氢。毛纤维对日光也较为敏感，日光中的紫外线会导致角蛋白大分子降解，导致白色的毛纤维发黄。一些含硫的还原剂可以切断毛纤维胱氨酸中的双硫键，使毛纤维溶解。

（2）山羊绒

山羊绒又叫开司米（cashmere），因原产于克什米尔地区而得名。山羊多生长在高原地区，为了适应剧烈的气候变化，全身长有粗长的外层毛被和底层的细软绒毛，以防风雪严寒和雨水侵入。山羊绒是山羊的绒毛，通过抓、梳获得，称抓毛。从山羊身上抓取下来的原绒由绒毛、刚毛、两型毛组成，通过分梳去除刚毛和两型毛而得到分梳山羊绒。中国、伊朗、蒙古国、阿富汗为山羊绒主要产地，我国主要产于西北、内蒙古、西藏、辽宁、山西、河南、河北和山东等省区。山羊绒颜色有白、紫、青色。山羊绒平均细度大多在 14~16μm，细度不匀率较小，约 20%，平均长度 35~45mm，短绒率 18%~20%，无髓腔，强伸性、弹性都优于

相同细度的绵羊毛。鳞片大而稀，紧贴于毛干，手感柔软滑糯。山羊绒纯纺难度较高、价格昂贵，易起球、毡缩，通常与80～100支细羊毛混纺使用，制作的羊绒衫具有细、轻、柔软、保暖性好等优良特性，近年来也开发出了精纺的机织西服羊绒面料。

（3）马海毛

马海毛（mohair）是土耳其安哥拉山羊毛的音译商品名称。马海毛的特点是直、长、有丝光。南非、土耳其和美国为马海毛的三大产地。马海毛是异质毛，含油量低，细度10～90μm，长度12～26cm。马海毛的皮质层几乎都是由正皮质细胞组成，中心有少量偏皮质细胞，纤维很少卷曲，鳞片平阔、紧贴于毛干并且很少重叠，使纤维表面光滑，光泽强。马海毛强度高，具有良好的弹性，不易收缩，也难毡缩，容易洗涤。

马海毛主要用来制作提花毛毯，马海毛提花毛毯极有特色，以坚牢耐磨、丝样光泽和图案美丽著称。马海毛也与绵羊毛、棉、化纤混纺制作衣料，如顺毛大衣呢、银枪大衣呢等。

（4）兔毛

用于纺织的兔毛主要为安哥拉长毛种兔毛。中国的安哥拉品系兔叫中国白兔，我国兔毛年收购量占世界总产量的90%左右，出口量世界第一。兔毛中含有约90%直径为5～30μm的绒毛与约10%直径为30～100μm的刚毛，绒毛直径大多数集中在13～20μm，平均直径在11.5～15.9μm。兔毛平均长度一般为25～45mm。绒毛与刚毛都有发达的髓腔，为多腔多节结构，所以比重轻、吸湿性好，但强度低。制品具有轻、软、暖、吸湿性好的特点。兔毛表面光滑、少卷曲，所以光泽强，但鳞片厚度较低、纹路倾斜，且表面存在类滑石粉状物质，故摩擦系数小、抱合力差、易落毛，纺纱性能差。兔毛含油脂较低，为0.6%～0.7%，通常不需洗毛。兔毛纯纺必须添加特殊和毛油，或经等离子体或酸处理来增加抱合力。此外，可与羊毛或其他纤维混纺加工，回避抱合力差的缺陷，制成针织品、毛线、高级大衣呢、花呢等。

（5）骆驼绒

骆驼绒是从骆驼身上自然脱落或梳绒采集获得的。骆驼身上的外层毛粗而坚韧，称为骆驼毛，在外层粗毛之下有细短柔软的绒毛，称为骆驼绒。我国是双峰骆驼的主要生存地，双峰骆驼的含绒量高达70%以上。骆驼绒的平均直径为14～23μm，平均长度为40～135mm。骆驼绒带有天然的杏黄、棕褐等颜色，鳞片边缘较光滑，不易毡缩。骆驼毛可做衣服衬絮，具有优良的保暖性，骆驼绒可织制高级服用织物和毛毯，也可做衣服衬絮或被子的内填充絮料，御寒保暖性很好。

除了以上介绍的这些毛发纤维外，用于纺织工业的其他动物毛发还有牦牛绒、牦牛毛、藏羚羊绒、羊驼毛、貂绒、貂毛、狐绒、狐毛、貉绒、貉毛、马鬃以及禽类（如鸭、鹅、鸡）的羽绒等。藏羚羊属国家一级保护的濒危野生动物，禁止猎杀，藏羚羊绒禁止销售。

2.2.2.2 丝纤维（腺分泌物）

丝纤维是昆虫腺体分泌的蛋白质溶液从细孔中挤出后在空气中拉伸干燥而成的蛋白质纤维，这也是人工制作纤维的灵感来源。丝纤维是由蛋白质溶液固化而成，故而不含有任何的细胞结构。丝纤维最大宗的是家蚕丝，也称为桑蚕丝。野蚕丝的主要代表为柞蚕丝，另还有天蚕丝、蓖麻蚕丝等小品种。桑蚕丝发源于中国，已有六千多年历史；柞蚕丝也起源于中国，有三千多年的历史。中国的丝绸在世界上享有盛名。

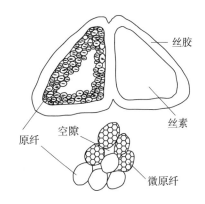

图 2.10　茧丝横截面示意图

（1）桑蚕丝

蚕茧丝是由两根单丝平行黏合而成，各自中心是丝素，外围是丝胶，横截面形状略呈三角形，如图 2.10 所示。丝素和丝胶是两种不同性质的蛋白质，丝胶的外层为无定形态，可溶于热水；丝素则结晶度较高，由微原纤构成，不溶于热水。桑蚕茧由外向内分为茧衣、茧层和蛹衬三部分，茧层可用来做丝织原料，茧衣与蛹衬的丝因细而脆弱，只能用做绢纺原料。

由于茧丝很细，强度较低，且各段粗细差异过大，需要数根茧丝依靠丝胶黏合制成一条粗细比较均匀的复合体长丝（生丝），才有实用价值，这个过程称为缫丝。

蚕丝加工过程中的茧衣、蛹衬、挽手、疵茧废丝等虽然不能制成生丝，但可以通过脱胶、切断、梳理后成为纤维条，采用短纤维纺纱的加工方法制成细纱，这个过程称为绢纺。绢纺纱结构紧密，条干均匀，外观洁净，光泽好，适于织造轻薄型高档绢绸。绢纺工艺中的落棉可以制成较粗的绢纺纱，是织造柔软、保暖性好的内衣的原料。

桑蚕丝是高级的纺织原料，有较好的强伸度，纤维细而柔软，平滑，富有弹性，光泽好，吸湿性好，穿着舒适。采用不同组织结构，丝织物可以轻薄似纱，也可厚实丰满。丝织物除供衣着外，还可作日用及装饰品，在工业、医疗及国防上也有重要用途。

蚕丝的耐光性较差，在日光暴晒下，蚕丝容易泛黄，因日光中紫外线易使蚕丝中酪氨酸、色氨酸的残基氧化裂解，致使蚕丝强度显著下降。因此，蚕丝织物洗涤后忌暴晒，应阴干。

（2）柞蚕丝

柞蚕生长在野外的柞树（即栎树）上，柞蚕茧丝比桑蚕茧丝粗。柞蚕茧的春茧为淡黄褐色，秋茧为黄褐色，而且外层较内层颜色深。柞蚕丝的横截面形状为扁平的三角形，与桑蚕丝的横截面比较如图 2.11 所示。

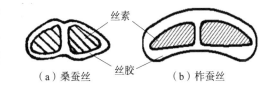

图 2.11　桑蚕丝和柞蚕丝的截面形态

柞蚕丝是高贵的天然纤维，一般用于织造中厚型纺织品。用它织造的丝织品具有其他纤维所没有的天然淡黄色和珠宝光泽，而且平滑挺爽，坚牢耐用，吸湿性强，水分挥发迅速，湿牢度高。

（3）蜘蛛丝

蜘蛛丝的功能是为蜘蛛提供支撑和捕获猎物。蜘蛛丝横截面呈圆形，平均直径为 6.9μm，约是蚕丝的一半，是典型的超细、高性能天然纤维，蜘蛛丝的耐紫外线性好、耐热性好、强度高、韧性好、断裂能高、质地轻，是制造防弹衣、降落伞、外科手术缝合线的理想材料。但蜘蛛是肉食动物，不喜群居，相互之间残杀，规模化生产困难极大，无法大量获得蜘蛛丝。世界各国科学家对蜘蛛丝的化学组成、结构以及蜘蛛丝蛋白基因组成进行了深入的研究，以期研制出人工制造的蜘蛛丝，但还未获得大的进展。

2.2.3 矿物纤维

石棉是天然矿物纤维，是天然的纤维状硅酸盐类矿物质的总称。石棉作为无机纤维，具有高于一般高分子纤维的耐热性，300℃以下无损伤及变化，600～700℃将脱析结晶水，结构破坏、变脆；1700℃及以上结构将破坏，强度显著下降、变脆，受力后粉碎。

石棉纤维广泛应用于耐热、隔热、保温、耐酸、耐碱的服装、鞋靴、手套，化工过滤材料、电解槽隔膜织物，锅炉、烘箱等的热保温材料，石棉瓦、石棉板等建筑材料，电绝缘的防水填充材料等。但是由于石棉纤维破碎体是直径为亚微米级的短纤维末，在流动空气中会随风飞散，被吸入肺部将引起尘肺病，因此，世界和我国已限制或禁止石棉纤维的应用。

2.3 化学纤维简介

化学纤维是指以天然或合成的高分子化合物为原料，经过化学方法及物理加工制成的纤维。其加工特征是在人工条件下完成溶液或熔体→纺丝→纤维的过程。按原料、加工方法和组成成分的不同，又可分为再生纤维、合成纤维和无机纤维三类。

化学纤维简介

2.3.1 再生纤维

再生纤维也称人造纤维，是指以天然高分子化合物为原料经过化学处理和机械加工而制成的纤维。

2.3.1.1 再生纤维素纤维

纤维素是自然界产量最大的一种天然高分子物质，广泛存在于各类植物体中。除了少数植物中纤维素是长纤维外，绝大多数植物中的纤维素不是纤维状或者是长度很小的纤维状，并不能直接利用，将这些植物中的纤维素提纯溶解后，纺丝再生而成的纤维就是再生纤维素纤维。

（1）普通黏胶纤维

普通黏胶纤维是再生纤维素纤维的主要品种，简称黏胶纤维，是再生纤维素纤维最早出现的品种，也是最早研制和生产的化学纤维。1891年在英国研制成功，1905年投入工业化生产。黏胶纤维是从植物中提取纯净的纤维素，经过烧碱、二硫化碳处理之后，制成黏稠的纺丝溶液，采用湿法纺丝加工而成。纤维素来源十分丰富，如棉短绒、木材、芦苇、甘蔗渣、竹、麻等，通常以"原料名称＋浆＋纤维"或"原料名称＋黏胶纤维"命名。如棉浆纤维或棉黏胶纤维，木浆纤维或木黏胶纤维，竹浆纤维或竹黏胶纤维，麻浆纤维或麻黏胶纤维等。

黏胶纤维截面呈不规则的锯齿形，有明显的皮芯结构，纵向有平直不连续的条纹。其化学组成与棉纤维相同，聚合度、结晶度、取向度都远低于棉，结构中含有更多的微孔隙。黏胶纤维吸湿性高于棉，易染色，色谱全，色泽艳，染色牢度高于棉，对酸与氧化剂比棉敏感，对碱的稳定性不及棉。黏胶纤维干强低于棉纤维，润湿后的截面积膨胀率可达 50% 以上，最高可达 140%，所以黏胶纤维织物沾水后会发硬。黏胶纤维润湿后比强度急剧下降，其湿干态强度比为 40%～50%。初始模量低，湿态模量下降，织物洗涤揉搓时易变形起皱。弹性回复性差，干燥后易收缩，使用中又逐渐伸长。

（2）高湿模量和强力黏胶纤维

高湿模量黏胶纤维是对普通黏胶纤维缺点进行改进而得到的，主要是两个途径：其一是形成全芯层高结晶度结构，其主要代表纤维有中国早期所称的富强纤维、日本的虎木棉或 Polynosic；其二是增加纤维的皮层及皮层内分子间的微晶物理交联作用形成的致密厚皮层结构，如欧美 20 世纪 50 年代的高湿模量黏胶（HWM）、Vincel 和 70～80 年代的莫代尔（Modal）纤维等。高湿模量黏胶纤维横截面近似圆形，断裂比强度为 3.0～3.5cN / dtex，高于普通黏胶纤维，湿干态强度比明显提高，为 75%～80%。

强力黏胶纤维结构为全皮层，是一种高强度、耐疲劳性能良好的黏胶纤维，断裂比强度为 3.6～5.0cN / dtex，其湿干态强度比为 65%～70%，也明显高于普通黏胶纤维。广泛用于工业生产，经加工制成的帘子布，可供制作汽车、拖拉机的轮胎，也可制作运输带、胶管、帆布等。

（3）新型溶剂法黏胶纤维

普通黏胶纤维生产需要先将纤维素转化为纤维素衍生物再溶解纺丝，在纺丝过程中再还原成纤维素，而新型溶剂指的是能够直接溶解纤维素的溶剂体系，一般为 N- 甲基吗啉 -N- 氧化物（NMMO）或离子液体。采用直接溶解纤维素纺丝制成的黏胶纤维称为新型溶剂法黏胶纤维。

莱赛尔（Lyocell）纤维是以 NMMO 为溶剂制得的再生纤维素纤维，类似的产品还有英国 Courtaulds 公司生产的 Tencel 纤维，国内谐音商品名"天丝"和德国 Akzo–Nobel 公司生产的 Newcell 纤维。与普通黏胶纤维相比，Lyocell 纤维最主要的特点是溶剂 NMMO 可接近 100% 回收，基本无污染，因此被认为是一种绿色纤维。因为直接溶解法对纤维素大分子造成的破坏较小，Lyocell 纤维强度高明显高于普通黏胶纤维，达到 3.8～4.2cN/dtex，且湿强损失小于 15%。Lyocell 纤维截面呈圆形，巨原纤结构致密，拉伸、钩接、打结强度均高，手感柔软，悬垂性好。Lyocell 纤维有原纤化倾向，纤维表面易发生分裂形成小纤维绒，可利用此特征制造有桃皮绒感和柔软触感的纺织品，通过改变纺丝工艺也可消除此缺陷。

（4）铜氨纤维

将棉短绒或木材的纤维素浆粕溶解在氢氧化铜的浓氨溶液内，制成铜氨纤维素纺丝溶液，在 5% 稀硫酸凝固浴中纺丝成型即得到铜氨纤维。由于铜氨纺丝液的塑性很高，可承受高倍拉伸，因此，可制成很细的纤维，单纤维线密度为 0.44～1.44dtex。铜氨纤维截面呈圆形，无皮芯结构，纵向表面光滑，光泽柔和、有真丝感。铜氨纤维吸湿性好，回潮率为 12%～13%，与黏胶纤维相近，干态比强度为 2.6 ~ 3.0cN / dtex，较黏胶纤维稍高，湿干态强度比为 65% ~ 70%，也高于黏胶纤维。此外，铜氨纤维的耐磨性和耐疲劳性也比黏胶纤维好。

铜氨纤维成型工艺复杂、产量较低，一般制成长丝，用于制作轻薄面料和仿丝绸产品，如内衣、裙装、睡衣等。铜氨纤维面料也是高档服装里料的重要品种之一，铜氨纤维与涤纶或黏胶纤维的交织面料是高档西装的常用里料。铜氨纤维面料滑爽、悬垂性好。

（5）醋酯纤维

醋酯纤维俗称醋酸纤维，即纤维素醋酸酯纤维，利用纤维素和醋酸酐作用，羟基与乙酰基结合，生成纤维素醋酸酯，溶解在二氯甲烷溶剂中制成纺丝液，经干法纺丝制成。纤维素分子上的羟基与乙酰基结合的百分数称为酯化度。二醋酯纤维的酯化度一般为 74% ~ 92%，三醋酯纤维的酯化度一般为 93% ~ 100%，酯化的百分数越高，醋酸纤维素分子的结构对称性和规整性越好，故纺织用纤维基本为三醋酯纤维素纤维。二醋酯纤维素纤维一般作为滤材，主要用于香烟滤嘴，有很好的焦油和尼古丁吸附能力。

显微镜下，醋酯纤维的截面为不规则多瓣形，无皮芯结构，纵向表面有条纹。醋酯纤维断裂比强度较低，干态比强度仅为 1.0 ~ 1.5cN/dtex，湿干态强度比为 67% ~ 77%。断裂伸长率为 25% 左右，湿态伸长率为 35% 左右。由于纤维素分子上的羟基与乙酰基结合为酯基，因而吸湿性比黏胶纤维低得多，在标准大气条件下，二醋酯纤维的回潮率为 6.0% ~ 7.0%，三醋酯纤维的回潮率为 3.0 ~ 3.5%。醋酯纤维染色性较差，通常采用分散性染料染色和特种染料染色。

醋酯纤维模量较低，易变形，低伸长下的弹性回复性极好（1.5% 伸长时回复程度为 100%），密度小于黏胶纤维，故织物手感柔软，有弹性，不易起皱，悬垂性好。醋酯纤维表面平滑，有丝一般的光泽，适合于制作衬衣、领带、睡衣、高级女装等。

2.3.1.2 再生蛋白质纤维

蛋白质资源在自然界中相当丰富，它包括植物蛋白和动物蛋白。再生蛋白质纤维的研究早在 19 世纪末期就已开始，目前已使用过的蛋白质有：酪素（牛奶蛋白）、蚕蛹蛋白、蚕丝蛋白、羽毛蛋白、角蛋白（主要是羊毛蛋白）、明胶、大豆蛋白、花生蛋白等。纯纺的再生蛋白质纤维由于提取成本高昂及力学性能差（通常比强度低于 1cN/dtex），很难满足实用要求而搁浅，研究进而转向将蛋白质溶液与其他高聚物进行共混纺丝或与其他高聚物进行接枝共聚再进行纺丝。由于蛋白质本身不耐高温，再生蛋白质纤维均采用湿法纺丝工艺进行生产，所选用的基体材料主要是聚丙烯腈、聚乙烯醇和纤维素，纤维强度取决于蛋白质在纤维中的比例，比例越高则纤维强度越低。

再生蛋白纤维耐热性差，当温度超过 120℃时，纤维就会变黄，且纤维自身本色发黄，干扰染色；纤维中蛋白质在水洗、漂白及染色整理中的流失问题也难以解决。此外，再生蛋白质纤维原料成本高，产品的竞争力并不强，因而多数产品并未大量生产，即使个别产品有批量生产，不仅价格昂贵，而且性能存在明显短板，使其发展受到很大限制。

2.3.1.3 再生甲壳质纤维与壳聚糖纤维

甲壳质是指由虾、蟹、昆虫的外壳及从菌类、藻类细胞壁中提炼出来的天然高聚物，壳聚糖是甲壳质经浓碱处理后脱去乙酰基后的化学产物，它的化学名称为聚氨基葡萄糖。甲壳质、壳聚糖与纤维素有十分相似的结构，可将它们视为纤维素大分子上的羟基被乙酰氨基（—NHCOCH$_2$）或氨基（—NH$_2$）取代后的产物。由甲壳质和壳聚糖溶液经湿法纺丝形成的纤维分别被称为甲壳质纤维和壳聚糖纤维。

生物医药性能是甲壳质与壳聚糖的优势性能，由于它和人体组织具有很好的相容性，可以被人体的溶解酶溶解并被人体吸收，甲壳质和壳聚糖纤维还具有消炎、止血、镇痛、抑菌和促进伤口愈合的作用。甲壳质纤维和壳聚糖纤维是优异的生物工程材料，无毒性、无刺激性，可用作医用敷料及制作手术缝合线。采用甲壳素纤维与棉混纺的织物对人体无刺激性，具有抗菌防臭的功能，可制成功能性保健内衣、裤袜、服装及床上用品以及医用非织造织物。

2.3.2　普通合成纤维

合成纤维是由低分子物质经化学合成的高分子聚合物，再经纺丝加工而成的纤维。合成纤维按性能可分为普通合成纤维和高性能合成纤维。普通合成纤维主要是六大纶，即涤纶、锦纶、腈纶、丙纶、维纶和氯纶，其中前四种纤维在近半个世纪中发展成为大宗类纤维，以产量排序为涤纶 > 丙纶 > 锦纶 > 腈纶。由于近年来氯纶已经极少服用，而氨纶大量用于弹性织物中，故而也有将氯纶替换为氨纶的提法。高性能合成纤维与高性能无机纤维合称为高性能纤维。常用合成纤维的名称及分类见表 2.2。

表 2.2　常用合成纤维的名称及分类

类别		化学名称	代号	国内商品名	常见国外商品名	单体
聚酯类纤维		聚对苯二甲酸乙二酯	PET 或 PES	涤纶	Dacron，Telon，Terlon，Teriber，Lavsan，Terital	对苯二甲酸或对苯二甲酸二甲酯、乙二醇或环氧乙烷
		聚对苯二甲酸环己基 -1,4 二甲酯			Kodel，Vestan	对苯二甲酸或对苯二甲酸二甲酯、1,4- 环乙烷二甲醇
		聚对羟基苯甲酸乙二酯	PEE		A-Tell	对羟基苯甲酸、环氧乙烷
		聚对苯二甲酸丁二酯	PBT	PBT 纤维	Finecell，Sumola，Artlon，Wonderon，Celanex	对苯二甲酸或对苯二甲酸二甲酯、丁二醇
		聚对苯二甲酸丙二酯	PTT	PTT 纤维	Corterra	对苯二甲酸、丙二醇
聚酰胺类纤维	脂肪族	聚酰胺 6	PA 6	锦纶 6	Nylon6，Capron，Chemlon，Perlon，Chadolan	己内酰胺
		聚酰胺 66	PA 66	锦纶 66	Nylon66，Arid，Wellon，Hilon	己二酸、己二胺

类别		化学名称	代号	国内商品名	常见国外商品名	单体
聚酰胺类纤维	脂肪族	聚酰胺1010	PA1010	锦纶1010	Nylon 1010	癸二胺、癸二酸
		聚酰胺-4	PA-4	锦纶4	Nylon 4	丁内酰胺
	脂环族	脂环族聚酰胺	PACM	锦环纶	Alicyclic Nylon，Kynel	双-（对氨基环己基）甲烷、12烷二酸
芳香聚酰胺纤维		聚对苯二甲酰对苯二胺	PPTA	芳纶1414	Kevlar，Technora，Twaron	芳香族二元胺和芳香族二元羧酸或芳香族氨基苯甲酸
		聚间苯二甲酰间苯二胺	PMIA	芳纶1313	Nomex，Conex，Apic，Fenden，Mrtamax	芳香族二元胺和芳香族二元羧酸或芳香族氨基苯甲酸
		聚苯砜对苯二甲酰胺	PSA	芳砜纶	Polysulfone Amide	4，4′-二氨基二苯砜、3，3′-二氨基二苯砜和对苯二甲酰氯
聚杂环纤维		聚对亚苯基苯并二噁唑	PBO		Zylon	聚-p-亚苯丙二噁唑
		聚间亚苯基苯并二咪唑	PBI		Polybenzimimidazole	
		聚醚醚酮	PEEK		Victrex®PEEK	
聚烯烃类纤维		聚丙烯纤维	PP	丙纶	Meraklon，Polycaissis，Prolene，Pylon	丙烯
		聚丙烯腈系纤维（丙烯腈与15%以下的其他单体的共聚物纤维）	PAN	腈纶	Orlon，Acrilan，Creslan，Chemilon，Krylion，Panakryl，Vonnel，Courtell	丙烯腈及丙烯酸甲酯或醋酸乙烯、苯乙烯磺酸钠、甲基丙烯磺酸钠
		改性聚丙烯腈纤维（指丙烯腈与多量第二单体的共聚物纤维）	MAC	腈氯纶	Kanekalon，Vinyon N	丙烯腈、氯乙烯
					Saniv，Verel	丙烯腈、偏二氯乙烯
		聚乙烯纤维	PE	乙纶	Vectra，Pylen，Platilon，Vestolan，Polyathylen	乙烯
		聚乙烯醇缩甲醛纤维	PVAL	维纶	Vinylon，Kuralon，Vinal，Vinol	乙二醇、醋酸乙烯酯
		聚乙烯醇—氯乙烯接枝共聚纤维	PVAC	维氯纶	Polychlal，Cordelan，Vinyon	氯乙烯、醋酸乙烯酯
聚烯烃类纤维		聚氯乙烯纤维	PVC	氯纶	Leavil，Valren，Voplex，PCU	氯乙烯
		氯化聚氯乙烯（过氯乙烯）纤维	CPVC	过氯纶	Pe，Ce	氯乙烯

类别	化学名称	代号	国内商品名	常见国外商品名	单体
聚烯烃类 纤维	氯乙烯与偏二氯乙烯 共聚纤维	PVDC	偏氯纶	Saran，Permalon， Krehalon	氯乙烯、偏二氯乙烯
	聚四氟乙烯纤维	PTFE	氟纶	Teflon	四氟乙烯

2.3.2.1　聚酯类纤维

聚酯通常是指以二元酸和二元醇缩聚而得的高分子化合物，其基本链节之间以酯键连接。聚酯纤维的品种很多，如聚对苯二甲酸乙二酯（PET）纤维、聚对苯二甲酸丙二酯（PTT）纤维、聚对苯二甲酸丁二酯（PBT）纤维、聚对萘二甲酸乙二酯（PEN）等。我国将 PET 纤维称为涤纶，涤纶于 1941 年问世，1953 年投入工业化生产，因其出现最早，也简称聚酯纤维，但随着新型聚酯的不断出现，聚酯纤维已经成为一个大家族，因此再将涤纶简称为聚酯纤维已经不够严谨。我国涤纶产量居世界首位，而且发展速度迅速。

（1）涤纶（PET 纤维）

涤纶由对苯二甲酸与乙二醇进行缩聚生成的聚对苯二甲酸乙二酯制得，因其性能均衡，没有明显短板，发展成为合成纤维中的最大品种，其产量居所有化学纤维之首。

涤纶采用熔体纺丝，横截面形状由喷丝孔的形状决定，纵向均匀而无条痕。涤纶除了大分子两端外，不再含有其他亲水性基团，且结晶度高，分子链排列紧密，因此，吸湿性差，在标准状态下回潮率只有 0.4%，即使在相对湿度 100% 的条件下吸湿率也仅为 0.6%~0.9%，因此一般的涤纶织物贴身穿着会使人感觉憋闷。由于涤纶的吸湿性低，在水中的溶胀度小，干、湿比强度和干、湿断裂伸长率基本相同。

涤纶织物最大的特点是优异的抗皱性和保形性，制成的服装外形挺括、美观，经久耐用。这是因为涤纶的比强度高，弹性模量高，刚性大，受力不易变形，热定形性能优异。又由于涤纶的弹性回复率高，变形后容易恢复，再加上吸湿性差，所以涤纶服饰穿着挺括、平整、形状稳定性好，具有洗可穿（易洗、快干、免烫）的效果，符合高节奏的现代社会对服装的要求。

涤纶耐热性高，在温度低于 150℃时处理，涤纶的色泽不变；在 150℃下受热 168h 后，涤纶比强度损失不超过 3%；在 150℃下受热 1000h 后，仍能保持原来比强度的 50%。耐光性仅次于腈纶和醋酯纤维，优于其他纤维。具有优异的抗有机溶剂、洗涤剂、漂白液、氧化剂能力以及较好的耐腐蚀性。涤纶的耐酸性较好，无论是对无机酸或是有机酸都有良好的稳定性。涤纶在碱的作用下易发生水解，由于涤纶结构紧密，水解作用由表面逐渐深入，使纤维表层剥落，而对纤维的芯层则无太大影响，这称为"剥皮现象"或"碱减量处理工艺"。

涤纶的主要缺点是吸湿性差，导电性差，容易产生静电现象，并且染色困难，易燃烧融滴，织物易起球等，但这些缺点都可以通过各种纤维改性方法加以改善。

（2）PTT 纤维与 PBT 纤维

PTT 与 PBT 纤维在分子结构上与 PET 纤维极为相似，只是亚甲基数量更多，因此分子链上柔性部分更长，从而比 PET 具有更好的弹性。PTT 和 PBT 纤维兼有涤纶和锦纶的特点，像涤纶一样回潮率低，易洗快干，较好的弹性回复性和抗皱性，并有较好的耐污性、抗日光性和手感；但比涤纶的染色性能好，可在常压下染色，染料渗透力高于 PET 纤维，且染色均匀，色牢度好，常压沸染条件下用分散染料染色便可得到满意的染色效果。与锦纶相比，同样有较好的耐磨性和拉伸回复性，并有弹性大、蓬松性好的特点；但耐热性、耐光性和抗老化性能又优于锦纶。

由于 PTT 大分子构象和晶格构象的特点，PTT 长丝比 PBT 长丝具有更大的断裂伸长率和更好的弹性回复性能，PTT 长丝可以完全回复的伸长率为 20%，优于 PBT 长丝，更优于 PET 长丝。PTT 的合成工艺更接近 PET，成本低于 PBT。PTT 纤维尤其适合于弹性织物，制成的服装具有易于维护的突出优点，包括服装的易于定型、不褪色且抗污，作为弹性织物而又易于洗涤与干燥，可以方便地采用机洗和烘干，可以保持亮丽的色泽，保持优良的柔软手感，美观、动感的悬垂性和优良的性能持久性。

2.3.2.2 聚酰胺类纤维（锦纶）

聚酰胺纤维是指其分子主链由酰胺键（—CO—NH—）连接的一类合成纤维，我国称为锦纶。聚酰胺纤维是世界上最早实现工业化生产的合成纤维，也是化学纤维的主要品种之一。1935 年，杜邦公司 Carothers 及其合作者首次合成了聚酰胺 66；1936—1937 年，杜邦公司用熔体纺丝法制成聚酰胺 66 纤维，并将该纤维产品定名为尼龙（Nylon），这是第一个聚酰胺品种；1939 年实现了工业化生产。德国化学家 P. Schlack 在 1938 年发明了用己内酰胺合成聚己内酰胺（聚酰胺 6）和生产纤维的技术，并于 1941 年实现工业化生产。

聚酰胺纤维专指脂肪族聚酰胺纤维，一般可分成两大类。一类是通过 ω-氨基酸缩聚或由内酰胺开环聚合制取，如锦纶 6；另一类是通过二元胺与二元酸缩聚制得，如锦纶 66、锦纶 1010 等。除脂肪族聚酰胺纤维外，还有芳香族聚酰胺纤维。但根据国际标准化组织（International Standard Orgnization，ISO）的定义，聚酰胺纤维不包括芳香聚酰胺纤维（简称芳纶），如聚对苯二甲酰对苯二胺（对位芳纶，我国称芳纶 1414，Kevlar）和聚间苯二甲酰间苯二胺（间位芳纶，我国称芳纶 1313，Nomex）等。

锦纶采用熔体纺丝，横截面形状由喷丝孔的形状决定，纵向均匀而无条痕，因此在显微镜下很难将它和聚酯类纤维区分开来。锦纶具有一系列优良性能，其耐磨性居纺织纤维之冠，断裂强度高，伸展大，回弹性和耐疲劳性优良，吸湿性在合成纤维中仅次于维纶，染色性在合成纤维中属较好的。锦纶的缺点是耐光性较差，耐热性也较差，在 150℃下受热 5h，比强度和断裂伸长率明显下降。锦纶在酸性条件下容易水解，碱性条件下则较为稳定。

在服用方面，它主要用于制作袜子、内衣、衬衣、运动衫等，并可和棉、毛、黏胶等纤维混纺，使混纺织物具有很好的耐磨损性，还可制作寝具、室外饰物及家具用布等。在产业用方面，它主要用于制作轮胎帘子线、传送带、运输带、渔网、绳缆等，涉及交通运输、渔业、军工等许多领域。

2.3.2.3 聚烯烃类纤维

聚烯烃类纤维的共同特征是它们都由乙烯基类单体共聚而成，具有低比重的特点。

（1）腈纶

腈纶是聚丙烯腈纤维的中国商品名，它是由 85% 以上的丙烯腈单体和第二、第三单体共聚而成，第二单体的加入可以降低结晶度，提高弹性，第三弹体的加入可以提高染色性能。1953 年美国杜邦公司最先实现了腈纶的商品化。腈纶有"合成羊毛"之称，手感柔软、弹性好，接近羊毛。耐日光和耐气候性是合成纤维中最好的，染色性较好。腈纶的缺点是易起球、吸湿性较差，回潮率仅 1.2%～2%，对热较敏感，耐酸碱性较差，属于易燃纤维，且燃烧时会释放出剧毒气体。

利用腈纶的热弹性，可以制作膨体纱。另外，腈纶也有很多共混、接枝的改性品种。腈纶突出的耐日光能力使其十分适合用于帐篷。腈纶纯纺和混纺纱线广泛用于毛衫、地毯、仿毛皮织物中。

（2）丙纶

丙纶是等规聚丙烯纤维的中国商品名，1955 年研制成功，1957 年由意大利开始工业化生产，1995 年产量超过锦纶、腈纶而居第二位，仅次于涤纶。丙纶的质地特别轻，密度仅为 0.91g/cm³，是目前合成纤维中最轻的纤维。丙纶也是采用熔融法纺丝，因此微观形态特征和涤纶相同。丙纶的强度较高，具有较好的耐化学腐蚀性，但丙纶的耐热性、耐光性、染色性较差。丙纶主要用于制造产业用纺织品，高强丙纶是制造绳索、渔网、缆绳的理想材料，低强丙纶可作为卷烟滤嘴并较多地用于滤布和非织造织物。细旦丙纶具有优异的导湿性能，可用于运动服装；由于质轻、不易沾污、易清洗，也是制作地毯的常用材料。产业用的增长是丙纶发展迅速的动因。

（3）维纶

维纶又称维尼纶，是聚乙烯醇纤维在我国的商品名。聚乙烯醇是一种水溶性高分子，因此，未经处理的聚乙烯醇纤维易溶于水，用甲醛缩醛化处理后可提高其耐热水性。1950 年维纶投入工业化生产，以短纤维为主。不醛化的聚乙烯醇纤维可溶于温水，称可溶性维纶，是伴纺天然纤维纺制超细线密度纱线的重要原料。维纶采用湿法纺丝，用硫酸钠浓溶液为凝固浴成形，截面呈腰圆形，有明显的皮芯结构，皮层结构紧密，而芯层有很多空隙。维纶富含羟基，吸湿性较好，曾有"合成棉花"之称，但比强度和耐磨性都优于棉纤维，与棉混纺可以大幅度提高织物强度和耐磨性。维纶的化学稳定性好，耐腐蚀和耐光性好，耐碱性能强，长期放在海水或土壤中均难以降解。但维纶的耐热水性能较差，弹性较差，染色性较差且颜色暗淡，易于起毛、起球。维纶还有超高分子量的高强品种用于产业用纺织品领域。

（4）氯纶

氯纶是聚氯乙烯纤维在我国的商品名。聚氯乙烯纤维于 1931 研制成功，1946 年在德国投入工业化生产。由于氯纶分子中含有大量的氯原子，因而氯纶织物具有很好的阻燃性，极限氧指数最高可达 45%。氯纶的强度与棉相接近，耐磨性、保暖性、耐日光性比棉、毛好。氯纶抗无机化学试剂的稳定性好，耐强酸强碱，耐腐蚀性能强，隔音性也好，但对有机溶剂的稳定性和染色性比较差。由于氯纶的保暖性非常好，织物经摩擦后容易产生静电，用其做成内衣对患有风湿性关节炎的人有一定的辅助治疗作用。服用和家用上，氯纶主要用于制作各种针织产品、毛线、毯子和家用装饰织物等。产业用上，氯纶可用于制作各种在常温下使用的滤布、工作服、绝缘布、覆盖材料等。聚氯乙烯鬃丝主要用于编织窗纱、筛网、绳索等。另外，聚氯乙烯和丙烯腈共聚的纤维品种，称为腈氯纶，是制造阻燃型纺织品和假发的常见材料。

2.3.2.4 氨纶（聚氨酯弹性纤维）

聚氨酯弹性纤维是指以聚氨基甲酸酯为主要成分的一种嵌段共聚物制成的纤维。聚氨酯弹性纤维最早由德国的拜耳公司（Bayer Co.）于 1937 年试制成功，但当时未能工业化生产；1958 年，美国杜邦公司也研制出这种纤维，并实现了工业化生产，商品名莱卡（Lycra），我国商品名为氨纶。氨纶大分子由软硬两种链段嵌段共聚物而成，软链段由聚酯或聚醚组成，在常温下处于高弹态，在应力作用下很容易发生形变，从而赋予纤维拉长变形的特征；硬链段由刚性较大的二异氰酸酯链段组成，具有结晶性并能形成横向交联，在应力作用下不产生变形，防止分子间滑移，并赋予纤维足够的回弹性。氨纶是低强高伸型纤维，断裂比强度为 0.5 ~ 0.9cN/dtex，断裂伸长率达 500% ~ 800%，瞬时弹性回复率为 90% 以上，还具有良好的耐挠曲、耐磨性能等。由于氨纶的弹性特性，被大量用于制作各类弹性织物，根据用量的大小，织物弹性可以在很大的范围内调节，如内衣、游泳衣、压力袜、弹性丝袜、紧身运动衣等，也大量用于松紧带、腰带、袜口及绷带中。

2.3.3 高性能纤维

高性能纤维是指超高强度、高模量、耐高温、高耐腐蚀的纤维，属于能够在苛刻工况下工作的特种纤维。

特种纤维简介

高性能纤维中的有机高性能纤维大多为主链上含有苯环或杂环的刚性链高聚物，这类刚性链高性能纤维体现的是高强度和耐高温以及阻燃特性。少数是柔性链高性能纤维，主链由脂肪链构成，主要有超高分子量聚乙烯纤维、超高分子量聚乙烯醇和聚四氟乙烯纤维，这类纤维主要体现的是高强度或高耐腐蚀性，而耐高温性通常较差。

2.3.3.1 高性能有机纤维

（1）对位芳纶

对位芳纶是聚对苯二甲酰对苯二胺（PPTA）纤维的简称，1965 年由美国杜邦公司发明，1971 年商品化命名为凯夫拉（Kevler），其他公司相同产品的商品名有 Twaron、Technora、Terlon 等，中国称为芳纶 1414。

PPTA 纤维分子中的对苯基使其主链变得僵硬，分子链有很好的刚性，酰胺键与苯环基团形成共轭结构，内旋位能相当高，大分子构型为沿轴向伸展的刚性链结构，分子排列规整，取向度和结晶度高，链段排列规则，且存在很强的分子间氢键，这些因素共同赋予对位芳纶以超高强度和高模量，同时还具有耐高温、耐酸耐碱、重量轻等优良性能，其强度是钢丝的 5 ~ 6 倍，模量为钢丝或玻璃纤维的 2 ~ 3 倍，韧性是钢丝的 2 倍，而重量仅为钢丝的 1/5 左右。在 560℃下，不分解，不融熔；在 200℃经 100h 后，其强度保持率仍在 75% 以上；在 160℃经 500h 后，仍能保持原强度的 95% 左右。

对位芳纶被广泛应用于国防军工等尖端领域，如军用头盔、防弹背心、防刺防割服、排爆服、高强度降落伞、防弹车体、装甲板等。此外，对位芳纶作为一种高技术含量的纤维材料还被广泛应用于航天航空、机电、汽车、体育用品等领域，例如，其树脂基复合材料可用作宇航、火箭和飞机的结构材料，能够减轻重量，增加有效负荷，节省大量动力燃料。

（2）间位芳纶

间位芳纶是聚间苯二甲酰间苯二胺（PMIA）纤维的简称，杜邦公司于 1967 年将其商品化，商品名为诺梅克斯（Nomex），其他公司相同产品的商品名有 Conex、Fenelon、Tametar 等，中国称为芳纶 1313。

PMIA 纤维分子中的酰胺基团以间位苯基相互连接，其共价键没有共轭效应，内旋转位能相对对位芳纶低一些，大分子链呈现柔性结构。间位芳纶是一种综合性能优良的耐高温特种纤维，具有优异的热稳定性，在 260℃持续使用 1000h，机械强度仍保持原有的 65%，或在 300℃下连续使用 7 天，强度保持 50%，在 370℃以上才分解出少量气体；具有阻燃性，高温燃烧时表面碳化，不助燃，不产生熔滴；具有电绝缘性，芳纶绝缘纸耐击穿电压可高达到 10 万 V/mm。它的强度和伸长与普通涤纶相似，便于加工与织造。另外，还具有化学稳定性和耐辐射性，在电绝缘纸、高温过滤材料、防护服装、消防服装、蜂窝结构材料等方面有着广泛应用，是航空航天、国防、电子、通信、环保、石油、化工、海洋开发等高科技领域的重要基础材料。

（3）PBO 纤维

PBO 纤维是聚对苯撑苯并二噁唑纤维的简称，是含有芳杂环的芳香族聚酰胺纤维。美国空军于 20 世纪 60 年代开始研究，美国陶氏化学公司（Dow）进行工业性开发，后授权给日本东洋纺进行大规模生产，东洋纺 PBO 纤维的商品名为 Zylon。

PBO 纤维是现有合成纤维中强度和模量最高的品种，可达到芳纶 1414 的 2 倍，一根直径 1mm 的 PBO 细丝即可吊起 450kg 的质量，强度是钢丝的 10 倍以上。同时具有非常高的耐热性和阻燃性，热稳定性相比芳纶 1313 更高，在 600～700℃开始热分解，400℃下强度和模量基本不变，可长期工作在 350℃下，极限氧指数为 68%。具有非常好的抗蠕变、耐化学和耐磨性能，很好的耐压缩破坏性能，不会出现无机纤维的脆性破坏。但 PBO 纤维的耐光或耐光热复合作用的性能较差，在氙弧灯照射 4h 后，强度损失 30%～40%；伸长损失约 45%；模量约损失 10%。

PBO 纤维可以制成短纤、长丝和超短纤维浆粕，主要用于要求既耐火、耐热，又要高强高模的柔性材料领域中，如防护手套、防护服装、热气体过滤介质、高温传送带、热毡垫、摩擦减震材料、增强复合材料、飞机或飞行器的防护壳体及热屏障层等。

（4）聚四氟乙烯纤维

聚四氟乙烯纤维我国称为氟纶，是氟化类纤维的典型代表，其他相近的氟化类纤维有聚氟乙烯（PVF）纤维、聚偏氟乙烯（PVDF）纤维等。

聚四氟乙烯纤维具有非常优异的化学稳定性、耐腐蚀性，是当今世界上耐腐蚀性能最佳的材料之一，其稳定性超过所有其他的天然纤维和化学纤维，除熔融碱金属、三氟化氯、五氟化氯和液氟外，能耐其他一切化学药品广泛应用于各种需要抗酸碱和有机溶剂的场合。聚四氟乙烯纤维具有密封性、高润滑不粘性、电绝缘性和良好的抗老化能力。聚四氟乙烯本身对人没有毒性，使用温度 −190～250℃，允许骤冷骤热，或冷热交替操作，这使它成为宇航员出仓服面料的最佳选择。

聚四氟乙烯纤维还具有良好的耐气候性，是现有各种化学纤维中耐气候性最好的一种，在室外暴露 15 年，其力学性能仍未发生明显的变化。其极限氧指数值为 95%，是目前化学纤维中最难燃的纤维。聚四氟乙烯纤维还具有良好的电绝缘性能和抗辐射性能。

PTFE 的长丝可用于低摩擦系数、耐高低温和化学作用的面料，或与其他纱线加捻混合利用；PTFE 短纤维可制作各种防热和耐化学作用的毡片，或具有耐腐蚀性高温气体或液体的过滤介质。

PTFE 既不溶解也不熔融，采用特殊的乳液纺丝加后期烧结拉伸制成。

（5）超高分子量聚乙烯（UHMWPE）纤维

超高分子量聚乙烯纤维是目前世界上强度最高的纤维之一，分子量一般为 10^6 以上，采用凝胶纺丝工艺生产的长丝的断裂比强度达 27～38cN/dtex。UHMWPE 纤维的密度低，只有 0.96g/cm^3，用其加工的缆绳及制品轻，可以漂在水面上。其能量吸收性强，可制作防弹、防切割和耐冲击品的材料。

UHMWPE 纤维具有良好的疏水性、耐化学品性、抗老化性和耐磨性，同时又耐水、耐湿、耐海水、抗震、耐疲劳、柔软。在极低温度下，其电绝缘性和耐磨性均优良，是一种理想的低温材料。UHMWPE 纤维的主要缺点是耐热性差，使用温度不能超过 100℃，在 125℃左右即开始熔融，其断裂比强度和比模量随温度的升高而降低，因此要避免在高温下使用。

2.3.3.2 高性能无机纤维

（1）碳纤维

碳纤维是指纤维化学组成中碳元素占总质量 90% 以上的纤维。碳纤维"外柔内刚"，质量比金属铝轻，但强度却高于钢铁，并且具有耐腐蚀、高模量的特性。碳纤维既具有碳材料的固有本征特性，又兼备纺织纤维的柔软可加工性，是新一代增强纤维。

目前商品化的原丝类型有聚丙烯腈基碳纤维、黏胶基碳纤维、沥青基碳纤维、纤维素基碳纤维。按碳纤维的性能可分为高性能碳纤维，包括超高强度碳纤维、高强度碳纤维、中强度碳纤维、高模量碳纤维、中模量碳纤维等；低性能碳纤维，包括耐火纤维、碳质纤维、石墨纤维等。碳纤维的密度为 1.5～2g/m^3，比金属材料轻得多。碳纤维的强度为 1～4GPa（常用），或更高为 5～9GPa（高性能）。高模量碳纤维的最大延伸率很少，尺寸稳定性好，不易发生变形。

在没有氧气的情况下，碳纤维能够耐受 3000℃的高温，这是其他任何纤维无法与之相比的。碳纤维对一般的酸、碱有良好的耐腐蚀作用。碳纤维主要用于制作增强复合材料，可与树脂、金属、陶瓷、无定形碳等多种基体材料复合，广泛用于航空航天、建筑、交通、运输、国防军工、体育器材及各种产业用途。

（2）玻璃纤维

玻璃纤维是用硅酸盐类物质人工熔融纺丝形成的无机长丝。玻璃纤维有很多品种，如无碱电绝缘玻璃纤维、碱玻璃纤维、耐化学玻璃纤维、高拉伸模量玻璃纤维、高强度玻璃纤维、含铝玻璃纤维、低介电常数玻璃纤维、光导玻璃纤维、防辐射玻璃纤维等。

玻璃纤维作为重要功能纤维材料的主要用途有绝缘材料、过滤材料、光导纤维材料以及纤维增强复合材料中的增强材料。

（3）其他高性能无机纤维

其他的高强高模、耐高温的无机纤维还有玄武岩纤维、陶瓷类纤维（三氧化二铝纤维、氮化硼纤维、碳化硅纤维）等。

2.4 纤维加工流程

天然纤维是天然形成的纤维状物质，若要满足纺织加工要求，通常需要进行初加工，如棉纤维的轧棉，麻纤维的脱胶，毛纤维的洗毛、炭化等加工过程，初加工的主要目的是分离天然纤维中伴生的各种杂质。蚕丝自身极为纯净，其初加工主要是通过缫丝过程使数根蚕丝从蚕茧上退绕下来，借助丝胶的黏合作用形成具有一定细度的长丝并与蚕蛹分离。

化学纤维的原材料并非纤维状，必须经过纺丝流程，使之成为长丝，通常还要经过牵伸、上油、热定形、切断、卷曲、变形等后加工才能满足纺纱及织造的需要。

纤维的加工流程可以简要地归纳为如图 2.12 所示。

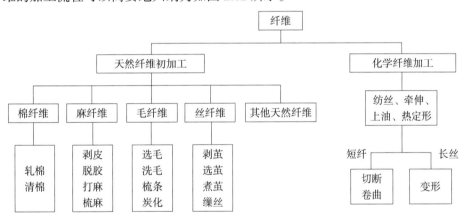

图 2.12　纤维加工流程图

思考题

1. 棉花按轧工方式分为哪几种？它们的特点是什么？
2. 棉纤维的生长发育过程如何？简述该过程的主要特点？
3. 简述棉纤维的纵向和横截面的形态特征。
4. 简述棉纤维的层次结构及其特点，各层次与棉纤维的性能有什么关系？
5. 试述苎麻、亚麻、大麻的纵向和横截面形态。
6. 什么是工艺纤维？哪些麻纤维采用工艺纤维纺纱？
7. 简述单根毛纤维的纵向和横截面形态特征，毛纤维的细度采用什么指标表达？

8. 毛纤维由外向内有哪些层次结构？各层次对毛纤维的性能有什么影响？

9. 毛纤维卷曲的成因是什么？

10. 茧丝和生丝形态结构有什么不同？

11. 丝素和丝胶在茧丝上是如何分布的？它们在结构上有什么不同？

12. 试述化学纤维的分类方法，写出常用合成纤维的化学名称和缩写。

13. 简述涤纶和锦纶的优缺点。

14. 解释氨纶具有高弹性和高回弹性的原因。

15. 什么是高性能纤维？列举五种高性能纤维的性能特点及用途。

参考文献

[1] 姚穆. 纺织材料学 [M]. 4 版. 北京: 中国纺织出版社，2015.

[2] 于伟东. 纺织材料学 [M]. 2 版. 北京: 中国纺织出版社，2018.

[3] 张一心. 纺织材料 [M]. 2 版. 北京: 中国纺织出版社，2009.

第3章 纺纱技术

3.1 纱线分类与结构

3.1.1 纱线的概念

一般情况下，织物的成形并不是直接将纤维加工成布，而是先将纤维集合捻接在一起。纤维集合捻接后所成的线性集合体就是所谓的"纱线"。"纱线"实质是"纱"与"线"的统称。"纱"由许多近似平行状态的短纤维或长丝组成，组成的集合体沿自身轴向旋转加捻，是具有一定强力和线密度的细长物体。"线"即"股线"，由两根或两根以上的单纱沿长度方向排列，再绕自身轴线旋转捻合在一起。当多根股线并合加捻在一起，形成直径达到毫米级以上时可形成"绳"，这只是绳的形成方式之一；多根股线和绳并合加捻后，形成直径达到数十或数百毫米级的产品，称为"缆"。由纤维至缆的集合体外观形貌如图3.1所示。

通过纺纱加工制成的纱线既可以直接作为最终产品，如缝纫线、编织线、轮胎帘子线等，也可以通过机织或针织等生产工艺继续加工成为布状材料，即织物。图3.2给出了纱线的几种用途。

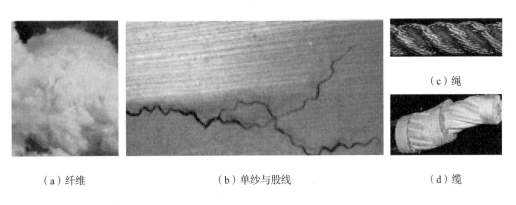

（a）纤维　　　　　　　　（b）单纱与股线　　　　　　（c）绳

（d）缆

图 3.1　纤维至缆的集合体外观形貌

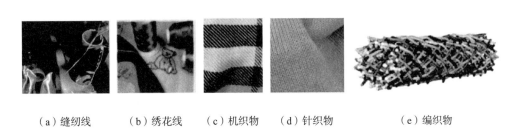

（a）缝纫线　　　（b）绣花线　　　（c）机织物　　　（d）针织物　　　（e）编织物

图 3.2　纱线用途

3.1.2 纱线的分类

当纤维种类不同、纱线的加工方法不同、纱线的加工工艺等条件不同时，所制成纱线的结构与性能就不同，由此制成的织物或服装的诸多性能也各不相同，各具特色。纱线种类繁多，分类方法也多种多样。以下列出其中的三种纱线分类方法。

3.1.2.1 按纤维原料组成分类

（1）纯纺纱线

此类纱线只由一种纤维纺制而成，如纯棉纱线、纯毛纱线、纯化纤纱线等。这类纱线体现单一纤维所具有的性能，如纯棉纱线的柔软与舒适、纯毛纱线的丰满与弹性、纯麻纱线的干爽与硬挺。纯纺织物就是用纯纺纱线织成的织物，纯棉织物是其中最大的一类。

（2）混纺纱线

此类纱线由两种或两种以上的纤维构成，如涤纶与棉的混纺纱线、腈纶与毛的混纺纱线等。混纺纱可充分发挥各种纤维的优点，扬长避短，达到优势互补的效果。比如，涤/棉混纺织物综合了棉与涤纶的特点，既发挥了棉纤维的柔软舒适、不易产生静电的特点，又在一定程度上缓解了棉织物容易起褶皱的问题；既利用了涤纶小应力下变形小的特点，又缓解了涤纶容易起静电的问题。

3.1.2.2 按纱线中的纤维长度分类

（1）生丝

将蚕茧抽出蚕丝的工艺概称为缫丝。缫丝时将优良蚕茧放入煮茧器中，使之软化蓬松后，把若干粒煮熟茧的茧丝离解、合并。由于此时茧丝尚含有约20%的丝胶成分，富有光泽的丝质被丝胶包覆在内，因此，质感稍硬呈半透明，称为"生丝"。生丝长度为千米以上，为连续性纤维，可直接进行织造形成织物。缫丝厂如图3.3所示。

（2）长丝束纱

此类纱线是由高聚物溶液直接喷丝而成的长丝组成。长丝束纱为连续性的纤维集合体，可以直接织造成织物。根据

图3.3 缫丝厂

结构可分为单丝、复丝、捻丝和变形丝等。单丝指单根连续纤维，制成的织物种类有限，只用于丝袜、头巾、夏装和泳装等轻薄而透明的织物；复丝指两根或两根以上单丝合并在一起形成的丝束，广泛用于礼服、里料和内衣等各种服装。复丝加捻即成捻丝，可改善丝线的加工性能和外观效应。变形丝指将原丝变形加工后制得的具有卷曲、螺旋、环圈等外观特征的长丝。

（3）短纤纱

短纤维成纱过程比较复杂，只有通过一系列的纺纱加工才能制成具有一定细度、强力和挠曲性的短纤纱，也就是说，短纤纱是由长度有限的纤维经过合适的纺纱系统加工而成的纱线。所用纤维既有天然纤维中的短纤维，如棉、毛、麻和绢纺材料外，也有化纤长丝切断制成的短纤维。根据纤维长度和纺纱系统的不同，具体分为短纤维纺制的纱

（如棉纱）、中长纤维纺制的纱（如化学纤维仿毛型纱）、长纤维纺制的纱（如亚麻或苎麻纱、绢纺纱）。

（4）复合纱线

此类纱线主要指在纺纱机器上通过把短纤维和短纤维或短纤维和长丝分别加工，之后在加捻阶段采用一定的加捻方法捻合在一起而形成的纱。复合纱线还包括通过须条分束或须条集聚方式得到的纱线。

3.1.2.3　按纱线结构分类

（1）普通纱线

此类纱线从整体上看，沿长度方向细度均匀一致，纤维分布连续。观察纱线表面，可以看到表面纤维呈现一定程度的倾斜。普通纱线包括普通的单纱、股线、复捻多股线等。

（2）特殊纱线

此类纱线外观独特、结构复杂。它们往往是通过独特设计，采用新型纺纱设备和方法加工而成的，具体包括变形纱和花式纱线。

变形纱虽在结构上与普通纱线没有太大差别，但纱线性能却有较大差异。例如，具有伸缩性的弹性丝是用无弹性的化纤长丝通过微卷曲化加工而成，其中高弹锦纶变形纱主要用于运动衣和弹性袜等；低弹的涤纶、丙纶或锦纶变形丝主要用于内衣和毛衣等；用腈纶等化纤长丝或生产短纤维的长丝束在一定温度下加热拉伸，使纤维产生较大的伸长，然后冷却定型便形成高收缩膨体纱，若与常规纤维按一定比例混纺制成短纤纱，经过汽蒸加工后，中间高收缩纤维产生纵向收缩而聚集于纱芯，普通纤维则呈卷曲状或环圈而鼓起，使纱结构变得蓬松、表观体积增大，成为具有一定弹性和很高蓬松性的膨体纱，主要用于保暖要求较高的毛衣、袜子以及装饰织物等。

花式纱线是采用特殊工艺或特殊设备纺制的具有特殊外观、结构的纱线，或者是具有特殊效应的色泽或色泽变化的纱线。

3.1.3　纱线的结构与性能

纱线的结构是决定纱线内在性质和外观特征的主要因素。纱线的结构包括纱线的纤维组成、纤维的空间形态、纤维间的排列状态与纱线整体结构。

纤维长度、细度、柔曲度等性质不同，可纺纱线的细度就不同，纱线细度不匀也不同，从而导致纱线内在结构也有所不同。另外，纺纱方法不同，纺纱工艺不同，也会导致纤维在纱中的排列方式和纱体的紧密程度不同。图 3.4 给出了几种典型的纱线结构。

（a）传统短纤维纱　　　（b）新型短纤维纱线　　　（c）复合纱线　　　（d）花式纱线

图 3.4　纱线结构

3.1.3.1 短纤维纱线的结构与性能

此类纱线的共同特点是结构较疏松、光泽柔和、手感丰满。纱线的外观和性能受纺纱方法与加捻程度的影响。

传统短纤维成纱方法中，短纤维沿纵向排列形成连续的纤维集合体并通过加捻使其绕自身轴向扭转获得捻度，继而获得强力；纱中纤维头端伸出纱体表面形成毛羽。整体上看，纱线外紧内松，毛羽较多，粗细不匀，质量和结构也存在不匀。

新型纺纱方法中，短纤维沿纵向汇聚，后通过包缠、搓动等加捻方式形成纱线。纱体呈圆柱形，多为内紧外松的结构。纱线中纤维伸直度较低，存在打圈、对折等情况，纱线毛羽较少，外观粗细较为均匀，耐磨性好，但强度低、伸长大。

3.1.3.2 长丝纱线的结构与性能

无捻长丝纱中各根长丝平行顺直、受力均匀，但横向结构极不稳定，易于拉出、分离。有捻长丝纱的纵、横向都很稳定，丝体较硬。长丝纱的特点是强度和均匀度好，可制成较细的纱线，手感光滑、凉爽，光泽亮，但覆盖性较差，多数易起静电。

变形丝具有的外观特征使其呈现一定的蓬松性和伸缩性，所以变形纱虽在结构上与普通纱线没有太大差别，却可以大大改善纱线及服装材料的吸湿性、透气性、柔软性、弹性和保暖性等性能。

3.1.3.3 复合线与花式纱线的结构与性能

复合纱线的结构特征由成纱方法决定，也受复合成分的复合比例和张力影响。具体包括包缠纱、包芯纱、赛络纱、赛络竹节纱等多种形式的纱线。

花式纱线有很多加工方法，不同加工方法可获得具有不同的外观、手感、结构和质地的纱线。花式纱线种类繁多，如圈圈纱、带子纱、结子纱等，如图 3.5 所示。花式纱线风格独特，看起来花式花色效应非常明显，但纱线较粗，强度、耐磨性较差，易起毛起球和钩丝，在一定程度上限制了其使用。

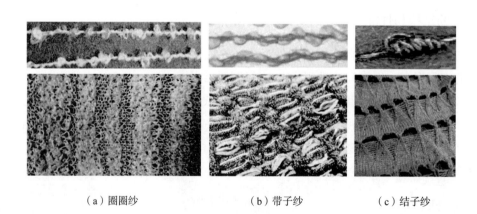

（a）圈圈纱　　　　　（b）带子纱　　　　　（c）结子纱

图 3.5　花式纱线

3.2 纺纱工艺流程

纺纱基本过程及
工艺系统

纱线种类繁多，短纤维纱线是其中的一大类。短纤维纺纱的原料包括棉、麻、毛、绢纺原料及切断后的化学纤维。这几种天然纤维的性质差异较大，对纺纱流程和纺纱机械的要求不同，所以为保证成纱质量，一般不用同一纺纱系统进行加工。针对短纤维纺纱，目前有棉纺、毛纺、麻纺和绢纺四大纺纱系统。每一纺纱系统又根据纱线质量要求、纱线用途、成纱方法或纤维种类等进行细分。

图 3.6 所示为本章所述主要内容的框架。棉纺系统，又称棉型纺纱系统，可具体分为普梳系统、精梳系统和废纺系统；毛纺系统具体分为粗梳系统、精梳系统和半精梳系统；本书将麻纺系统和绢纺系统合称为其他纺纱系统，麻纺系统具体分为苎麻纺、亚麻纺和其他，绢纺系统具体分为绢丝纺和䌷丝纺；新型纺纱是在传统纺纱的基础上衍生而来的，涵盖在棉纺或毛纺系统中，具体种类包括喷气涡流纺、转杯纺和摩擦纺等。新型纺纱产量高，发展迅速，受到越来越广泛的重视，在这里单独列出。另外，各纺纱系统细化后的具体流程在各小节的内容中有所体现，这里不再罗列。

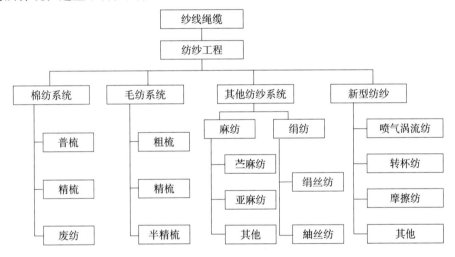

图 3.6 纺纱系统框架图

3.2.1 棉纺工艺流程

3.2.1.1 纺纱过程概述

对最终纺成纱线的要求是连续、表面洁净、外观均匀并具有一定的细度和力学性能。但纺纱所用的原料中纤维排列杂乱无章、横向联系紧密且含有较多的杂质疵点。因此，需通过一系列的纺纱加工才能将原料加工成符合质量要求的纱线。纺纱就是将短纤维纺制成具有一定细度、强度、均匀外观的纱线的过程（本章不讨论花式纱线的加工过程）。纺纱任务的完成需要多工序配合，过程中不仅不断改变纤维集合体的形式，同时也利用多种纺纱原理，如图 3.7 所示。

图3.7 纺纱基本原理及过程

开松是把纤维团扯散成小的纤维块或纤维束的过程，这样使纤维间的横向联系减小，为进一步松解到单根纤维状态提供条件。梳理时采用密集梳针对纤维进行梳理，使纤维小块或纤维束进一步分解成单根纤维。梳理后将纤维集合成细长的条子，即纱条。纱条中纤维虽然沿纵向顺序排列，但这些纤维的伸直平行程度还是远远不够。牵伸是把梳理后的条子抽长拉细，使条子细度满足要求，同时使其中的屈曲纤维逐步伸直，弯钩逐步消除，且纤维离散性越来越好。加捻是把牵伸后的须条加以扭转，建立纤维间的纵向联系。须条加捻后，其性能发生了变化，具有一定的强力、刚度、弹性等，可达到一定的使用要求。

在纺纱过程中，为使纱线质量优良，还需要利用除杂、精梳、混合、并合等纺纱原理进行加工。整个过程中，纤维集合体的形式变化如图3.8所示。以棉纺为例，棉纺纺纱所用的棉花原料称为原棉，来自轧棉厂。轧棉厂已经将田间收获的籽棉经过轧棉去除棉籽并打成纤维包，如图3.8（a）所示；原棉中纤维排列紊乱且纠结成团块，仍存在一定的棉籽皮等杂质，如图3.8（b）所示；经过开松、梳理和除杂及混合作用后，制成纤维沿纵向排列的条状的集合体，即纤维条，如图3.8（c）所示；纤维条经过牵伸作用变细，并通过加捻增加强度以避免断头，纺成粗纱，如图3.8（d）所示；针对粗纱进一步牵伸、加捻纺成洁净的、均匀的且细度和力学性能符合要求的细纱，如图3.8（e）所示。

棉型纺纱系统所用原料包括棉纤维和棉型化纤等，可生产纯纺或混纺纱线。以下只针对纯棉纺纱工艺过程进行论述。传统棉纺纺纱中，根据纺纱所用原棉特征和产品性能要求，有以下三种工艺流程可以选择。新型纺纱方法的流程有一定差异，这里不再赘述。

（a）纤维包　　　　（b）纤维块　　　　（c）纤维条　　　（d）粗纱　　　（e）细纱

图3.8 短纤维集合体的形式

（1）普梳系统

普梳系统加工流程如下：

（原棉）→配棉→开清棉→梳棉→并条（2～3道）→粗纱→细纱→后加工

普梳系统所生产的纱称为普梳纱，纱线较粗，主要是14tex以上的中粗特纱线。纱线中长度相对短的纤维含量较多，且纤维沿纱线轴向的平行伸直度差，纱线结构松散，毛羽多，品质较差，用于一般织物，产品档次相对较低。

（2）精梳系统

棉纺中，对细度、质量要求高的产品和特种纱线，如特细纱、轮胎帘子线等通常采用精梳纺纱系统进行加工，生产的纱线称为精梳纱，其纺纱加工流程如下：

（原棉）→配棉 → 开清棉 → 梳棉 → 精梳准备 → 精梳 → 并条（1～2 道）→ 粗纱 → 细纱 → 后加工

（上方标注：→ 清梳联 ←）

与普梳纱相比，精梳纱加工选用的原棉细度较细，长度较长，质量较好。精梳纱生产要经过精梳工序，纱线中纤维沿轴向的平行伸直度高，且纤维的平均长度长，纱线毛羽少，表面光洁，纱体均匀，主要用于高档织物。

（3）废纺系统

为了充分利用原料，降低成本，纺织生产中的下脚料（废棉）或低级原料常被用在废纺系统上，加工成低档粗特纱。这类纱线一般只用来织粗棉毯、厚绒布和包装布等低档产品。其纺纱加工流程如下：

（下脚、回丝等）→ 开清棉 → 梳棉 → 粗纱 → 细纱 → 副牌纱

在棉纺系统的各个流程中，精梳系统流程相对较长，相较普梳系统，多了精梳准备和精梳工序。以下按照纯棉纺纱的精梳流程进行具体论述。

3.2.1.2　配棉工序

为了保证纺纱生产的连续稳定和产品的质量，使用棉纤维作为纺纱原料时，往往并不选用单一质量标识的原棉进行纺纱，而是将几种原料相互搭配使用，称为配棉。通过配棉，可以稳定生产质量，降低生产成本，也可以达到合理使用原料的目的。

纤维原料选配与
混合方法

配棉不仅要选择不同质量标识的棉，还要确定它们的使用比例，配棉时必须要考虑产品的用途和质量要求。若加工混纺产品，还需选择化纤的品种、性能等并确定混用比例。

3.2.1.3　开清棉工序

（1）开清棉工序的任务

将购买的纤维包外层包覆材料去除后，放置一定时间即可按照工艺安排进行加工。首先是进行开清棉，任务包括开松、除杂、混合、均匀，最后制成纤维卷或形成无定型的纤维层。

① 开松。若要使纱线线密度小、质量高，就需要将纤维松懈成为单根状态。但实际上棉包内的纤维联系紧密，且纠结成团块。松解纤维块的任务主要由开松和梳理作用完成。开松的目的是设法将大的纤维块松解成小纤维块或纤维束，降低纤维原料单位体积的重量，为以后的梳理创造条件。

开松主要是通过机件上的角钉、刀片、锯齿或梳针等对纤维团块进行撕扯、打击、分割等作用，使纤维团块逐步变小，纤维间的联系力逐步减弱。完成开松作用的机件常被称为打手。图 3.9 所示为不同的打手机件和机件表面的角钉、刀片、锯齿或梳针。打手的锯齿或刀片等

会造成纤维表观和力学性能变差。开松的工艺要求是既要松解纤维块，又要保护纤维，所以在开清棉中开松是分步分阶段完成的，也就是纤维团块陆续经过多个开松机件，受到先缓和后剧烈的作用，逐渐被开松成小的纤维块或纤维束，如图3.10所示。

②除杂。尽管经过了初加工，但纤维原料内仍然含有很多不适宜纺纱加工和影响纱线质量的杂质及疵点。纤维种类不同，杂质和疵点的种类和数量不同；原棉不同，含杂量也不同。

图3.9　打手机件形式与表面

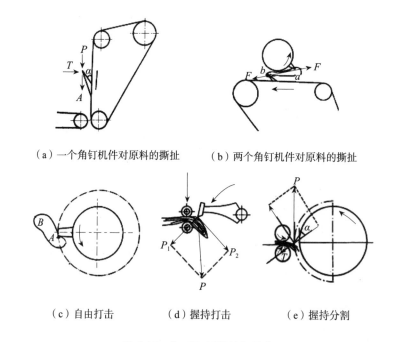

（a）一个角钉机件对原料的撕扯　　（b）两个角钉机件对原料的撕扯

（c）自由打击　　　　（d）握持打击　　　　（e）握持分割

图3.10　打手与纤维块间的作用

P—棉堆压向角钉的垂直压力　A—角钉帘向上运动时周围棉块的阻力　T—原料向前输送的水平推力
α—角钉工作角　F—撕扯力　a，b—机件作用点　A、B—质心

杂质一般黏附或包裹于纤维之中。在开松过程中，纤维与杂质之间的联系减弱，此时可利用一定的原理去除杂质，所以说，除杂是在开松的基础上完成的。

对原料除杂主要采用物理法，即依靠机械部件的作用、气流的作用或者二者相结合的作用除去原料中的杂质。

棉纺中尘棒通常安装在打手下方，其截面呈三角形，如图 3.11（a）所示。在打手打击力的作用下，纤维和杂质飞离打手。因为纤维轻，杂质重，杂质获得的冲量比纤维大，所以杂质脱离纤维而逐渐分离出来，并因离心力向外飞，并从打手周围的尘棒间隙处落下；未与纤维分离的杂质则随同被松解的纤维块，部分因离心惯性力被抛到由尘棒组成的尘格上，产生撞击，使得杂质与纤维分离，并从尘棒的间隙落下。纤维因为体积大，重量轻，多被负压气流回收而不易排出，如图 3.11（b）所示。

在开清棉加工流程的几个机器上部都安装有凝棉器。凝棉器中有一个或两个表面有孔眼的大转笼，其重要作用之一是清除部分沙土和细小杂质，称为尘笼，如图 3.12 所示。尘笼的除杂作用是利用过滤原理，即利用杂质体积小而棉块体积大的特点，使细小尘杂和短绒随空气透过网孔而排除，而纤维被阻隔在尘笼上。当滤网上凝聚纤维时，这些纤维层本身就是孔隙更小的过滤器，只有直径或尺寸比纤维层的孔隙小的尘杂和短绒，才可能透过孔隙与可纺纤维分离。

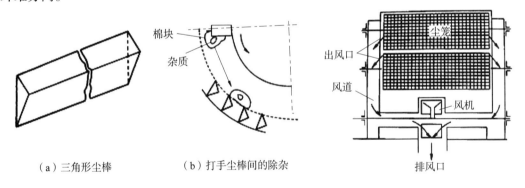

（a）三角形尘棒　　　（b）打手尘棒间的除杂

图 3.11　三角形尘棒及除杂原理　　　图 3.12　尘笼与风道的结构

③混合。如配棉中所说，纺纱时所选用的原料并不单一，纤维之间的长度、线密度、弹性、强力、色泽等都会有所差异，而纱线制品的要求是各项性能（如强度、细度等）均匀一致，所以必须使所选配的纤维实现充分混合。混合不均匀会直接影响纱线细度、强力、色泽及外观质量。要想实现均匀混合，则混合原料中的纤维团块应该越小越好，即开松越好，就越有可能混合均匀。在整个开清棉工序中开松是分步完成的，纤维团块渐进变小，所以均匀混合也是逐步实现的。

首先，在开清棉所用的第一台机器——抓棉机处，抓棉机依次对很多纤维包的原料进行抓取，从而实现各包原料混合，但此时只是原料的初步混合。

目前，生产中常用的专职混合机器是多仓混棉机，利用多个储棉仓起到细致的混合作用，机器内的打手、角钉帘、均棉罗拉和剥棉罗拉等机件同时起到一定的开松作用。多仓混棉机的混合原理是时间差混合，具体方法包括两种：一种是喂给时原料分仓并逐仓喂给，而出仓时所有棉仓同时输出纤维，这样不同时段喂入的原料混合在一起；另一种是输送来的原料同时喂给各个储棉仓，而出仓时因为每仓原料走过的路程不同，使得不同时喂入的原料同时出仓，通过时间差原理使各配棉成分充分混合，保证最终产品的质量稳定。

最后，根据开清棉与梳棉的连接方式是否为连续化生产，开清后的纤维可能被制成纤维卷或直接通过管道输送到梳棉机的给棉箱中形成纤维层，以便接受梳棉机的加工。

④ 均匀。开清棉工序的任务还包括均匀作用，使开清棉半制品单位体积的纤维块重量一致，这样有利于后续加工及最终纱线的均匀度。

（2）开清棉工序的流程

棉纺中，纤维原料的开松、除杂与均匀混合作用是由一系列机械完成的，这些机械组合在一起称为开清棉联合机组，机械之间通过凝棉器或风机相连，或各机台间纤维直接输送。开清棉的细分流程有很多种，因生产品种和选用的机器不同而异。同时开清棉流程中设有间道装置，使生产加工更具灵活性。下面以一个开清棉联合机组（图3.13）为例进行阐述。

抓棉机是开清棉流程中的第一台机器。图3.14（a）所示为往复式抓棉机，抓棉小车沿轨道往复运动。纤维包放在机器两侧，抓棉小车伸出的打手臂上有抓棉打手，如图3.14（b）所示。打手随小车做往复运动的同时还要做回转运动，其上的刀片随之旋转，陆续抓取各纤维包上的纤维块，实现了纤维团块的初步开松和初步混合。抓下的纤维块在气流带动下通过金属及火星探除器，目的是检测并排除火灾隐患，随后进入单轴流开棉机。

原料被抽吸进入单轴流开棉机（图3.15）后，沿导流板围绕开棉辊筒外表面的螺旋前进，期间反复接受开棉辊筒上角钉的自由打击，同时也要接受角钉与位于滚筒下方的尘棒间的自由撕扯，实现从喂入到输出的逐步开松。在不断进行的开松作用下，纤维与杂质之间的联系减弱，在离心力和尘棒的作用下，棉籽等大杂质以及部分微尘和短绒被排除。

原料经过轴流开棉机加工后进入多仓混棉机。对于图3.16所示的多仓混棉机来讲，喂给时原料分仓逐仓喂给，而出仓时所有仓同时输出纤维，这样不同时段喂入的原料混合在一起，因时间差产生混合。图3.13中所示的多仓混棉机采用的工作原理是喂给时多仓同时喂给，但

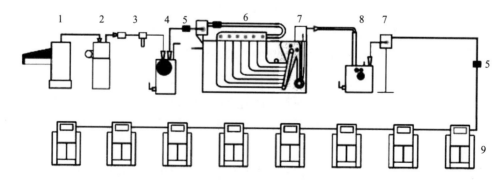

图3.13　国产开清棉流程

1—往复式抓棉机　2—多功能气流塔　3—金属及火星探除器　4—单轴流开棉机　5—火星探除器
6—多仓混棉机　7—梳棉风机　8—精开棉机　9—清梳联喂棉箱＋梳棉机

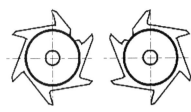

（a）往复式抓棉机　　　　　　　　　　　（b）抓棉打手

图 3.14　往复式抓棉机与抓棉打手

不同仓的原料在机器内行走路程有差异，使得同时喂入各仓的原料不同时输出，从而实现混合作用。

纤维原料经过多仓混棉机混合后，进入精开棉机。精开棉机有单刺辊和三刺辊之分。图 3.17 所示为三刺辊精开棉机简图。精开棉机上的辊筒高速旋转，辊筒上的梳针或锯齿插入纤维须丛对纤维块进行细致的分割，将纤维块开松成纤维小块或纤维束。三个辊筒上的针齿或锯片形式不同，针齿或锯片排列的密度不同，作用强度也不同。精开棉机具有细致的、渐进的开松作用。开松的同时，利用杂质和纤维的性质差异可以进一步清除原料中的棉结和杂

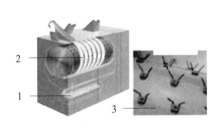

图 3.15　单轴流开棉机

1—开松辊　2—尘棒　3—角钉

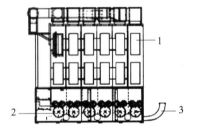

图 3.16　多仓混棉机

1—储棉仓　2—输出罗拉　3—出棉管道

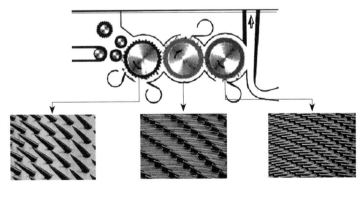

第一辊梳针　　　　　　第一辊粗锯齿　　　　　　第一辊细锯齿

图 3.17　三刺辊精开棉机简图

质，并且纤维沿纵向的取向度增加。开松后的纤维块或纤维束受风机作用沿风道喂入各梳棉机的储棉箱。

3.2.1.4 梳棉工序

（1）梳棉工序的任务

开清棉制品中纤维团块体积已经变得很小，结构松散，但纤维仍纠结在一起，没有呈现单根纤维的状态，而且集合体中仍残留着一些杂质、疵点。梳棉工序的任务是将经初步开松的纤维束（块）分解成单纤维，进一步清除残留的杂质、疵点和部分短绒，同时将不同性状和比例的纤维在单纤维状态下混合均匀，制成适合后道工序加工的、符合一定规格和质量要求的纤维条，最后放到条筒中。

纤维原料的梳理
作用原理

（2）梳棉工艺过程

开清棉工序和梳棉工序的连接有两种方式：一种是开清工序和梳棉工序没有联合在一起，开清棉工序制备的是纤维卷，纤维卷被送至梳棉机上继续加工，如图3.18（a）所示，梳棉机首先要完成纤维卷退卷，之后经过给棉罗拉、给棉板、刺辊、锡林、盖板、道夫等机件，并经机件间的相互作用，最后制成纤维条。另一种是通过管道连接，利用气力输送原理将开清棉原料输送到梳棉机中，两工序合在一起称为清梳联，如图3.18（b）所示，即清梳联工序的梳棉部分，从图中可以看到，开清棉工序加工后的纤维原料经气流输送到梳棉机后部的储棉箱中，之后形成棉层，棉层进入给棉板与给棉罗拉之间，受到二者的积极握持。刺辊高速运转，强烈松解须丛，同时完成部分除杂工作。之后，纤维原料继续随刺辊转动并被转移给锡林，随锡林的转动进入锡林—盖板工作区域。在这里，纤维原料被反复细致地梳理，并在两针面间反复转移，这种转移不仅增加了纤维的梳理次数，而且有利于纤维间的混合与除杂任务的完成。出了锡林—盖板工作区域后，纤维随锡林经过锡林—道夫梳理区，锡林上的一部分纤维随锡林回到锡林—刺辊工作区域，一部分转移到道夫上，继而被剥取罗拉剥下形成纤维网，经喇叭口集合成条后，再经大压辊压紧，最后由圈条器有规则地圈放在条筒中。

不论是上述哪种流程配置，梳棉机都可分为三个组成部分，即给棉—刺辊部分，锡林—盖板—道夫部分和剥棉成条部分。

① 给棉—刺辊部分。给棉—刺辊部分的主要任务是喂入原料、开松、排除杂质和短绒。

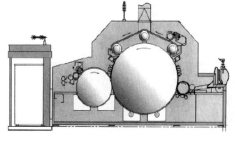
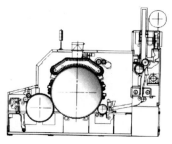

（a）传统梳棉机　　　　　　　　　　　（b）清梳联梳棉机

图3.18　梳棉机

给棉板和给棉罗拉通过加压装置紧紧握持住中间的纤维，同时给棉罗拉转动，被握持的纤维须丛被不断地输送到给棉—刺辊工作区。刺辊是一个铸铁辊，上面包覆有针布齿条。加工时，刺辊高速旋转，其表面锯齿从棉须上层插入，并逐渐刺入中下层分割棉须丛，如图 3.19（a）所示。此时，未被给棉罗拉和给棉板握持的纤维被刺辊锯齿抓下并带走，经过分梳板时，因分梳板针齿作用，纤维束得到进一步分离。

刺辊转速很高，回转时会带动周围的空气流动，由于空气分子间的摩擦和黏性，里层空气带动外层空气，层层带动，在刺辊周围形成气流层，即附面层，如图 3.19（b）所示。附面层中的各层气流速度形成一种分布，由内向外逐渐减小。而经过刺辊开松后，很多杂质与纤维的联系力减弱，使得纤维与杂质分离。附面层中，杂质因体积小、质量大，多分布于外层，通过刺辊下方安装的除尘刀、分梳板等部件可除去杂质，如图 3.19（c）所示。

② 锡林—盖板—道夫部分。锡林—盖板工作区中，锡林针面扬起的纤维或纤维束被盖板针面握持，盖板和锡林各抓住一部分纤维和纤维束。锡林—盖板间的工作原理如图 3.20 所示。V_1、V_2 代表上下两针面的运动速度及方向，此时可理解为盖板针面与锡林针面。两针面上的针尖相对，针齿倾斜方向相互平行，且针面间相距很近，因相对运动关系实现对纤维束的分梳。分梳结果是不仅纤维束得到松懈，而且因为分梳作用，纤维被分为两部分，分别随两针面进行运动。在锡林—盖板工作区域，因工作面较大，针齿间作用为分梳，所以纤维在此部分被

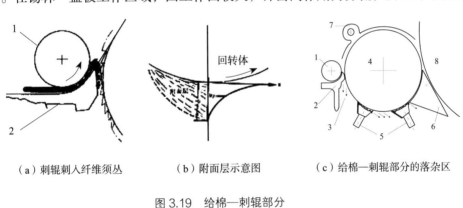

（a）刺辊刺入纤维须丛　　（b）附面层示意图　　（c）给棉—刺辊部分的落杂区

图 3.19　给棉—刺辊部分

1—给棉罗拉　2—给棉板　3—气流　4—刺辊　5—分梳板　6—三角漏底　7—吸尘罩　8—锡林

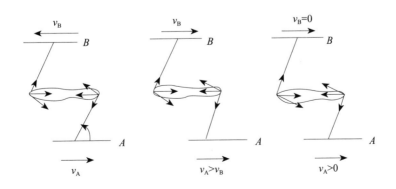

图 3.20　针面间的分梳作用

反复转移和梳理。纤维被锡林握持时，接受盖板针齿的梳理；纤维被盖板针面握持时，接受锡林针齿的梳理。通过锡林与盖板间的反复梳理和转移，逐渐完成将纤维束分解成单根纤维的任务。

在纤维束的分解过程中，因为锡林运转速度快，而盖板运行速度慢，所以杂质和短绒一旦被锡林甩到盖板后很难回到锡林上，它们跟随盖板回转并被盖板带出工作区，然后被排除。

由于针齿间隙会存储上一些纤维，这些纤维在锡林与盖板间会反复转移，而且锡林运转速度快，盖板速度慢，产生纤维层间以至单纤维间的细致混合。因为道夫和道夫针面发生分梳作用，所以道夫从锡林针面上只转移走部分纤维，剩余纤维随锡林重新回到锡林—盖板工作区，所以不同纤维在梳理机内停留时间有差异，即实现了时间差的混合，完成混合任务。针齿这种吸放纤维的能力，凝聚与减薄纤维层的结果使梳理机实现均匀的作用，即保持输出条的单位长度内的重量稳定。

③ 剥棉成条部分。如图 3.21 所示，剥棉机构将道夫表面的棉网剥下，经喇叭口集合和压辊紧压后形成棉条，再引入圈条器并按一定规律圈放在棉条筒内，供下一工序使用。

3.2.1.5 精梳准备与精梳工序

梳理机生产出的条子（生条）中含有较多的短纤维、杂质和疵点（如棉结、毛粒及麻粒等），纤维的伸直平行度也较差，如果用这样的棉条进行后续的并条、粗纱及细纱工序的加工，

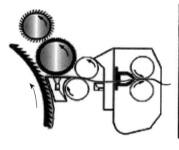 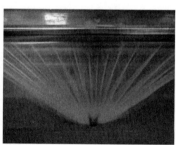 

| （a）剥条 | （b）纤维网 | （c）条筒中的棉条 |

图 3.21 剥棉成条部分

所制得的纱线就是普梳纱。普梳纱较粗，品质较差，档次较低。精梳纱的生产需要精梳工艺流程，精梳加工是在普梳的基础上，将梳理机加工的生条通过一定准备工序后喂入精梳机，经过精梳机握持式的梳理加工，就是当纤维须从一端被握持时，另一端受到梳理，梳理掉较短纤维，去除更多的杂质和疵点。精梳纱的强度、均匀度、光洁程度等都明显优于普梳纱，虽然纺纱成本增加，但可纺成较细纱线，且产品质量和产品档次提高。本书因篇幅限制，不对普梳加工做具体讲述。

（1）精梳准备

通过精梳准备可提高条子中纤维的伸直度、分离度及平行度，减少精梳过程中对纤维、机件的损伤以及落纤量，并制成符合精梳机喂入的小卷。精梳准备的设备可选择如图 3.22 所示的条卷机和并卷机。

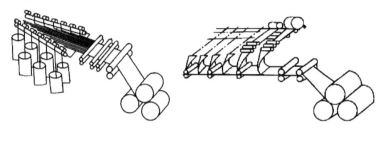

（a）条卷机　　　　　　　　　　（b）并卷机

图 3.22　棉精梳前准备机器

（2）精梳

精梳机结构复杂，配合精密。精梳机通过握持梳理，能有效除去短纤维、细小杂质并提高纤维伸直平行度。精梳准备制得的小卷经给棉罗拉送入上、下钳板组成的钳口处。如图 3.23 所示，钳板的钳口逐渐闭合后，握持棉层后，锡林针齿刺入棉层进行梳理，清除棉层中的部分短纤维、结杂和疵点。之后钳板前摆中钳口开启，使须丛靠近分离罗拉；分离罗拉反方向回转，退回一部分棉网，钳板送来的须丛和分离罗拉退回的纤网叠合在一起由分离罗拉握持正转输出。分离罗拉握持须丛时，顶梳针齿插入进行梳理，短纤维、杂质和疵点被阻留于顶梳梳针后边，待下一周期锡林梳理时除去。

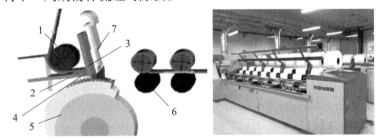

图 3.23　精梳机加工原理示意图与精梳机外形

1—给棉罗拉　2—给棉板　3—上钳板　4—下钳板　5—精梳锡林　6—分离罗拉　7—顶梳

3.2.1.6　并条工序

（1）并条工序的任务

并条工序的任务是将若干根条子并合，以改善纤维条的中长片段均匀度；反复并合使不同性状的纤维充分混合，保证条子混合成分、色泽达到均匀；通过牵伸作用使喂入条抽长拉细，同时改善条子中纤维的伸直平行度及分离度；最后，成条并有规律地圈放在条筒中。

并条作用原理

在精梳流程中，精梳机制成的精梳条要在并条机上进行并合和牵伸以改善精梳条质量，之后接受继续的加工。

（2）并条机的工艺过程

并条机的工艺过程如图3.24所示。从喂入条筒中引出的各根条子在导条台上并行向前输送，进入牵伸装置。牵伸后的纤维网经集束器初步收拢后，由集束罗拉、导条管经喇叭头、紧压罗拉后，有规律地圈放在条筒内。

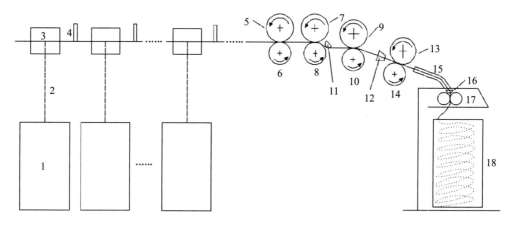

图3.24　并条机的工艺过程示意图

1—喂入条筒　2—导条板　3—导条罗拉　4—导条柱　6，8，10—后、中、前罗拉　5，7，9—胶辊
11—压力棒　12—集束器　13，14—集束罗拉及其胶辊　15—导条管　16—喇叭头　17—紧压罗拉　18—输出条筒

（3）牵伸与纤维运动控制

①牵伸的概念。牵伸是指纤维集合体有规律地抽长拉细的过程，其实质是纤维集合体中纤维沿长度方向做相对运动，产生相对位移。从表观效果上看，经过牵伸后须条变细了，也可以理解为须条截面内纤维根数减少了，这是生产上应用牵伸的根本目的。纤维条粗细变化的程度就是牵伸倍数。在完成抽长拉细须条的同时，纤维的平行伸直度和纤维间的分离度也随之提高。

牵伸通常采用罗拉牵伸的方法来实现。此时，有两对罗拉分别握持纤维须条两端，形成一个牵伸区。要想完成抽长拉细纤维条的目的，要满足三个条件：第一，需要通过加压（P_1、P_2）使上下罗拉构成强有力的握持，理论上摩擦力会保证纤维以罗拉速度运动；第二，输出罗拉表面速度大于喂入罗拉表面速度（$V_1 > V_2$），纤维间产生速度差而使彼此间距离拉大，分布在更长片段上；第三，两钳口间的距离一般大于纤维的品质长度，以避免纤维被两钳口同时握持而被拉断或在罗拉钳口下严重打滑，如图3.25所示。

牵伸后须条的均匀度会变差，使最终纱线质量变差。为了解决这个问题，需要改变牵伸装置的型式以控制牵伸区中纤维的运动，减小纱条均匀度的恶化程度。

②并条中的主要牵伸装置。目前，高速并条机多采用带压力棒的牵伸装置（图3.26），压力棒高低位置可调，可随纱条的紧张程度摆动，从而加强对纤维运动的控制，减小纱条均匀度变差的程度。

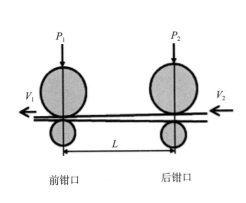

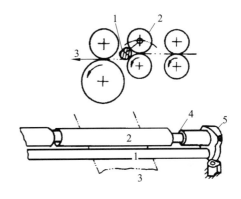

图 3.25　罗拉牵伸基本条件

图 3.26　压力棒曲线牵伸形式

1—压力棒　2—中胶辊　3—须条　4—胶辊轴承　5—套架

（4）并合

两根或两根以上的须条，沿其轴向平行叠合起来成为一整体的过程称为并合。并合的每根条子都存在片段粗细差异，当两根条子并合时，综合结果是混合条的单位长度重量或粗细的差异有所减少。增加并合根数可显著地减少不匀，当并合根数增加到一定值时，不匀的减少就不显著了。并合根数越多，后期牵伸负担越重，而牵伸倍数的增加会使纤维条均匀度变差，故并合根数不宜过多。

加工中，往往并不只用一道并条，而是将多根经第一道并条的半制品（半熟条）再次一起喂入下一道并条机进行并合与牵伸，最后制成熟条。具体的并合道数（次数）依工艺流程的不同而不同。纯棉产品的并条一般为两道。

3.2.1.7　粗纱工序

（1）粗纱工序的任务

经过并条工序制得的纤维条具有较好的均匀度，条中纤维多顺直排列。由熟条纺成细纱需 150～400 倍的牵伸。目前大部分细纱机还没有这样的牵伸能力，因此，在并条工序与细纱工序之间设置粗纱工序来承担纺纱中的一部分牵伸负担。粗纱工序的任务是将熟条抽长拉细，施以 5～12 倍的牵伸，使之适应细纱机的牵伸能力，并进一步改善纤维的平行伸直度与分离度；将

粗纱形成与加捻方法

牵伸后的须条加上适当的捻度，使其具有一定的强力，以承受粗纱卷绕和在细纱机上退绕时的张力，防止意外牵伸；将加捻后的粗纱卷绕在筒管上，制成一定形状和大小的卷装，便于搬运、贮存并适应细纱机的喂入。

（2）粗纱工艺过程

粗纱机的工艺过程示意图及粗纱机外形如图 3.27 所示。熟条从机后条筒引出，经导条辊和喇叭口喂入牵伸装置。熟条在此被牵伸成规定线密度的须条，前罗拉输出，经锭翼加捻成粗纱，粗纱穿过锭翼，最终卷绕在筒管上。

（3）牵伸任务的完成

为了减小牵伸时纱条均匀度的恶化程度，控制纤维的运动，粗纱机一般采用双胶圈牵伸

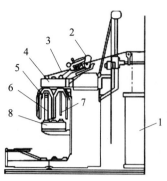
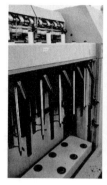

图 3.27　粗纱机的工艺过程示意图及粗纱机外形

1—熟条条筒　2—牵伸装置　3—粗纱　4—上龙筋　5—锭翼　6—筒管　7—锭子　8—下龙筋

形式，如图 3.28 所示。四组罗拉和胶辊组成四个牵伸钳口，罗拉速度由后到前逐只增加，形成牵伸，中部罗拉和胶辊套上的胶圈主要用来控制纤维运动，避免纱条条干恶化。为保证各钳口对须条的可靠握持，加压装置需对胶辊加上足够的压力。

（4）加捻任务的完成

①加捻理论。当须条被牵伸变细后，强力非常弱，难以承受继续加工时所施加的张力。此时，必须对纱条施加捻度。加捻是使纤维集合体获得

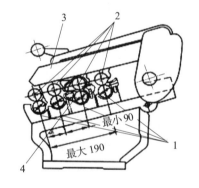

图 3.28　粗纱机牵伸装置与牵伸元件

1—罗拉　2—胶辊　3—摇架　4—胶圈

一定力学性能和外观结构的一种方法。传统的加捻方法是须条一端被握持、另一端绕自身轴线回转，形成捻回。拉伸时纤维间的摩擦抱合力增加，纱条获得强力。如图 3.29 所示，AB 为加捻前基本平行于纱条轴线的纤维，加捻后，AB 随纱体绕轴线 OO' 回转，形成螺旋线纱 AB'，AB' 与纱条轴线的空间夹角 β 称为捻回角。捻回角不同，纤维倾斜程度不同，纱条回转方向可分为顺时针或逆时针，纱条捻向分别为 Z 捻和 S 捻，如图 3.30 所示。

②粗纱的加捻与卷绕成形。粗纱的加捻由锭翼来完成。加捻过程如图 3.31 所示，从前罗拉输出的纱条，穿过锭翼顶孔，由锭翼顶端侧孔穿出，在锭翼顶端绕 1/4 或 3/4 圈后，进入锭翼空心臂，从其下端穿出的粗纱在压掌上绕 2~3 圈后卷绕到筒管上。加工时，锭翼转几圈，纱条加上几个捻回。

粗纱的卷绕与加捻是同时完成的。锭翼回转加捻时，筒管的转速大于锭翼的转速，粗纱被卷绕到筒管上，完成粗纱的径向卷绕；筒管随下龙筋上下往复运动，完成粗纱的轴向卷绕，最终粗纱以螺旋线状绕在筒管表面。卷绕过程中筒管的转速、升降速度及升降距离都逐层减小，

最后制成两端为截头圆锥体，中间为圆柱体的卷装形式，如图 3.32 所示。

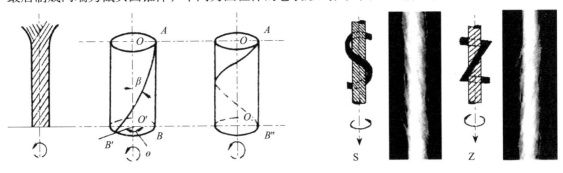

图 3.29　纱条加捻时外层纤维的变形　　　　　图 3.30　纱条捻向

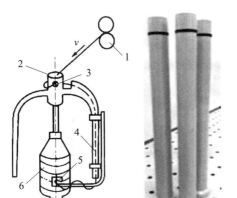

图 3.31　粗纱机的加捻示意图与粗纱筒管

1—前罗拉　2—锭翼顶孔　3—锭翼顶端侧孔
4—锭翼空心臂　5—压掌　6—粗纱筒管

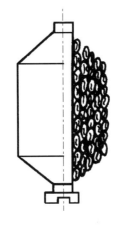

图 3.32　粗纱管纱

3.2.1.8　细纱工序

（1）细纱工序的任务与工艺过程

细纱是成纱的最后一道工序，目的是将粗纱加工成一定线密度且符合质量标准或用户要求的细纱。

细纱形成与
后加工

细纱工序具体任务包括：通过牵伸作用将粗纱均匀地抽长拉细到所需要的线密度；给牵伸后的须条加上适当的捻度，赋予成纱一定的强度、弹性和光泽等；将细纱按一定要求卷绕成形，便于运输、贮存和后道加工。

细纱机工艺过程示意图及细纱机外形如图 3.33 所示。粗纱管上粗纱退绕，经过导纱杆及横动导纱喇叭口，喂入牵伸装置进行牵伸。牵伸后的须条由前罗拉输出，通过导纱钩穿过套在钢领上的钢丝圈，最后卷绕到筒管上。

（2）牵伸任务的完成

细纱由于喂入和输出的定量轻、纤维少，纤维间横向联系很弱，非常容易飞散，所以在牵伸时主要采用双胶圈牵伸形式（图 3.34），前后罗拉速比形成速度差，胶圈控制纤维运动，减少牵伸后的条干恶化。

（3）加捻与卷绕

细纱的加捻与卷绕过程及管纱外观如图 3.35 所示。环锭细纱机的加捻与卷绕是同时完成的。锭子高速回转，通过有一定张力的纱条带动钢丝圈在钢领上高速回转，钢丝圈每一回转就给牵伸后的须条加上一个捻回。因摩擦阻力等作用，钢丝圈回转总滞后于筒管转速，它与筒管的转速差（即细纱的卷绕转速）完成细纱的径向卷绕。另外，依靠成形机构的控制，钢领板按一定规律升降，完成细纱的轴线卷绕，最终使纱条卷绕成等螺距圆锥形的管纱。

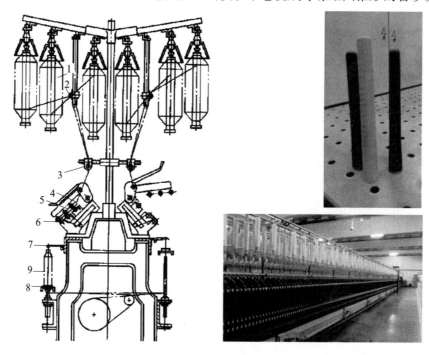

图 3.33　细纱机的工艺过程示意图及细纱机外形

1—粗纱管　2，3—导纱杆　4—横动导纱喇叭口　5—牵伸装置　6—前罗拉　7—导纱钩　8—钢丝圈　9—筒管

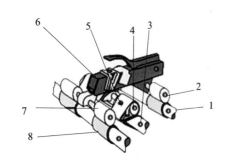

图 3.34　双胶圈牵伸示意图

1—后罗拉　2—后胶辊　3—中罗拉　4—中胶辊
5—胶圈　6—摇架　7—前胶辊　8—前罗拉

图 3.35　细纱的加捻与卷绕及管纱外观

1—前罗拉　2—导纱钩　3—钢丝圈
4—钢领　5—钢领板　6—筒管

3.2.1.9　后加工工序

（1）后加工任务

通过细纱工序加工成细纱后就基本上完成了纺纱任务。该细纱若直接作为纬纱使用，则不经其他加工直接由细纱车间送到织布间。但通常情况下，细纱工序加工的纱线内在质量有待提高，同时纱管的卷装容量也非常有限，所以还要根据加工要求进行适当的加工处理。细纱工序以后的纱线加工就称为后加工。通过后加工工序可以改善产品的内在性能，如增进纱线条干均匀度和强力，提高耐磨性和耐疲劳性等；改善产品的外观质量，如清除纱线的疵点、杂质，或烧毛去除表面毛羽、增进光泽；稳定产品的结构状态，如通过热湿定形稳定纱线捻度；制成适当的卷装形式，如适于高速生产的筒子纱、适于染色剂化学处理的绞纱；为便于贮存和运输，可以将筒子纱和绞纱按照一定的规格成包。

后加工的成品有单纱和股线之分，卷装形式有管纱、筒子纱、绞纱及大小包等。

（2）后加工流程

根据产品要求、用途不同，有不同的后加工工艺流程。

① 单纱的工艺流程。

② 股纱的工艺流程。

$$管纱→络筒→并纱→捻线→线筒→摇纱→成包$$

（上方分支：管纱直接并纱；下方分支：并捻联合）

③ 较高档股线的工艺流程。

管纱→络筒→并纱→捻线→线筒→烧毛→摇纱→成包

根据需要，加工较高档次的纱线可进行一次烧毛或两次烧毛。有时需定型，一般在单纱络筒后或股线线筒后进行。

④ 缆线的工艺流程。

所谓"缆线"是经过超过一次并捻的多股线。第一道缆线工序称为初捻，而后的捻线工序称为复捻。如多股缝纫线、绳索工业用线、帘子线等，一般多在专业工厂进行复捻加工。

（3）络筒

络筒作为纺纱的后加工工序中的一部分和织造流程的首道工序，起着承上启下的作用。通过络筒将容量较少的管纱或绞纱连接起来，做成容量较大的筒子，提高后道工序生产率和质量。络筒机上还配有清除纱疵的机构。络筒时利用清纱装置检测纱线，清除对织物质量有影响的疵点和杂质，提高纱线的均匀度和光洁度，以减少纱线在后道工序中的断头，提高织物的外观质量。

自动络筒机（图 3.36）是集机、电、仪、气一体化的纺织机械。其自动化程度较高，可以实现自动换管、自动引头、自动接头、自动检测纱疵、发现纱疵自动切断、自动络筒以及筒纱自动输送。因为纱线切断后采用空气捻接的方法重新接头，所加工的纱线被称为"无接头纱"。

（4）并纱

在加工股线时，需要将两股或多股单纱并合在一起，最常采用的方法是把络筒机生产的筒子纱退绕，在相同的张力下合并在一起后，再次卷绕成筒子型式，就是并纱。并纱（线）机上的清纱装置可除去单纱上的飞花、棉结、粗节和其他杂质，使股线外观光洁匀整。

图 3.37 所示为高速并线机的工艺过程示意图，单纱从喂入单纱筒子上退绕后，经过气圈控制器、导纱器，清纱器、纱线张力装置、断头探测器、切纱与夹纱装置，由支撑罗拉支撑，并由导纱装置辅助卷绕成筒子。高速并线机普遍采用定长自停、空气接头、变频电动机直接传动、变频防叠等技术，以生产质量较高的并线。

 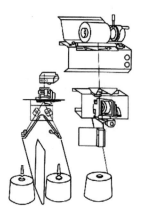

图 3.36　自动络筒机　　　　图 3.37　高速并线机的工艺过程示意图

（5）捻线

生产股线时，多股单纱并合后要通过捻线机对合股纱进行加捻。总体来说，股线的性能比单纱有了明显的改善，股线的条干不匀降低，强力增加，耐磨性增强。通常当单纱性能确定后，合股加捻时的合股数、捻向、加捻强度就是影响股线性能的主要因素。一般棉织物所用棉单纱捻向为 Z 捻、合股加捻时采用 S 捻，即反向加捻，使合股纱的光泽与手感更好。

目前所用的捻线机有环锭捻线机和倍捻机两种。环锭捻线机工艺过程与环锭细纱机各机构的作用及部件机构基本相同，只是没有牵伸机构。

图 3.38 所示为倍捻机与加捻原理示意图。并纱筒子置于空心锭子中，无捻纱线从筒子上退绕输出，从锭子上端进入空心锭子轴，然后从储纱盘的纱槽末端的小孔中出来，绕着储纱盘形成气

 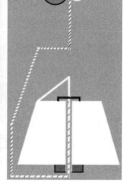

（a）倍捻机　　　　（b）加捻原理

图 3.38　倍捻机与加捻原理示意图

圈，穿过导纱钩，经超喂辊和横动导纱器后，交叉卷绕到卷绕筒上。

倍捻机最重要的特点是加捻器转一圈会加上两个捻回，大大提高了加捻效率。无捻纱在空心轴内进行第一次加捻，在锭子转子及导纱钩之间的外气圈进行第二次加捻。

（6）摇纱

如果后加工的制品形式要求为绞纱，就需要进行摇纱，使纱线从筒子上退绕下来，绕到纱框上。从纱框上取下后就成了一绞绞纱线，不带有支撑纱筒。摇纱机主要由纱框、横动装置、络纱装置、断头自停装置、满绞自停装置、落绞自停装置、松刹装置、集体生头装置、脚踏启动装置等组成。绞纱通常用来染色和售卖。

3.2.2 毛纺工艺流程

毛纺产品种类众多，且其品种变化往往涉及纤维、纺、织与染整等领域的工艺选择。纺纱生产中，根据产品的质量要求及加工工艺的不同，可分为粗梳毛纺、精梳毛纺、半精梳毛纺三大系统。毛纺加工所用的原料除绵羊毛外，还有毛型化纤及特种动物纤维，如山羊绒、马海毛、羊驼毛、骆驼绒毛、牦牛绒毛、兔毛等。具体纺纱系统和工艺的选择与纤维性状、产品要求有很大关系。

3.2.2.1 粗梳毛纺系统

粗梳毛纺系统主要用于粗纺呢绒、毛毯、工业用织物以及粗纺针织物用纱。选用毛纤维33～55mm，纺制的纱较粗，一般在50tex以上，纱线内纤维排列较紊乱，伸直度差，纱体表面蓬松，毛羽多，强力较低。

随着人们穿着追求个性化，对面料的颜色要求越来越多样化。粗纺毛呢面料可采用散毛染色和匹染方式。匹染时纺纱系统流程如下：

（原毛）→初加工（开、洗、烘、炭化）→选配毛→和毛加油→粗纺梳毛→细纱→后加工→（毛粗纺纱）

匹染产品适应性强，但容易产生色差。散毛染色是在对羊毛初加工后对纤维进行染色、烘干，之后再继续纺纱过程。散毛染色产品颜色一致性较好，但生产周期较长，很难满足市场快速反应的要求。

（1）初加工

原毛中含有很多的脂、汗、草杂、砂土等，不能直接投入生产。初加工的任务是根据产品质量要求，对不同质量的原毛进行分选，然后采用一系列机械与化学的方法，除去原毛中的各种杂质，使其成为符合毛纺生产要求的、比较纯净的羊毛纤维。具体流程包括开毛、洗毛、烘毛等。开毛是使用开毛机开松毛块并除去土杂；洗毛是通过机械和化学的方法除去羊毛脂汗及黏附的杂质；烘毛是利用热空气烘燥羊毛，使其达到规定的回潮率。粗纺产品一般还要经过炭化工序，利用浓酸使植物性（纤维素）杂质脱水成炭，变成脆性易碎的物质，在机械作用下易于除掉。这种方法除草比较彻底，但易损伤羊毛。初加工过程中要保持羊毛固有的弹性、强力、色泽等特性，使洗净毛洁白、松散、手感不腻不糙。

（2）选配毛

毛纺纺纱时要根据产品的用途、要求以及织物风格，对原料的长度、细度、等级等指标及原料的混用比例进行选择，这就是选配毛。在毛纺织生产混料设计中，很少使用单一的原料，一般都由数种原料，甚至十几种原料互相搭配使用。原料的选择与搭配，主要根据产品的等级、风格和成本等因素加以考虑。粗梳毛纺加工工艺比较简单，对原料的适应范围较广，可以使用较短或较粗的原料，也可混用精梳落毛、回毛和其他短纤维。有些高档的粗纺产品，如烤花大衣呢、顺毛大衣呢、提花毛毯等，需用细而长的原料。有些产品为了兼顾呢绒的手感弹性和硬挺坚实，可以使用粗细原料进行适当搭配。有时也会混用少量的山羊绒、兔毛、牦牛绒毛、马海毛等特种动物毛。

（3）和毛加油

和毛机（图3.39）的主要作用是开松与混合。大锡林、工作辊、剥毛辊等开松部件上都装有鸡嘴形角钉。工作中，高速回转的大锡林上的角钉将喂毛罗拉握持的原料撕开、扯松。工作辊抓取的纤维随工作辊转过1/4转后，又被剥毛辊剥下，随剥毛辊运动，后被锡林剥下，实现混合作用以及使纤维受到反复梳理。

和毛工序的另一个主要任务是对毛纤维进行给油加湿，增加润滑，减小摩擦，减少纤维的损伤，避免纤维拉断。给油加湿时加入的是和毛油乳化液与水，保护羊毛，使纤维具有较好的柔软性和韧性，且不易产生静电。

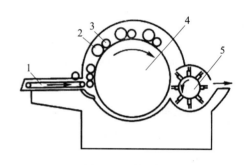

图3.39 和毛机

1—喂毛帘 2—工作辊 3—剥毛辊
4—锡林 5—道夫

（4）粗纺梳毛

梳毛机要完成细微松解纤维束、除杂、均匀混合等任务。但由于粗梳毛纺和精梳毛纺在原料、工艺流程、对毛纱要求、产品风格等方面均存在差异，因而两系统所选用的梳毛机是不同的。

粗梳毛纺的工艺流程短，不经过专门的并条工序，故要求粗纺梳毛机的混合作用要强，加之散毛染色时混色要求也高，所以粗纺梳毛机增加了总的梳理点数目，由二联、三联、四联甚至五联的梳理机组成，梳理单元间有过桥装置对纤维网进行横向铺叠，如图3.40所示。粗纺梳毛机的制品形式是由小毛条卷成的粗纱。

粗纺梳毛机工作时，首先由称毛斗进行定时定量的喂给，之后通过喂毛帘、喂毛罗拉和开毛辊喂入预梳理机中，再经运输辊转移给第一梳理机，加工后再经过桥机进行纤维网的横向铺叠后进入下一联的加工，最后进入成条机。在成条机中，毛网被切割成若干个小毛带，最后经搓条皮板搓成光、圆、紧的小毛条（即粗纱），并卷绕在木棒上形成粗纱饼（图3.41）。加工过程中，由剥毛辊—锡林—工作辊组成的若干个梳理环进行分梳纤维束、均匀混合及转移纤维的工作（梳毛机上锡林、工作辊、剥毛辊、道夫等机件上都包覆着专用针布）。

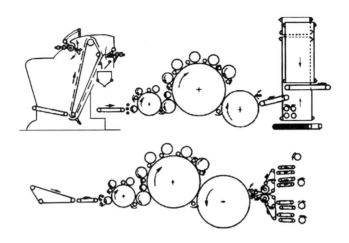

图 3.40　粗纺梳毛机

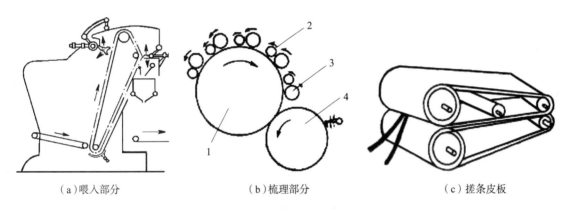

（a）喂入部分　　　　　　　（b）梳理部分　　　　　　　（c）搓条皮板

图 3.41　粗纺梳毛机组成部分

1—锡林　2—剥毛辊　3—工作辊　4—道夫

（5）细纱

毛粗纺细纱机包括环锭与走锭两种。

毛粗纺环锭细纱机工艺过程如图 3.42 所示。粗纺梳毛机加工的粗纱卷经退卷滚筒摩擦传动退出，进入后罗拉及压辊之间并被握持住，然后经导纱杆及针圈（或假捻器）进入前罗拉之间，在此区间因前后罗拉的速度差实现牵伸作用，针圈起到控制纤维运动、减小纱条条干恶化程度的作用。从前罗拉输出的须条经导纱器和钢丝圈后绕到纱管上，其加捻卷绕的过程及作用原理和棉纺环锭细纱是一样的。

毛粗纺走锭细纱机是一种周期性动作的纺纱机，细纱是被分段纺成的，生产效率低，但纺制

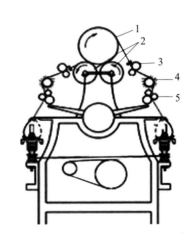

图 3.42　毛粗纺环锭细纱机工艺过程示意图

1—粗纱卷　2—退卷滚筒　3—后罗拉
4—针圈　5—前罗拉

的细纱质量较高，尤其在加工一些特种纤维（如高支单股羊绒）时，有其独到之功效。走车式的走锭细纱机的工艺过程如图3.43所示。粗纱卷在退条滚筒作用下退条，经给条罗拉送出，再借助张力杆和导纱杆的作用绕在与锭子一起回转的筒管上。锭子装在车筐内，而车筐装在车轮上，车轮携带锭车沿轨道往复移动。锭车向外移动称为"出车运动"，向内移动称为"进车运动"。锭尖和给条罗拉是两个握持纱条的钳口。出车运动时，二者的相对速度和距离均大于给条的速度和长度，所以纱条受到牵伸。牵伸的同时，锭子回转。锭

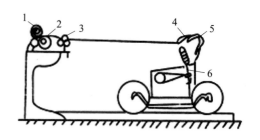

图3.43　毛粗纺走锭细纱机工艺过程示意图

1—粗纱卷　2—退条滚筒　3—给条罗拉
4—张力杆　5—导纱杆　6—锭子

子每回转一周，纱圈就从锭尖脱下来一圈，从而给纱条加上一个捻回。纱条滑脱时会产生一定的振荡，使捻回向前传递。当小车走到最外位置时，锭子高速回转且与原回转方向相同，从而追加捻度。锭车回程中，张力弓和卷绕弓缚住粗纱，锭子旋转将捻过的毛纱以一定的成型方式卷绕到管纱上。可以看出，在走锭细纱机中，牵伸和加捻在水平方向进行，且加捻和卷绕过程不是同时进行的，即加捻的时候不卷绕，卷绕的时候不加捻。

走锭细纱机加工的纱线均匀度好、毛羽少、手感柔软，但是效率低、占地大、劳动强度大。

（6）后加工

单纱纺好后，需要根据产品用途和性能要求进行后加工。粗纺成品若是单纱，需经过络筒机去除纱疵，制成筒子型式，可进行织造；若需股线加工，在络筒之后还要进行并纱及倍捻；若要求成品为绞纱型式，则需进行摇纱。

粗纺纱纱线线密度大，毛羽多，线体蓬松，所成织物表面有细密的绒毛，织纹一般不显露，手感温暖、丰满，富有弹性。

3.2.2.2　精梳毛纺系统

精梳毛纺系统主要用于生产精纺呢绒、绒线、长毛绒等用的纱线。对原料要求较高，一般不搭用回用原料，纺制的纱支线密度较低，为13.9～50tex，且经纱多用合股线。纱内纤维较平顺，伸直度好，表面较光洁，强力较高。

毛织物生产采用匹染工艺，即成品染色，染色产生的疵点不易弥补，并且颜色单一，只适合单色产品生产，但是纺纱工艺流程短，成本低，效率较高。具体流程如下：

（原毛）→初加工→毛条制造→混条→（4～5道）针梳→（1～2道）粗纱→细纱→后加工

采用条染工艺时，纺纱加工流程如下：

（原毛）→初加工→毛条制造→条染复精梳→混条→（4～5道）针梳→（1～2道）粗纱→细纱→后加工

精纺流程相当长，所以行业发展中逐步分解形成了针对某一部分的专门性加工厂，如初

加工厂生产洗净毛；毛条制造厂生产精梳毛条；纺纱厂进行精梳纱线的生产及后加工。

（1）初加工

与粗梳毛纺流程中的初加工工序一样，精梳毛纺加工时也是首先选毛，然后进行开毛、洗毛和烘毛。不同点是制得的洗净毛不需炭化除草杂，可直接进入毛条制造工序。

（2）毛条制造

在纺制精梳毛纱前，先要把洗净的散毛加工成精梳毛条，该过程称为毛条制造工程。其任务是根据精梳毛纱的品质要求，将各种不同的洗净毛或毛型化纤，经过和毛加油、梳理、除杂，制成具有一定重量、结构均匀、品质一致的精梳毛条。毛条制造的生产过程大多为：

配毛→和毛加油→梳毛→理条→精梳→整条

① 配毛及和毛加油。精纺产品的配毛方式可采取散毛搭配或毛条搭配两种。前者是为了保证毛条的质量，在梳毛以前进行搭配；后者是为了保证精纺毛织品或毛纱的质量，将各种毛条在复精梳工序中的混条机上进行搭配。

精纺加工中的和毛加油与粗纺加工一样，也是通过对原料添加和毛油和水以减小摩擦，保护纤维，减少静电，通过机械作用进行纤维块的开松与均匀混合。

② 精纺梳毛。精纺梳毛的任务是通过梳毛机上各滚筒表面针齿间的反复梳理和叠合，使块状或束状原料成为单纤维并完成混合任务，同时除去杂屑、粗腔毛、短纤维等杂质，最后将纤维理直，形成毛网，再聚集成条。

精纺梳毛机的工艺过程如图 3.44 所示，经混合后的原料由自动喂毛机定时定量喂入，先经胸锡林 C_1、C_2 进行预梳，再经除草辊 M 初步开松、去草后，进入大锡林 C，并受其上多只工作辊 W、剥毛辊 S 与大锡林 C 共同的反复分梳作用，成为单纤维状态且混合均匀后，由道夫 D 转移、斩刀 d 剥毛，形成毛条圈放到条筒 E 内。

图 3.44　精纺梳毛机工艺过程示意图

$f_1 \sim f_6$—喂毛罗拉　C_1，C_2—胸锡林　$B_1 \sim B_3$—打草辊　C—大锡林
$S_1 \sim S_9$—剥毛辊　$W_1 \sim W_9$—作辊　M—除草辊　K—分梳辊　D—道夫　d—斩刀　E—毛条筒

精纺梳毛工序的混合、理直、除杂作用并不十分充分，需要在以后的加工过程中逐步完善。

③ 理条与整条。制条过程中，在精梳前后分别要进行理条与整条。理条与整条时所用机器都是针梳机。针梳机的主要作用是通过混合、梳理、牵伸等作用，使毛条中纤维平行伸直，同时改善毛条的色不匀和重量不匀，加工成后道工序所需要的、符合定量要求的毛条。虽然在精梳毛纺中，针梳机被反复应用在制条工序和前纺，但不同阶段所用的针梳机型式和制品

型式有所差别。

针梳机的工艺过程大致相同，图3.45所示为其中一种。毛条由毛球或条筒退绕后，经导条罗拉、导条棒进入由后罗拉、前罗拉、梳箱组成的牵伸机构，再圈放到条筒中或卷绕形成毛球。牵伸作用的完成是因为前后罗拉有速度差，使整个须条被抽长拉细，牵伸区中的针板用以控制牵伸区中的纤维运动，减小纱条不匀的产生。

④ 精梳。因精梳毛纱对细纱条干和外观质量要求较高，而梳毛和理条下机的毛条中存在大量的短纤维以及毛粒、草屑等杂质，不利于后道纺纱过程的顺利进行。故在理条针梳后，设置精梳工序，目的是提高毛条中纤维的平均长度，去除前道工序残留的毛粒、草屑，进一步使原料混合，使纤维平行伸直。精梳工序是毛条制造中的关键工序，它直接影响精梳毛纱的质量和成本。毛精梳机（图3.46）的工作原理和棉精梳机一样，都是周期性地握持梳理。上下钳板握持须丛的尾端，圆梳梳理须丛的头端，没被钳板握持住的短纤维被分离出来，杂质也随之分离并跟随圆梳转动，最后被排除。圆梳梳理的同时，拔取车摆向钳板，拔取罗拉反转，退出一个梳理过的纤维须丛长度。须丛叠合后，拔取罗拉握持须丛头端，顶梳梳针插入须丛，梳理须丛的尾端。当须丛从顶梳针齿间拽过时，没被拔取罗拉握持的短纤维及杂质滞留在顶梳后，会在下一次圆梳针齿经过时被带走并排除掉。

精梳后的毛条因为是由须丛搭接聚合而成，因此，毛条强力低，并存在周期性不匀，必须再经过整条，即2～3道针梳的加工，以改善毛条的质量，并由末道针梳加工成毛球形式，便于运输和贮存。

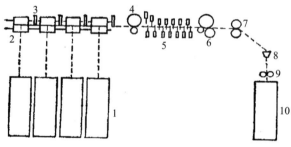

图3.45　针梳机工艺过程示意图　　　　图3.46　毛精梳机工艺过程示意图

1—毛条筒　2—导条罗拉　3—导条棒　4—后罗拉　5—针板
6—前罗拉　7—出条罗拉　8—喇叭口　9—圈条压辊　10—毛条筒

1—钳板　2—顶梳　3—圆梳　4—拔取罗拉

（3）条染复精梳

精梳毛纺产品生产中大量应用的染色方法有匹染、条染两种。匹染染色产生的疵点不好弥补，并且颜色单一，只适合单色产品生产；条染则适合加工多色混合产品或混纺产品。

条染中可将不同成分、不同色泽的毛条按不同比例搭配混合，纺制色彩丰富、品种多样的精纺产品。条染纱条干均匀、疵点少，制成品混色均匀，光泽柔和，手感和内在质量都较高。国内外大多数精梳毛纺织染厂加工所用的毛条均从毛条厂购买，加工时还要进行条染复精梳工序。

　　精梳毛条染色之前要在针梳机上绕成松式毛团，以便于毛条装入染缸和保证毛条染色质量，如图 3.47 所示。染色后经脱水再进入复洗机洗去浮色和油污，同时加入适量和毛油和抗静电剂增加毛条的可纺性。烘干后的复洗毛条经混条机（使其配色混合均匀）、针梳机（使其纤维顺直并变重）后，再进行复精梳，梳松毛条并去除毡并，使纤维进一步平行顺直。复精梳后的毛条在经过两道针梳机的并合梳理后，消除毛条的周期性不匀。

图 3.47　染色机与染色毛球

　　（4）混条

　　毛条或条染复精梳后的毛条送入纺纱厂进行纺纱。

　　混条机将若干根不同性质（如线密度、长度）、不同纤维（如羊毛、化纤、其他动物毛）、不同颜色的条子，经过并合、混合和牵伸，制成下道工序所需要的毛条，同时，根据毛条的含油情况，在混条机上加入适量的和毛油，以保护纤维的性能，防止产生静电。

　　（5）针梳。排列在粗纱工序前的针梳工序，也以混合均匀为主，且将喂入品逐步抽长拉细成符合粗纱机喂入的定量，称为练条针梳。

　　（6）粗纱。粗纱工序为前纺的末道工序，任务是把前道针梳后的须条再牵伸到一定的线密度，同时进行加捻或搓捻（假捻），以增加纤维间的抱合力，供后道细纱工序加工。

　　精梳毛纺所用的粗纱机包括有捻粗纱机和无捻粗纱机两种。

　　有捻粗纱机除了零部件较大外，结构和工作原理与棉型粗纱机基本相同，如罗拉牵伸、锭翼加捻、筒管上进行卷绕。不同点在于牵伸机构为三罗拉双胶圈滑溜控制牵伸机构，这样可以达到控制较短纤维运动，同时又使长于隔距的纤维顺利通过，从而保证粗纱条干均匀。有捻粗纱加工的特点是卷装大，粗纱强度好，退绕时不易起毛，纺细纱时断头少；缺点是产量较低，机构较复杂，挡车操作和保养麻烦。

　　无捻粗纱机前罗拉输出的须条进入搓捻机构，纤维紧密聚集在一起，被搓成光、圆、紧的粗纱，再卷绕到筒管上，卷绕成圆柱形的粗纱卷装。无捻粗纱特点是车速高、产量高，但强度差、易起毛，适用于纤维细、卷曲度大的纯毛产品。

　　（7）细纱。毛精纺细纱机与棉纺细纱机的基本结构、工作原理及工艺过程基本相同。它与棉纺细纱机的主要区别在于，机器部件尺寸和罗拉隔距较大，而且采用双胶圈滑溜牵伸型式。

　　（8）后加工。根据精梳毛织品的需要，从细纱机出来的单纱还需要并合加捻成股线，以增加强力，去除外观疵点，加大卷装容量，为后道生产做好准备。

　　通过自动络筒机对纱线重新进行卷绕，可以增大容量，并通过清纱器进一步消除纱线上的杂质和疵点。通过高速并线机两根或多根单纱的并合，可避免纱线张力不匀，同时使毛纱经过清纱装置，除去纱中的杂质、毛粒、飞毛、粗节等疵点，并增加卷绕容量，提高后道工序的生产效率。采用倍捻机将并线机上并好的毛纱加上需要的捻度，以提高纱线的张力、均匀度、光洁度，增加弹性和改善手感。

羊毛纤维投入生产后，经过各道工序反复受力及摩擦，会产生内部应力和静电，影响后道的生产。而加捻后的毛纱有较大的回弹性，易退捻松解。为此，采用蒸纱的方法来达到消除羊毛内的应力和静电（图3.48）。蒸纱时，蒸纱罐抽真空，预热水送入后很快煮沸，蒸气即向毛纱内层渗透，经一定时间后，便能达到蒸纱的目的。

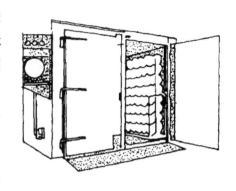

图3.48　蒸纱机

3.2.2.3　半精梳毛纺系统

生产厂加工较粗的25～50tex纱时，一般采用半精梳系统加工。

传统半精纺的加工流程为：

（洗净毛）→和毛加油→梳毛→（2～3道）针梳→粗纱→细纱→并捻筒→（半精纺纱）

采用棉纺设备对毛纤维进行纺纱加工的流程为：

毛纺和毛机→梳棉机→棉并条机→棉粗纱机→棉细纱机→络筒机→并纱机→倍捻机

3.2.3　其他纺纱系统

3.2.3.1　麻纺纺纱系统

麻纤维种类很多，目前在服用上使用较多的是苎麻与亚麻。本书只就苎麻与亚麻的纺纱加工进行讲述。

（1）苎麻纺纱

① 流程。苎麻纤维取自于麻株的韧皮部，属于韧皮纤维。苎麻韧皮的非纤维素成分主要由果胶、半纤维素、木质素、灰分、蜡质层等组成，有形成完整韧皮保护茎干的作用。将胶质脱除后即可使纤维暴露，这就是苎麻的脱胶，即苎麻的初加工。从脱胶原理上讲，主要有两种。一种是化学脱胶，利用胶质复合物在酸、碱、氧化剂或高温高压等物理条件下发生水解，使胶质部分溶解，或在后续机械力作用下脱落；另一种是酶脱胶，利用各种微生物酶类分解苎麻胶质，再辅助机械拷打等其他物理方法实现苎麻脱胶。两种脱胶原理可以组合使用。脱胶后原麻中胶质和其他杂质被去除，制成柔软松散的呈单根纤维状态的精干麻，如图3.49所示。

（a）苎麻植株　　　　　　　　（b）苎麻韧皮　　　　　　　　（c）精干麻

图3.49　苎麻外观形态变化

精干麻一般借用精梳毛纺系统的成套设备进行纺纱，只是需要对设备进行局部改造。苎麻长麻纺纱系统流程如下：

精干麻→梳前准备→梳麻→精梳前准备→精梳→精梳后并条→粗纱→细纱→后加工

纺纱中的落麻一般与棉或化学纤维混纺，可在棉纺普梳系统上加工，也可在粗梳毛纺系统上加工。

② 工艺特点。精干麻较粗硬，而苎麻后期的梳理及纺纱中对纤维的强度、柔软度、回潮率、松散度和平行伸直度等有要求，所以梳理前要进行软麻。软麻机上有一定数量的沟槽罗拉，对纤维进行反复弯曲搓揉，实现机械软麻作用。软麻后纤维的柔软度提高，相互间得到一定程度的松解和分离，有利于乳化液的渗透，也利于梳麻、纺纱的进行。之后，因为精干麻的回潮率还较低，需要进行给湿加油和分磅堆仓的工作。给湿是为了使精干麻达到一定的回潮率，减少加工中的静电产生；加油可增加纤维的柔软度和润滑性，在一定范围内减少纤维间的摩擦系数，改善纤维表面性能；分磅是指把经过软麻给湿后的精干麻分成一定重量的麻把，以便定量喂入；堆仓指在麻仓内堆放一定时间，使内外层油水分布均匀。

经软麻、给湿加油、堆仓以后，虽然精干麻的性能得到改善，但纤维长度过长，且长度不匀大，纤维板结，还不适合梳麻机的喂入要求。因此，需要通过开松机将过长纤维扯断成合适的长度，并制成适合梳麻机喂入的麻卷。

接下来陆续接受梳麻机、针梳机、精梳机、粗纱机和细纱机等机器的加工，最后纺成苎麻纱。这期间所用的机器和毛纺机器相似，但由于苎麻纤维长且长度差异大、较粗硬、刚性大、抱合力差及精梳后麻网结构松散、易飘浮，所以其适用的机器和毛纺机器在结构上有一定差异。

（2）亚麻纺纱

① 流程。亚麻纤维以束状形式包埋于茎秆的韧皮部，纤维束间或单纤维间有大量果胶等胶质。制取纤维的第一步就是脱胶，即采用沤麻工艺将采集来的亚麻原茎 ［图 3.50（b）］ 中的胶质部分去除，制成亚麻干茎，如图 3.50（c）所示。脱胶实质上就是采用生物的、化学的、物理的或综合的方法破坏纤维束与周围胶质的联系，分裂纤维束成为更小束的纤维束。例如，水沤脱胶就是将原茎放入水中，利用厌氧菌的发酵作用使果胶等物质水解；化学脱胶则是利用亚麻韧皮部纤维素和其他成分对酸碱以及氧化剂稳定性的差异不同进行的。

亚麻干茎经过养生处理后，再经打麻联合机的揉麻、打麻，去除木质部及其他非纤维的

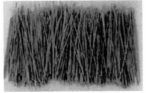
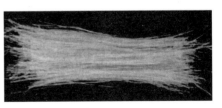

（a）亚麻植株　　　　　（b）亚麻原茎　　　　　（c）亚麻干茎

图 3.50　亚麻外观形态变化

杂质，可以得到靠残留的胶质把单纤维黏连成可以纺纱的长纤维，称为打成麻。同时产生的短纤维，称一粗和二粗。打成麻经过栉梳机梳理后，成为梳成麻。

亚麻的纺纱有长麻纺和短麻纺两种。长麻纺的原料为打成麻和梳成麻。短麻纺的原料为梳理打成麻时得到的短麻、降级麻、回丝、一粗和二粗等，整体上看，纤维混乱且相互纠缠，同时含有大量的麻屑和纤维结等。

②工艺特点。纺纱中，由于亚麻是利用工艺纤维纺纱，纤维粗硬，难以直接纺制，所以在形成粗纱后，再对亚麻粗纱进行一次脱胶，进一步去除部分胶质，分散纤维，以利于细纱生产。由于亚麻纤维粗硬，干纺时毛羽多，所以可用湿法纺纱。粗纱通过特制的水槽，在完全润湿的状态下进入牵伸区。由于湿润状态下胶质黏性降低，各单纤维间的联系力减弱，有利于工艺纤维被牵伸、分劈，从而使成纱的纤维束变细，提高最终成纱的质量。亚麻纱湿纺产品光泽自然肥亮、毛羽少、纺纱支数高。

3.2.3.2 绢纺纺纱系统

绢纺是将养蚕、缫丝、丝织的下脚料，如不能缫丝的疵茧和疵丝等加工成绢丝和䌷丝。绢纺原料的种类繁多，质量差异较大。绢纺纺纱系统具体分为绢丝纺系统和䌷丝纺系统。

（1）绢丝纺系统

绢丝较细较匀，适于织造绢绸。绢丝纺系统工艺流程很长，可以分成下面几个部分：

绢纺原料→初步加工（精练）→制绵→纺纱→绢丝

绢纺原料的精练是为了去除绢纺原料上大部分丝胶、油脂及尘土等杂质，制成较为洁净、蓬松、有一定刚弹性的单纤维，即精干绵。然后将精干绵进行适当混合、细致开松，并使纤维平顺，去除杂质。为便于后续工序的梳理和牵伸，采用切绵机将丝纤维切成一定长度，之后通过圆梳或精梳工艺排除短纤维、杂质和疵点，制得精绵。经后续纺纱过程，最终制得绢丝。

（2）䌷丝纺系统

䌷丝纺系统使用制绵时以末道圆梳落绵为原料，可运用棉纺的环锭或转杯纺纱系统，或粗纺梳毛纺系统制成䌷丝。䌷丝线密度高，手感蓬松，表面有毛茸和绵结，用于织造绵绸。

3.2.4 新型纺纱方法简介

在近代纺纱技术中，出现了众多的新型纺纱。为了适应高速高产，它们所用的加捻机件和加捻方法与传统纺纱不同，如转杯加捻、涡流加捻、搓捻、假捻，甚至使长丝束产生交缠、网络等。加捻方法与加捻原理不同，所形成纱线的结构和性能也不相同。以下简单介绍其中的几种方法。

新型纺纱技术

3.2.4.1 转杯纺

（1）工艺过程

图 3.51 所示是转杯纺纱机的工艺过程与纱线结构。纤维条由喂给罗拉和喂给板握持，输送给分梳辊，表面包有锯条的分梳辊将其分解成单纤维。转杯高速回转，产生的离心力使空

气从排气孔溢出（自排风式），或通过风机将空气抽走（抽气式）。此时转杯内成为真空，迫使外界气流从补风孔和引纱管补入，于是被分梳辊分解的单纤维，随同气流通过输送管后被吸入转杯。被吸入的纤维沿转杯壁滑入转杯的凝聚槽内，形成凝聚须条。纺纱接头时，引纱经引纱管被吸入转杯，纱尾在离心力的作用下紧紧贴附于凝聚槽内。这样，引纱的纱尾与凝聚槽内排列的须条相遇并一起回转加捻成纱。引纱罗拉将纱连续地从转杯内引出，途经假捻盘和引纱管，最后卷绕成筒子。

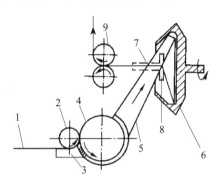

图 3.51 转杯纺纱机的工艺过程与纱线结构

1—纤维条 2—喂给罗拉 3—喂给板 4—分梳辊 5—输送管 6—转杯 7—引纱管 8—假捻盘 9—引纱罗拉

（2）纱线结构与性能

转杯纱由纱体本身和缠绕纤维两部分组成，纱体（芯）比较紧密，而包在外表的缠绕纤维结构松散，弯钩纤维较多。捻度在纱的径向分布不均匀，转杯纱的强力为环锭纱的 80%~90%，但条干均匀度、耐磨性、蓬松度、染色性能都比环锭纱好，棉结杂质也比环锭纱少。转杯纱的捻度一般比环锭纱大 15%~25%，故手感较硬。织物手感丰满厚实，保暖性好，耐磨，吸浆和吸湿性好，吸色率高。转杯纺纱适用于许多产品，如灯芯绒、劳动布、卡其、色织绒、印花绒、绒毯、线毯、浴巾和装饰用布等。

3.2.4.2 喷气涡流纺

（1）工艺过程

喷气涡流纺既不同于环锭纺，也不同于转杯纺。它采用棉条喂入，并经过四罗拉或五罗拉牵伸机构牵伸后达到需要的纱线细度。之后，在负压作用下被吸入螺旋引导面，形成平行松散的带状纤维束，输送到空心管前端。纺纱器的多个喷射孔形成旋转气流。纤维束的前端在导引针的周围，受正在形成纱的尾端的牵引而导入引纱管中；而纤维束的末端脱离喷嘴前端的螺旋引导面和针状物的控制时，由于气流的膨胀作用，分离成单根纤维，产生大量的边缘纤维（头端自由纤维），部分纤维在引纱管入口处成倒伞状覆盖在空心管上，随气流的回转捻到纱尾上。根植于纱体内的纤维另一端，在空心管入口的集束和高速回转涡流的旋转作用力的共同作用下，使边缘纤维（头端自由纤维）沿着空心管旋转，当纤维被牵引到空心管内时，纤维沿着空心管的回转而获得一定捻度最终形成喷气涡流纱。喷气涡流纺纱装置原理如图 3.52 所示。

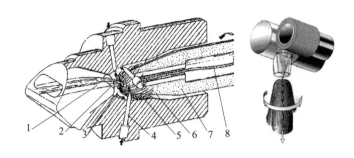

图 3.52 喷气涡流纺纱装置与原理

1—螺旋引导面 2—引导针 3—涡流室 4—喷射孔 5—凝聚纤维 6—圆锥形凝聚面 7—空心管 8—纱线

（2）纱线结构与性能

喷气涡流纺纱线（图 3.53）是由包缠纤维和芯纤维所组成的一种双重结构纱，具有较高强力，外观光洁，纱线毛羽很少，染色性、耐磨性及吸湿性好，织物起球现象少，外观光滑，但条干略差，多用作针织运动衫、休闲服饰、家纺产品等，产品应用领域比较广泛。

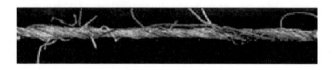

图 3.53 喷气涡流纺纱线结构

3.2.4.3 摩擦纺

摩擦纺又称德雷夫（DREF）纺、尘笼纺等。

（1）工艺过程

代表性的摩擦纺纱机（DREF-Ⅱ型）结构简图如图 3.54 所示。经过开松的纤维，由气流输送到一个带孔而有吸气的运动件（尘笼）表面，运动件表面的运动方向与成纱输出方向相垂直。在运动件表面上，纤维因负压被吸附凝聚成带状的纤维须条，由于须条与尘笼表面接触且之间有吸力，故须条随尘笼表面绕自身轴线滚动而被加捻。

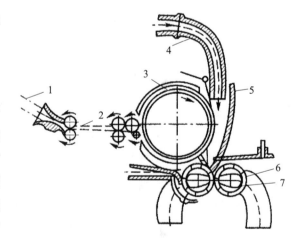

图 3.54 DREF-Ⅱ型摩擦纺纱机工艺过程

1—棉条 2—牵伸装置 3—分梳辊 4—吹风管
5—挡板 6—尘笼 7—内胆

（2）纱线结构与性能

摩擦纺纱线具有内紧外松的结构，纱条内层捻度大，外层捻度小，纱线丰满且蓬松，伸长率较高，吸湿性、染色性和手感均较好，但强力较低。

思考题

1. 什么是纱线？纱线具有哪些用途？传统短纤维纱线在结构与性能上有何特点？

2. 纯棉精梳纱的加工流程是什么？纱线的结构与性能有何特点？

3. 请分别写出开松、除杂与梳理三个作用的目的和各自的作用原理。

4. 加捻的作用是什么？写出三个有加捻任务的机器。

5. 毛纺中初加工的任务是什么？

6. 转杯纱的成纱原理是什么？纱线特点与用途是什么？

参考文献

［1］姚穆. 纺织材料学［M］. 4 版. 北京：中国纺织出版社，2014.

［2］丁许. 二维编织绳拉伸性能实验研究［D］. 天津：天津工业大学，2019.

［3］Coats 成衣缝纫线产品系列专题. 高士绣花解决方案：您创新的选择［J］. 中国制衣，2008（6）：74-75.

［4］宁方刚. 绳缆编织结构建模及其绕滑轮弯曲疲劳性能研究［D］. 上海：东华大学，2016.

［5］曹红蓓，王君泽，翟畅. 管状立体编织物三位动画仿真探索［J］. 纺织学报，2014（10）：71-73，152.

［6］高林千幸. 日本制丝技术的变迁与传承：冈谷蚕丝博物馆的建设与努力［J］. 丝绸，2019（10）：21-26.

［7］邓婷婷. 家蚕丝、野桑蚕丝及琥珀蚕丝的结构和性能研究［D］. 重庆：西南大学，2017.

［8］朱松文，刘静伟. 服装材料学［M］. 5 版. 北京：中国纺织出版社，2015.

［9］于伟东，储才元. 纺织物理［M］. 2 版. 上海：东华大学出版社，2009.

［10］杜红丽. 摩擦纺成纱结构的研究及工艺参数对其质量的影响［D］. 天津：天津工业大学，2006.

［11］刘冰. 双色圈圈波纹复合花式纱线新品开发［D］. 上海：东华大学，2014.

［12］张苏道，薛文良. 花式纱线在不同风格毛衫面料中的应用［J］. 国际纺织导报，2018（2）：18-21.

［13］任学勤，王香香. 新型带子纱与睫毛纱的纺纱研究［J］. 毛纺科技，2004（11）：28-30.

［14］方虹天，张孝南，贾佳，等. INNOVA 花式捻线机纺结子纱工艺分析［J］. 棉纺织技术，2015（7）：39-43.

［15］郁崇文. 纺纱学［M］. 3 版. 北京：中国纺织出版社，2019.

［16］宋志刚. 新型往复抓棉机关键技术的研究［D］. 上海：东华大学，2016.

［17］石庚尧. 清梳联设备的特点和发展趋势［J］. 纺织导报，2009（3）：24-26，28-30+32-35，38-39.

［18］刘海明. 苏丹五万锭现代化棉纺厂设计［D］. 上海：东华大学，2017.

［19］王成令，陈玉峰. 现代清梳联新技术的发展趋势［J］. 辽东学院学报：自然科学版，2018（9）：165-179.

［20］张淑梅，王轶铭，王培，等. 羊毛条染毡并原因分析及预防措施［J］. 毛纺科技，2017（4）：25-29.

［21］欧阳杰. 高品质苎麻精干麻生产新技术及工艺研究［D］. 武汉：华中科技大学，2013.

［22］阮培英. 射频和微波热处理用于亚麻原茎脱胶的试验研究［D］. 呼和浩特：内蒙古农业大学，2015.

［23］韩晨晨. 自捻型喷气涡流纺成纱原理及其纱线结构的相关性研究［D］. 上海：东华大学，2016.

第4章 织造技术

4.1 织物的分类

织物是由纤维或（与）纱线，按照一定的组织形式构成的片状集合体。织物根据不同的分类方式主要可分为以下几种。

按加工原理分类，主要分为机织物、针织物和非织造布三大类。图4.1所示为三类织物的示意图。

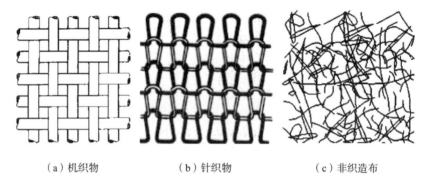

（a）机织物　　　　　　（b）针织物　　　　　　（c）非织造布

图4.1　机织物、针织物及非织造布的示意图

按用途分类，可分为服用织物、装饰用织物和产业用织物等。

按原料组成分类，则可分为棉织物、毛织物、丝织物、麻织物、化纤织物及混纺织物等。

图4.2为机织物、针织物和非织造布等纺织品的加工流程图。其中机织物和针织物的生产原料一般为纱线，经过相应的织前准备环节，并进行机织和针织织造（针织织造又分为纬编织造和经编织造），形成机织物和针织物。非织造布的原料通常为纤维，生产过程也相对简单，仅需成网和加固两个环节即可完成。

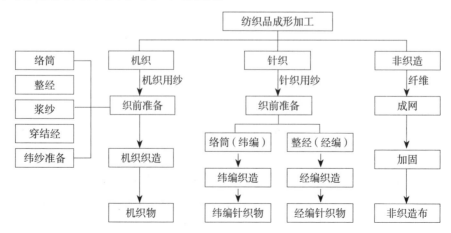

图4.2　机织物、针织物及非织造布的加工流程图

4.2 机织物的生产与织物结构特性

机织物又称为梭织物，是由相互垂直排列的两个系统的纱线按一定的规律交织而成的织物。其中，沿长度方向（经向）的一个系统的纱线称为经纱，沿宽度方向（纬向）的一个系统的纱线称为纬纱。

机织物基本概念
与形成原理

4.2.1 机织设备

进行机织物生产的设备通常称为织机。

4.2.1.1 织机的分类

（1）按引纬方式分类

依据引纬方式不同，织机可以分为有梭织机和无梭织机两大类。其中，有梭织机以传统的梭子为引纬器将纬纱引入梭口，因为梭子体积大、重量重，造成有梭织机普遍具有机器震动大、噪声高、车速慢、效率低的缺点，从而逐渐被各类无梭织机所取代。无梭织机通常采用剑杆、喷射（喷气、喷水）、片梭等方式将纬纱引入梭口。

织机的五大运动
与织机的类型

（2）按开口机构分类

按开口机构不同，织机可以分为踏盘开口织机、多臂开口织机和提花开口织机。踏盘开口织机适用于织造平纹、斜纹、缎纹等结构较为简单的织物，多臂开口织机适用于织造小花纹织物，提花开口织机适于织造大花纹织物。

（3）按织物的幅宽分类

按织物的幅宽要求不同，织机可以分为常规（狭幅）织机、阔幅织机和特阔织机。通常将筘幅在 110cm 以下的称为常规织机，筘幅在 110～190cm 的称为阔幅织机，筘幅在 190cm 以上的则称为特阔织机。

（4）按所织造织物的厚度和质量分类

依据织机所织造织物厚度及质量分类，可将织机分为轻型织机、中型织机和重型织机三大类，其中，轻型织机主要织造丝织物等轻薄型织物；中型织机则织造棉、麻、精纺毛织物等中等厚度及质量的织物；重型织机则织造帆布等产业用产品及粗纺毛织物等厚重织物。

（5）按构成织物的纤维材料分类

按构成织物的纤维材料分类，可将织机分为棉织机、毛织机、丝织机等。

4.2.1.2 织机的主要机构

机织物的顺利织造，需要经过织机五个主要机构的相互配合而完成，这五大机构为开口机构、引纬机构、打纬机构、送经机构和卷取机构。除此之外，出于使织机正常运转、提高生产效率、保证产品质量、保障工人安全及防止机件损坏等方面的考虑，织机通常还需配备一系列辅助机构和装置，如传动机构、断经和断纬自停装置、供纬装置、织口控制装置、选色装置及防护装置等。同时，无梭织机每次引纬后都必须将纬纱剪断，因此，还需额外配置剪纬机构等。

4.2.1.3　常见织机类型

如前所述，有梭织机因为难以克服的缺点，逐渐被各类无梭织机所取代，下面对代表性的无梭织机进行介绍。

（1）剑杆织机

剑杆织机采用刚性或挠性的剑杆头（带）来夹持、引导纬纱，具有换色方便的特点，因此，除了适宜织造平纹等常规织物外，剑杆织机还适于色织物、毛圈织物和装饰织物等的生产。剑杆头如图 4.3 所示。

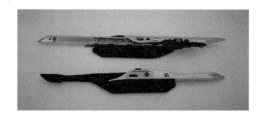

图 4.3　剑杆头

（2）喷气织机

喷气织机是由喷嘴喷射出的压缩气流牵引纬纱，进而将纬纱带过梭口。喷气织机具有机速快、生产效率高的特点，适用于平纹织物、高密织物和大批量织物的生产。

（3）喷水织机

喷水织机是利用喷嘴中喷出的水作为引纬介质，利用摩擦牵引力将纬纱引入梭口。喷水织机具有速度快、生产效率高的特点，主要适用于表面光滑的疏水性长丝化纤织物的生产。喷水织机喷嘴如图 4.4 所示。

（4）片梭织机

片梭织机以带夹子的小型片状梭子夹持、引导纬纱，并将其带过梭口。片梭织机具有工作稳定、织物质量较好等优点，适用于色织物、细密织物、厚密织物以及宽幅织物的生产。片梭如图 4.5 所示。

图 4.4　喷水织机喷嘴

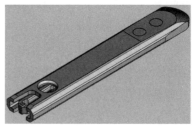

图 4.5　片梭

4.2.2　机织物的生产

4.2.2.1　机织物的形成过程

机织物的形成过程主要通过以下五大运动来实现。

① 开口运动：将经纱按织物组织要求分成上下两层，以在两层纱之间形成梭口。

② 引纬运动：将纬纱引入梭口。

③ 打纬运动：将引入梭口的纬纱推至织口（即经纱和织物的分界）。

④ 卷取运动：将织造完成的织物牵引卷取，使其离开织口，并卷成圆柱状布卷。

⑤ 送经运动：依据实际需求为编织区域送出所需长度并具有一定张力的经纱，保证连续织造的进行。

经过开口、引纬、打纬三大运动，便可将纬纱和经纱进行一次交织，进行连续多次交织，便可逐渐形成织物。交织的连续进行，需要卷取运动和送经运动的配合，故习惯将开口、引纬和打纬运动称为三大主运动；而送经和卷取两个运动可保证连续生产和织造的顺利进行，称为两大副运动。三大主运动和两大副运动合称为五大运动。图 4.6 所示为机织物形成过程及各部件示意图。主要包括以下几方面。

① 使经纬纱形成织造所需要的卷装形式，如织轴、筒子等。

② 清除纱线上的疵点和力学弱节，提升纱线的织造性能。

③ 增加纬纱的捻度稳定性，同时，对于有梭织机，改善梭子中纤子的退绕性能，保证织造的稳定性。

④ 将经纱穿入综眼、筘齿和停经片，以满足后续织造中开口、打纬和经纱断头自停的需要。同时，对于色织物，需在织前准备环节将色纱按照设计要求顺序排列。

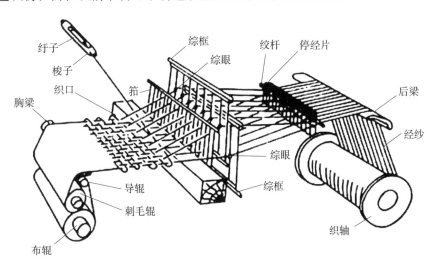

图 4.6　机织物形成过程及各部件名称

4.2.2.2　机织物生产流程

机织生产主要包括织前准备和织造两大阶段。

（1）织前准备

织前准备主要指在织造前针对经纬纱进行的一系列准备工作。

① 络筒。络筒是在络筒机上，将纱线加工成符合后道工序要求或便于销售运输的卷装形式的生产工序。

织前准备与织造
工艺流程

a. 络筒目的。

i. 将容量较小的管纱在络筒工序加工成较大的卷装形式，以避免频繁地停台换管，提升生产效率。同时，部分纱厂以绞纱的形式供应纱线，这类绞纱也需在络筒环节加工成适宜的筒子，以保证后道工序的顺利进行。

ⅱ.在色织筒子染色生产中，纱线需先经络筒工序络成大卷装、密度均匀的松软筒子，再进行筒子染色。

ⅲ.在络筒环节中，还应尽可能清除纱线上的疵点、杂质，并检查纱线条干均匀度，保证后续整经、浆纱、织造过程的顺利进行，提升最终产品质量。

b.工艺流程。常见的络筒工艺流程如图4.7所示。纱线从管纱中退绕下来，经过气圈破裂器、预清洁器、张力装置、上蜡装置、电子清纱器及槽筒，最后卷绕到筒子上。预清纱器和电子清纱器对纱线的疵点进行检测、清除，一旦检出纱疵后会剪断纱线并停车，再由捻接器将纱线捻接。上蜡装置可根据需要对纱线进行上蜡。槽筒可使筒子做回转运动，同时，其上的沟槽还会带动纱线做往复运动，使纱线卷绕均匀。

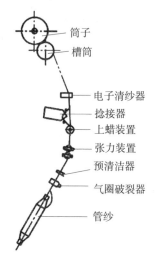

筒子
槽筒
电子清纱器
捻接器
上蜡装置
张力装置
预清洁器
气圈破裂器
管纱

图4.7　常见的络筒工艺流程

c.筒子卷绕形式。为满足最终成品和后道工序的不同要求，筒子的卷绕形式依据纱圈的卷绕形态不同主要分为平行卷绕和交叉卷绕两大类。

ⅰ.平行卷绕。平行卷绕筒子上的纱圈螺旋线升角较小，纱圈在筒子表面的稳定性较差，纱线沿轴向退绕时不顺畅，只能做低速切向退绕，容易引起张力波动。目前，平行卷绕多用于丝织生产。

ⅱ.交叉卷绕。交叉卷绕筒子上的纱圈螺旋线升角较大，纱圈在筒子表面的稳定性较好，退绕时较为顺畅，张力波动也较小。同时，采用交叉卷绕并辅以较小的络筒张力，便能卷绕成密度较小的松式筒子，供筒子直接染色用。在棉纺织、毛纺织生产中，普遍采用交叉卷绕的筒子。

此外，还有多用于化纤长丝卷绕的精密卷绕（在一个导纱往复中筒子卷绕纱圈数恒定的卷绕形式）和用于缝纫线卷绕的紧密卷绕（在相邻两次导纱往复中纱线排列紧密、卷绕密度大的卷绕形式），也是常见的筒子卷绕形式。

d.络筒技术发展趋势。自动络筒机因其高速、高品质及原料适用性强的优势，逐渐取代了传统络筒机，成为络筒工序的代表性设备。因此，自动络筒机的发展在很大程度上代表了络筒技术的发展方向。现阶段，自动络筒机的发展趋势主要有以下几点。

ⅰ.向高速、大卷装、全自动和连续化方向发展。

ⅱ.采用先进的捻接技术，适应不同品种的纱线。

ⅲ.采用计算机信息监测和控制系统。

②整经。整经是指根据工艺要求，将一定量的经纱从筒子上退绕下来，按规定的长度、幅宽、排列顺序均匀平行地卷绕在经轴或织轴上。

a.整经工艺要求。整经质量对保证浆纱工序的顺利进行，保证良好的织物质量具有重要意义，整经工序必须满足以下工艺要求。

ⅰ.在整经过程中保证经纱张力均匀，分布均匀，且卷绕密度均匀，从而确保后续工序的顺利进行，减少经纱断头和织疵。

ii. 整经根数、长度、色经排列符合工艺和设计要求，整经接头质量应符合规定标准，减少回纱。

b. 整经分类。根据不同的纱线种类和工艺要求，整经可分为分批整经、分条整经、分段整经和球形整经等。

i. 分批整经。分批整经也称轴经整经。它是将全幅织物所需的经纱总根数分成几批，每批经纱根数尽可能相等，分别卷绕到几只整经轴上，然后将这几只整经轴上的纱线在浆纱机或并轴机上合并，并按工艺规定长度卷绕到织轴上。

分批整经的优点是整经速度快，生产率高，整经质量好，张力均匀，适合于大批量生产；缺点是回纱较多，色经排列较为困难，不适于多色或不同捻向经纱的整经。

分批整经主要用于本色或单色织物的整经加工，较少用于对复杂花纹织物的整经操作。

ii. 分条整经。分条整经是根据工艺排列循环和筒子架容量，将织物所需的总经纱根数分成根数相等的几个条带（即分条），再按规定的幅宽和长度，一条接一条平行卷绕到整经滚筒上，最后再将全部经纱条带倒卷到织轴上（即倒轴）。

分条整经的优点是针对多色纱或不同捻向的纱线整经时，花纹排列方便，同时对于不需要上浆的产品，可通过分条整经直接获得织轴，缩短了工艺流程，提升了生产效率；缺点是条带的逐条卷绕和倒轴过程必然造成时间浪费，影响生产效率，同时各条带之间整经张力如不能保证均匀一致，则可能引起织轴上片纱张力不匀，织机开口不清，进而造成经纱断头或织疵，影响最终的织造质量，此种现象在以弹性较差纱线（如麻纱）为原料时尤为突出。

分条整经适用于小批量、多品种的色织、毛织、丝织等产品的生产，且应用广泛。

iii. 分段整经。分段整经是将全幅织物所需经纱按工艺要求分别卷绕到数只狭幅经轴上，然后将这数只狭幅经轴上的经纱同时退绕到织轴上。因此，织轴幅宽等于这数只狭幅经轴的幅宽之和，卷绕密度也相同。分段整经多用于生产对称花型织物，在针织的经编生产中也有广泛的应用。

iv. 球形整经。球形整经是将全幅织物所需的总经纱根数根据筒子架容量分成若干纱束，将每个纱束卷绕成圆柱状经球，经绳状染色机染色，再由整经机卷成经轴，上浆后并成织轴。

球形整经的优点是染色均匀，浆纱产量高；缺点则是工艺流程长，投资高，占地面积大。适用于牛仔布等色织物的生产。

c. 整经技术发展趋势。现代整经技术的发展趋势主要可归纳为如下几点。

i. 高速化。如新型高速分批整经机的整经速度可达 1000m/min 以上。

ii. 经轴容量和整经幅宽进一步加大。整经轴边盘直径可达 1250mm 以上，幅宽可达 2.8m 以上。

iii. 先进的机械、电子技术应用于现代化整经机。如采用液压无级变速器、直流变速电动机、光电式安全感应装置、电子计长装置等。

③ 浆纱。浆纱是指为经纱施加浆料（即为经纱上浆所采用的材料）以提高经纱可织性，保证织造顺利进行的工艺过程。其主要过程是通过对纱线内外施加浆液来实现。在织造过程

中，经纱在开口、打纬过程中会不断受到载荷冲击，还会与钢筘、停经片、综丝等机件产生摩擦，而未经上浆的单纱纤维间抱合力差，表面多毛羽，在剧烈的织造过程中极易因为外界冲击造成纱线受损甚至解体，如将这些纱线作为经纱，会严重影响布面质量，甚至使织造无法进行。据此，浆纱是织造过程中保证成品质量和织造顺利进行的重要一环，尤其对于现代发展迅速的高速无梭织机，浆纱工序的重要性更加凸显。浆纱工序的目的主要有以下两点：一是在经纱表面覆盖浆液，使松散突出于纱线表面的纤维毛羽帖服，同时烘干后形成的浆膜还可使纱线表面光滑，提高耐磨性能及织造性能；二是使浆液渗透到纱线内部，胶合部分纤维，以加大纤维间的抱合力，从而提高纱线的强度，减少织造断头，保证织造顺利进行。此外，在某些情况下，浆纱还可使织物增重，并获得部分后整理效果。

a. 浆纱方法。现阶段，经纱的上浆方法主要包括经轴上浆、织轴上浆、单纱上浆、绞纱上浆等形式。此外，为提高生产效率，实际生产中还常采用整浆联合（将整经、浆纱合为一道工序）和染浆联合（将染色、浆纱合为一道工序）等方式。

b. 对浆料的基本要求。浆纱的本质是将浆料作用于经纱，以保证织造的顺利进行，浆料的性能对浆纱工序的顺利进行起到了至关重要的作用，对浆料的要求主要可归纳为如下几点。

i. 良好的黏着性和浸透性。浆料能使纱线表面松散的毛羽帖服，同时浆料可渗入纱线内部，使纤维相互抱合。

ii. 成膜性和浆膜性能好。浆料应易于成膜，且烘干后的浆膜应具有良好的弹性、强度和吸湿性，同时应表面光滑。

iii. 物理、化学稳定性好。浆料应具有一定的耐候性，且不易出现沉淀、起泡、结絮、变质和发霉等现象。

iv. 易于退浆。在后道工序浆料应易于退掉，且对染色、印花等后道工序无不良影响。

v. 经济、无污染。浆料在保证性能的前提下，价格应尽量低廉，且不会对环境造成污染。

c. 浆纱发展趋势。现代浆纱技术的发展趋势主要可归纳为阔幅、高速化、环保低能耗、自动化生产、浆纱机通用化和在线实时监测等几个方面。

④ 穿结经。穿结经（穿经或结经）是经纱织前准备中的最后一道工序。其中，穿经是根据织物工艺设计的要求，把织轴上的经纱按规定顺序依次穿入停经片、综丝（即穿综）和钢筘（即穿筘）。穿停经片的目的是当经纱断头时可使机器及时停车，避免织疵影响布面效果；穿综的目的是使经纱在织造时通过开口运动形成梭口，与纬纱交织成所需的织物；穿筘的目的是使经纱保持规定的幅宽和密度。

结经是用打结的方法把织机上剩余的经纱同准备上机的经纱逐根连接起来，然后上机经纱引导待上机经纱依次拉过停经片、综丝、钢筘，达到与穿经相同的要求，从而节省工序，提高生产效率。结经法适用于织物组织、幅宽、总经纱根数保持不变的织造生产，否则需重新穿经。

⑤ 纬纱准备。在有梭织机和无梭织机上生产时，纬纱准备的工序略有不同。

在有梭生产中，纬纱准备包括了络筒、卷纬和纬纱定捻等工序。通过这些工序，可使纬纱卷绕成形良好，减少纱疵和织造时产生的织疵，提升产品质量，同时卷绕可使纤子容纱量增加，减少换纤次数，提高织造效率。

在新型无梭生产时，纬纱准备主要为络筒工序。

（2）织造

在织前准备的基础上，将经纬纱在织机上进行连续交织，形成织物。

① 开口。开口的目的是将经纱分成上下两层，形成梭口，以便引入纬纱，开口是依靠开口机构实现的。同时，开口机构还可根据织物组织的要求，控制综框或综丝的升降规律，从而依据工艺要求织造所需的组织或花型效果。

开口机构作用重大，直接关系织造过程能否顺利进行，对开口机构的基本要求是其机械结构应较为简单，同时形成梭口清晰，综框运动平稳。此外，开口过程中应尽量减少对经纱的冲击，从而避免经纱损伤，防止起毛和断头。

② 引纬。引纬的目的是将一定长度和张力的纬纱，以一定速度引入梭口，以便与经纱在规定时间顺利交织，从而形成织物。引纬有两种方式，即传统的有梭引纬和新型的无梭引纬。有梭引纬是通过装有纤子的梭子在梭口中往复穿梭，从而带动纬纱穿过梭口。有梭引纬的优点是可以适应各种原料和组织的织物，形成的布边平整、光滑；同时采用有梭引纬方式的织机通常结构简单，经济耐用。但有梭引纬也有明显的缺点，即纤子容纱量明显不足，造成补纬次数频繁，影响织造效率，还会造成纬纱张力难以控制均匀；同时，重量较大的梭子投梭时冲击、震动均较大，使织机车速难以提升，严重影响生产效率；此外，投梭时较大的噪声对工人的身体健康也有较大影响。无梭引纬和有梭引纬不同，其各种引纬装置均具有小而轻的特点，引纬过程中造成的噪声、震动及对机器的冲击明显小于有梭引纬，满足高速生产的要求；同时，无梭引纬不再由引纬装置本身储纱，避免了频繁补纬的情况，保证了连续生产的要求。目前，无梭引纬形式主要有剑杆引纬、片梭引纬、喷气引纬、喷水引纬等形式。

③ 打纬。打纬运动是将引纬运动中导入梭口的纬纱推向织口，使经纬纱产生联系，紧密交织形成织物，完成打纬运动的机构被称为打纬机构。打纬机构能否将纬纱准确及时地推向织口从而与经纱产生关联，是影响织造效果的重要因素。

④ 卷取与送经。除前述开口、引纬和打纬三大主运动外，为保证织造过程连续进行，还必须有卷取机构和送经机构配合的两大运动。卷取机构的作用是将经纬纱交织而形成的织物引离织口并卷绕在卷布辊上，保证后续工序的顺利进行；同时，卷取机构还应控制织物的纬密和纬纱在织物中的排列。送经机构的任务是按照设计要求，均匀、等速、等张力地为编织区域送出规定量的经纱，保证织造的顺利进行。

（3）原布整理

工厂通常需要将织造所得的织物进行检验、折叠、分等和成包，为后续的后整理或运输储存环节做好准备，此过程称为原布整理。

4.2.3　机织物的特性与应用

如前所述，机织物由经纬两个系统的纱线交织而成，通过对同系统纱线的调节及经纬两个系统的协调配合，可以灵活调节机织物的紧密度，从而可形成丰富的布面效果和物理性能。

同时，由于经纬两系统纱线互相交错，使得经纬纱之间有大量的关联点，二者相互制约，使得机织物具有良好的强度和尺寸稳定性，耐洗而不易变形；同时，机织物中经纬纱虽有关联，但二者基本可分别保持平直状态，使得布面平整，易于印染整理；此外，当经纬纱采用玻璃纤维、碳纤维等高强度纤维时，经纬纱相对平直的状态可保证高强度纤维的性能优势尽可能得到发挥，这对于织物增强复合材料的生产具有重大的意义。

机织物应用广泛，按织物用途，可将机织物分为服用机织物、装饰用机织物和产业用机织物三大类。服用机织物包括各种外套、大衣、西装、西裤、牛仔裤、衬衣等；装饰用织物包括床单、被罩、枕套、窗帘、桌布、家具布、墙布、毛巾、浴巾及汽车内饰用品等；产业用织物包括土工布、毡布、过滤材料、包装材料、篷布、绝缘布、医药材料、防护材料、缓冲材料等。

4.3 针织物的生产与织物结构特性

针织是利用织针把纱线弯曲成线圈，然后将线圈相互连接串套形成织物的一种加工技术。根据工艺特点的不同，针织生产可分为纬编和经编两大类。其中，纬编是将一根或几根纱线沿纬向喂入针织机的织针上，织针顺序地将纱线弯曲成圈并相互串套形成针织物的工艺过程。经编是将一组或几组平行排列的纱线，沿经向喂入针织机的织针上，所有织针同时将纱线弯曲成圈并相互串套形成针织物的工艺过程。

4.3.1 针织基本概念

4.3.1.1 织针

针织之所以得名，是因为织针的存在，因此织针是针织加工过程中最基础且最重要的成圈部件。现阶段，针织生产（包括纬编和经编）常用的织针主要有三类，即舌针、钩针和复合针。

针织与针织物的概念

织针与针织物的形成

（1）舌针

舌针由针杆、针钩、针舌、针舌鞘和针踵五部分组成，其结构如图4.8所示。针钩用来牵引纱线，弯曲线圈；针舌用来开启和封闭针口，辅助新旧线圈的串套；针舌鞘将针舌和针杆相连，并使针舌可做回转运动；针踵在织针三角的作用下，使织针做上下往复运动，以钩取新的纱线并弯曲成圈。

（2）钩针

钩针通常由扁圆状的钢丝制成，由针杆、针头、针钩、针槽、针踵和针尖六部分组成，其结构如图4.9所示。针尖与针槽之间的间隙是纱线进入针钩内的通道，称为针口，因钩针特殊的结构，针口闭合需额外机件（如压板）参与，针尖在附加机件作用下没入针槽内关闭针口，撤销机件作用后，针尖依靠针钩弹性离开针槽，针口开启。

（3）复合针

复合针分槽针和管针两种形式，不论哪种形式，均由针身和针芯两部分组成，其结构如图 4.10 所示，其中，管针针身为空腔管状，槽针针身则为带槽的长杆。在成圈过程中，复合针的针芯沿着针身上下滑动以开启和关闭针口。管针因其空腔管状结构，所以制造困难，且在编织过程中易产生高热、堵塞等现象，因此应用较少。槽针目前广泛应用于高速经编机中，也有部分纬编机采用槽针。

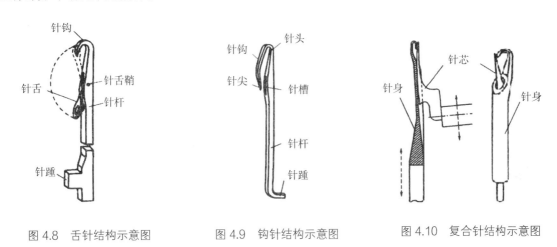

图 4.8　舌针结构示意图　　　图 4.9　钩针结构示意图　　　图 4.10　复合针结构示意图

4.3.1.2　线圈

线圈是组成针织物的基本结构单元，纬编和经编线圈的结构如图 4.11 所示。其中，纬编线圈结构如图 4.11（a）所示，纬编线圈由圈柱（1—2 和 4—5）、针编弧（2—3—4）和沉降弧（5—6—7）三部分组成。

经编线圈同样由三部分组成，其结构示意图如图 4.11(b) 所示，其中，1—2 和 4—5 为圈柱，2—3—4 是针编弧，5—6 为延展线。

对于纬编和经编线圈，圈柱和针编弧合称为圈干。

在针织物中，线圈沿织物横向由沉降弧或延展线连接的一行称为线圈横列，线圈沿织物纵向由线圈相互串套而成的一列则称为线圈纵行。

如图 4.11（a）所示，在线圈横列方向上，两个相邻线圈对应点之间的距离 A 称圈距；在线圈纵行方向上，两个相邻线圈对应点之间距离 B 称圈高。

如图 4.11（b）所示，对于经编线圈，线圈的两条延展线在线圈的基部没有交叉重叠的称为开口线圈（A），交叉重叠的则称为闭口线圈（B）。

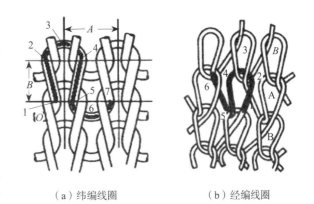

（a）纬编线圈　　　　　（b）经编线圈

图 4.11　线圈的基本结构示意图

4.3.2 纬编

4.3.2.1 基本概念

（1）工艺正面和反面

线圈圈柱覆盖于圈弧（针编弧）之上的一面，称为织物工艺正面；圈弧覆盖于圈柱之上的一面，称为织物工艺反面。纬平针组织的工艺正面和工艺反面如图4.12所示。

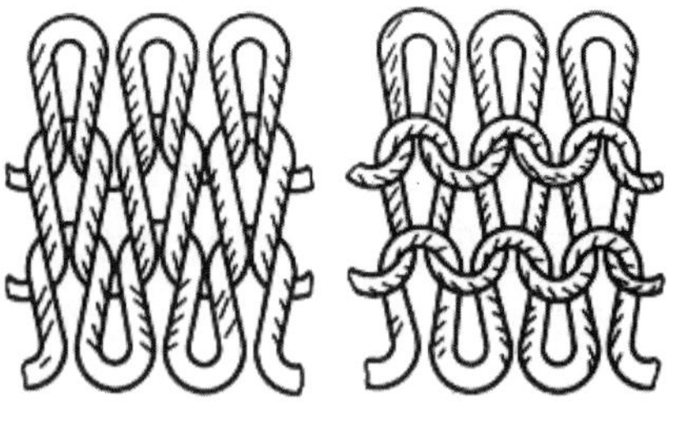

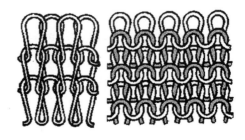

（a）工艺正面　　　　（b）工艺反面

图4.12　纬平针组织工艺正反面

（2）单面针织物和双面针织物

根据针织物编织时采用的针床数量，可将针织物分为单面和双面两类。其中，单面针织物线圈的圈弧或圈柱集中分布在针织物的一面，如纬平针织物；双面针织物由双针床编织而成，线圈的圈弧或圈柱不集中分布在针织物的一面，如罗纹织物、双罗纹织物、双反面织物等。

（3）织物密度

针织物密度即其线圈密度，可分为纵密和横密两种。纵密通常采用5cm长度内沿织物纵行方向的线圈横列数表示，单位为横列数/5cm；横密则通常采用5cm长度内沿织物横列方向的线圈纵行数表示，单位为纵行数/5cm。此外，有时也用每英寸长度中的线圈横列数或纵行数来表示织物的纵密和横密。

（4）织物组织

①基本组织。纬编基本组织包括纬平针组织、罗纹组织和双反面组织。图4.12和图4.13所示分别为罗纹组织和双反面组织的线圈结构图。

②变化组织。由两个或两个以上的基本组织复合而成，即在一个基本组织的相邻线圈纵行之间，配置着另一个或者另几个基本组织，以改变原来组织的结构与性能。纬编变化组织主要有变化纬平针组织、双罗纹组织（又称棉毛组织）等。

③花色组织。采用以下几种方法可以形成具有显著花色效应和不同性能的纬编花色组织。

（a）罗纹组织　　　（b）双反面组织

图4.13　罗纹组织和双反面组织线圈结构图

a.改变或者取消成圈过程中的某些阶段（如集圈组织、提花组织等）。

b.引入附加纱线或其他纺织原料（如添纱组织、衬垫组织、衬纬组织、毛圈组织、绕经组织、长毛绒组织等）。

c.对旧线圈和新纱线引入一些附加阶段（如移圈组织）。

d.将两种或两种以上的组织复合，可组成丰富多彩的复合组织（如罗纹空气层组织、胖花组织、点纹组织等）。

4.3.2.2　纬编针织物特性

由于截然不同的织造方式，使针织物的特性与机织物有很大不同，因此也使针织物与机织物有不同的应用场景和适用领域。纬编针织物的特性主要归纳为以下几点。

（1）延伸性和弹性

由于针织面料是由线圈和线圈相互串套而成，圈柱和圈弧之间的纱线在受到外力的情况下可以进行相互转移，待外力消除之后，转移的纱线又可以回复到原来状态，这种变化在横纵方向上都可以发生，所以针织物普遍具有良好的延伸性和弹性。

（2）脱散性

当针织面料的纱线断裂或者线圈失去串套连接之后，会按着一定的方向与线圈分离，这种性质称为脱散性。脱散性是针织物普遍具有的特性，且纬编针织物的脱散性通常大于经编针织物。针织面料的脱散性与织物的组织结构、原料种类、摩擦因数、未充满系数等因素有关，如纬平针组织正逆编织方向均可脱散，而罗纹组织只能沿线圈横列逆编织方向脱散。为了防止针织面料的脱散，在设计过程中应尽量避免不必要的裁剪。同时，针织服装的缝制会用到专用的针织缝纫设备，如包缝机、绷缝机等，以便有效防止面料脱散。

（3）透气性和吸湿性

针织物特有的线圈串套结构决定了针织物普遍具有良好的透气性和吸湿性，因此很多内衣、运动服都采用针织面料生产。

（4）卷边性

单面针织物在自由状态下边缘会产生包卷的现象，称为卷边性。这是因为纱线在形成线圈的过程中由于弯曲产生了内应力，内应力力图使弯曲的纱线伸直而引起的。一般来说，单面针织物卷边现象比较严重，双面针织物因为两面互相抵消，基本没有卷边现象。纬平针的卷边现象通常最为严重，且卷边现象随着纱线弹性和细度的增大以及线圈长度的减小而变得明显。

（5）起毛起球

面料在穿着使用过程中，表面不断受到外界载荷作用，纤维头端易露出表面，此种现象称为起毛，而露出织物表面的纤维头端，如不能及时脱落，会互相纠缠抱结，形成小球，称为起球。针织物，尤其是纬编针织物，因其用纱特性（捻度普遍较低）和相对松弛的布面结构，起毛起球现象也较机织物严重。

（6）纬斜现象

纬平针组织在自由状态下线圈常发生歪斜，这是由于加捻纱线捻度不稳定，力图退捻而引起的。当一个纵行内的每一枚线圈都向同一方向歪斜时，会在布面造成纬斜现象。采用低捻和捻度稳定的纱线，或两根捻向相反的纱线，或适当增加针织物的密度，都可减小线圈的歪斜，从而减少纬斜现象。

4.3.2.3　纬编针织机

（1）纬编针织机的分类

针织物的生产依靠各类针织机实现，针织机通常是指利用织针把纱线编织成线圈，并相互连接串套起来的机器。按工艺类别，可以分为纬编针织机和经编针织机。纬编针织机一般可按如下方式分类。

① 按针床数量分：单针床针织机和双针床针织机。

针织机的种类与
针织物的花色

②按针床形式分：圆形纬编机（圆纬机）和平形纬编机（横机）。

③按用针类型分：舌针针织机、钩针针织机和复合针织机。

（2）机号

机号通常用 E 表示，指针床或针筒上规定长度内（通常为 1 英寸）的织针数量。可用下式计算：

$$E=\frac{针床或针筒上的规定长度}{针距}$$

机号越大，说明织针越密集，织机可编织的纱线细度越细，织物越细腻紧密；机号越小，说明单位长度内的织针越少，织针排布越稀松，所编织的织物风格粗犷。因此，机号在一定程度上确定了针织机所能加工纱线的细度范围。

（3）常见纬编针织机类型

根据针织机编织机构的特征和生产织物的类别，常用的纬编针织机主要有圆纬机、横机和圆袜机等。

①圆纬机。圆纬机的针床呈圆筒形和圆盘形，针筒直径一般为 356～965mm（14～38 英寸），织针配置在圆形针筒上或者针盘上，机号 E 一般为 16～44。绝大多数圆纬机使用舌针，舌针圆纬机的成圈系统数较多，生产效率较高，主要用于生产各种结构的针织坯布。较小筒径的圆纬机可用于生产内衣大身部段，以减少裁剪损耗。圆纬机的主要机构为给纱机构、编织机构、牵拉卷取机构和传动机构等。图 4.14 所示为圆纬机实物图。

②横机。横机的针床呈平板状，通常由前后两个针床构成，主要采用舌针编织，针床宽度一般为 500～2500mm，机号 E 为 2～28。横机主要用来编织毛衫衣片以及服装附件等。目前，电脑横机全成形编织技术逐渐成熟，是未来针织技术发展的方向之一。图 4.15 所示为横机实物图。

③圆袜机。圆袜机主要用来生产各种圆筒形的成形袜子。因主要生产袜子产品，所以圆袜机的筒径较小，一般为 71～141mm，成圈系统数为 2～4 路。圆袜机的外形和结构与圆纬机相近，只是尺寸小很多。图 4.16 所示为圆袜机实物图。

此外，还有在圆袜机基础上研制出的无缝内衣机，主要用来生产各类无缝内衣产品，这

图 4.14　圆纬机

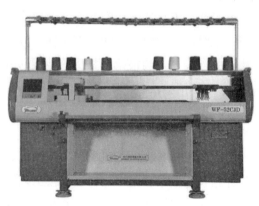

图 4.15　横机

也是针织产品的研发热点之一。

4.3.2.4 纬编机构

（1）给纱机构

给纱机构分为积极式和消极式两种，其主要作用是将纱线从络筒上退绕下来，并以适当张力输送到编织区域，以保证连续生产。其中，积极式给纱装置可控制针织物线圈长度，使线圈大小均匀，有助于提高针织物质量；消极式给纱装置是将退绕纱线储存在储纱管上，再根据编织时的耗纱量将一定量的纱线送入编织区域。

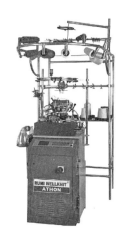

图 4.16 圆袜机

（2）编织机构

编织机构由织针、导纱器、沉降片等多种成圈机件组成，主要作用是使纱线弯曲形成线圈，并将新旧线圈相互串套，形成织物。其中，把能够独自将喂入的纱线形成线圈并相互串套形成织物的编织机构单元称为成圈系统（俗称路）。纬编机一般都装有较多的成圈系统，成圈系统数越多，机器运行一转所编织的横列数越多，生产效率越高；但是，过多的成圈系统数会造成机器结构复杂，占地空间大。

（3）花色机构

花色机构在纬编机上主要为各种选针机构，即根据花型设计要求对织针进行选择控制，使其进行成圈、集圈或浮线编织的机构，也称为提花机构。按对织针的控制形式分，可分为直接式选针机构（如分针三角选针机构和多针道变换三角选针机构）、间接式选针机构（如拨片式选针机构）和电子式选针机构。按所形成花纹的类型，则可分为有位移式和无位移式选针机构。在经编机上，花色机构主要指梳栉横移机构。

（4）牵拉卷取机构

为使针织物编织过程能够连续顺利进行，牵拉卷取机构需要将刚形成的织物从成圈区域中引出，并卷绕成一定形状的卷装。为了使线圈大小均匀、织物尺寸稳定，牵拉卷取过程必须连续进行，且要求张力均匀稳定。

（5）传动机构

传动机构将动力传到针织机的主轴，再由主轴传至各部分，使各部分协调工作。

（6）控制机构

控制机构按照编织要求发出指令并协调各机构工作。

（7）辅助装置

辅助装置是指为保证编织正常进行而附加的装置，包括自停装置、减速装置、自动加油装置、飞花清洁装置和除尘装置等。

4.3.2.5 纬编针织物生产流程

纬编针织物的生产流程主要由原料进厂、织前准备、织造、染整、成衣等五步组成。其中，进入针织厂的纱线一般有绞纱和筒子纱两种。绞纱需要先卷绕在筒管上变成筒子纱才能上机编织。而筒子纱有些可直接上机编织，有些则需要重新进行卷绕即络纱（短纤纱）或络丝（长丝），络纱（丝）统称为纬编针织前准备。络纱的目的主要有三点：一是将纱线卷绕成容量较大、能够上机编织并且纱线退绕条件较好的卷装形式；二是在络纱的过程中除去一些纱疵和粗节，以提高针织机编织效率和产品质量；三是对纱线进行必要的辅助处理，如上蜡、上油、上柔软剂、上抗静电剂等，以改善纱线的编织性能。现阶段，络纱的卷装形式主要有圆柱形筒子、圆锥形筒子和三截头圆锥形筒子三类，三种卷装形式如图 4.17 所示。

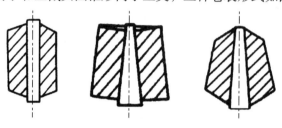

（a）圆柱形筒子　　（b）圆锥形筒子　　（c）三截头圆锥形筒子

图 4.17　络纱的卷装形式

4.3.2.6　成圈方法和成圈过程

针织物主要有两种成圈方法，即编结法（舌针和复合针采用）和针织法（钩针采用），以下以舌针编结法为例介绍纬编针织物的成圈过程，经编针织物的成圈过程与之类似，图 4.18 所示为舌针编结法成圈过程。

①退圈。舌针从低位置上升至最高点，旧线圈从针钩内退至针杆上。

②垫纱。舌针从最高点下降，钩取导纱器内的新纱线垫入针钩。

③闭口。随着舌针的下降，针舌在旧线圈的作用下向上翻转关闭针口，新旧纱线从而分隔在针舌内外两侧。

④套圈。舌针继续下降，旧线圈向上滑移到针舌之上。

⑤弯纱。舌针下降，从而使针钩接触新纱线开始弯纱，弯纱过程一直延续到线圈最终形成。

⑥脱圈。舌针进一步下降，使旧线圈从针头上脱下，套到正在进行弯纱的新线圈上。

⑦成圈。舌针下降到最低位置，新旧线圈相互串套而形成一定大小的新线圈。

⑧牵拉。借助牵拉力把新形成的线圈拉到舌针针背，以防止下一成圈循环开始而舌针再次上升时线圈回套到针头上。

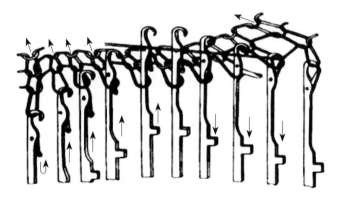

图 4.18　舌针编结法成圈过程

4.3.2.7　常见纬编针织物的应用

纬编针织物的应用方向与机织物相同，主要分为服装用、装饰用和产业用三个方面，其中由于纬编针织物线圈相互串套所形成的结构特性，使纬编针织物多数在服装和装饰领域应用，但是随着纬编技术的发展，纬编产品在产业用方面的应用也得到很大进展。

此外，无缝内衣技术和全成型技术的发展，为纬编技术及其产品的发展拓宽了道路，这也是未来纬编发展的热点方向。

4.3.3　经编

4.3.3.1　基本概念

经编针织物的基本结构也是线圈，线圈在纵向串套并依靠横向连接形成织物。

（1）织物正反面

线圈圈柱覆盖圈弧和延展线的一面，称为织物正面；延展线向上的一面，称为织物反面。

（2）基本性能参数

经编针织物的横密、纵密与纬编不同，一般用纵行 /cm 与横列 /cm 来表示。其他性能参数的定义和表示方法与纬编针织物类似。

（3）织物组织

① 基本组织。经编基本组织包括单面的编链组织、经平组织、经缎组织、重经组织以及双面的罗纹经平组织。图 4.19 所示为经编基本组织线圈结构图。

② 变化组织。经编变化组织由两种或者两种以上的基本组织线圈纵行相间配置而成，即在一个经编基本组织的相邻线圈纵行之间，配置另一个或者另几个经编基本组织纵行，这样形成的组织称为经编变化组织。经编变化组织主要有单面的变化经平组织（经绒组织、经斜组织等）、变化经缎组织、变化重经组织以及双面的双罗纹经平组织等。

③ 花色组织。花色组织是在经编基本组织或者变化组织的基础上，利用线圈结构的变化、垫纱运动的变化，加入色纱或者其他纺织原料等形成的具有显著花色效应和不同性能的花色织物。经编花色组织包括多梳经编组织、缺垫经编组织、缺压经编组织、衬纬经编组织、压纱经编组织、提花经编组织、毛圈经编组织、双针床花色经编组织等。

（a）编链组织　　　（b）经平组织　　　　（c）经缎组织　　　（d）重经组织　　　（e）罗纹经平组织

图 4.19　经编基本组织线圈结构图

4.3.3.2　经编针织物生产流程

经编生产的一般工艺流程为整经、织造、染整。其中，整经是将若干个纱筒上的纱线平行卷绕到经轴上，为上机编织做好经纱供应准备，主要可分为轴经整经、分条整经和分段整经三大类。具体来说，轴经整经是将经编机一把梳栉所用的经纱，同时全部卷绕到一个经轴上。分条整经是将经编机梳栉上所需的全部经纱根数分成若干份，一份一份地分别绕到大滚筒上，然后再倒绕到经轴上的整经方法。分段整经则是将一把梳栉对应的经轴上的纱线分成几份，由整经机将各份经纱卷绕到单个盘头（即分段经轴）上，再将几个盘头组装成经编机上的一个经轴，分段整经是目前应用最广的经编整经方法。

4.3.3.3　经编针织物的成圈过程

经编针织物的成圈过程基本原理与纬编编结法类似，也同样分为退圈、垫纱、闭口、套圈、弯纱、成圈、脱圈和牵拉八个步骤。图 4.20 所示为经编针织物形成方法，在经编机上，平行排列的经纱从经轴引出后穿过各枚导纱针，一排导纱针共同组成一把导纱梳栉，梳栉带动导纱针在织针间进行前后摆动（针间摆动），并在针前和针后进行横移（针前和针背横移），从而将纱线垫入织针上，成圈后形成线圈横列。依靠新形成线圈与上一横列的对应线圈的穿套，使线圈横列与横列相连，梳栉带着纱线按一定顺序在不同织针上垫纱成圈，就构成了线圈纵行之间的联系。

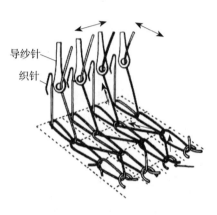

导纱针

织针

图 4.20　经编针织物的成圈过程

4.3.3.4　经编针织物特性

经编针织物因由一组或几组经向纱线编织而成，相邻纱线相互圈套连接，不存在机织物的扯边现象，织物的脱散也明显低于纬编针织物，因此，与机织物和纬编针织物相比，经编针织物的结构更加稳定；在延伸性方面，经编针织物的延伸性通常优于机织物，而不如纬编针织物延伸性好。

4.3.3.5　经编针织机

（1）经编针织机分类

经编针织机根据结构特点、用途和附加装置进行分类，主要分为特利科脱经编机（又称特利考经编机）、拉舍尔经编机和特殊类型经编机三类，其中，前两类较常用。另外，按针床数不同，可分为单针床和双针床经编机。从用针类型不同，可分为舌针经编机、钩针经编机和复合针经编机。依据不同机器外观，可分为平型经编机和圆型经编机。图 4.21 所示为特利科脱和拉舍尔经编机的实物图。

（2）经编针织机特点

特利科脱经编机的织针与被牵拉坯布之间的夹角一般为 90°～115°，其梳栉数较少，多数采用复合针或钩针，机号较高，机速也较高。产品侧重于轻薄型织物和装饰用织物的生产。

拉舍尔经编机的织针与被牵拉坯布之间的夹角一般为 130°～170°，多采用复合针或舌针

（a）特利科脱经编机　　　　　　　（b）拉舍尔经编机

图 4.21　特利科脱和拉舍尔经编机

进行编织，与特利科脱经编机相比，其梳栉数较多，机号和机速相对较低。产品侧重于提花织物和中厚型的织物生产。

4.3.3.6　经编一般机构

（1）送经机构

送经机构的主要任务是将经轴上的纱线供给成圈机构进行编织。送经机构通常有两大类：一类是以机械和电气传动装置主动输送经纱的积极式送经机构；另一类是靠编织中产生的经纱张力拉动经轴退绕的消极式送经机构。

（2）编织机构

不同针型的经编机，其成圈机件也有区别。

① 槽针经编机的成圈机件。槽针经编机的成圈机件主要有槽针、导纱针和沉降片。

② 舌针经编机的成圈机件。舌针经编机的成圈机件主要有舌针、导纱针、沉降片、栅状脱圈板和防针舌自闭钢丝。其中，栅状脱圈板是一块沿机器针床全幅宽配置的金属板条，其上端按机号要求开有筘齿状的沟槽，舌针在沟槽内做上下运动进行编织。其顶部用于支撑编织好的坯布，形成脱圈的边缘。此外，因为栅状脱圈板在一定程度上取代了沉降片的搁持功能，舌针经编机的沉降片结构较为简单，通常没有片腹。防针舌自闭钢丝的作用是防止退圈时针舌自动关闭而造成漏针。

③ 钩针经编机的成圈机件。钩针经编机的成圈机件主要有钩针、沉降片、压板和导纱针。其中，压板用来帮助针尖没入针槽以关闭针口，有普通压板和花压板之分，花压板主要用来实现缺压组织等经编花色组织的编织。

此外，钩针经编机的机号一般较高，针与针之间的间隙较小，而导纱针的下端较薄，上部较厚，针一次上升到最高点时，导纱针在针间插入比较深，容纱间隙减小，纱线易被擦伤。为了减少插针深度，增加容纱间隙，所以在钩针经编机的成圈过程中，钩针通常分两次上升，即先上升到第一高度，针前垫纱先将纱线垫于针钩的外侧，钩针再上升到最高点，使纱线滑落到针杆上。

（3）梳栉横移机构

在经编机成圈过程中，梳栉除了在针间做前后摆动外，还必须在针前和针后沿针床进行横移，以便完成垫纱。梳栉横移运动决定着各把梳栉所带经纱所形成的线圈在织物中的分布规律，从而形成不同的组织结构与花纹。梳栉横移运动由导纱梳栉横移机构完成，导纱梳栉横移机构通常分为机械式梳栉横移机构（如花纹链块梳栉横移机构、花盘凸轮梳栉横移机构）及电子式梳栉横移机构。

（4）牵拉卷取机构

为避免已编织织物对后续编织产生影响，使经编织物编织过程顺利进行，在经编生产过程中，牵拉卷取机构需要将刚形成的织物从成圈区域中引出，然后绕成一定形状的卷装，以便后续运输和储存。

（5）传动与辅助机构

传动机构是以主轴为主体，通过凸轮、连杆、齿轮等各种传动机件，使机器上的各部分机件相互协调地进行工作的机构。

辅助机构是指为保证经编生产正常进行而附加的装置，主要包括自停装置等。

4.3.4　常见经编织物的应用

经编产品依据用途也可分为服装用、装饰用和产业用经编针织物三大类。其中，依据经编产品的特性，产业用领域是经编产品的主要应用方向。

目前，经编产品包括各类服装、花边、鞋面、鞋带、蚊帐、毛毯、窗帘、渔网、传送带、土工布、防护网、降落伞、人造血管、网兜、帐篷、纱布及成形产品等。此外，经编产品，尤其是经编间隔织物，因其优异的力学性能和结构整体性，被认为是极佳的复合材料增强骨架，在航空、航天、航海、交通、建筑等领域应用广泛。

4.4　非织造布加工与织物结构特性

4.4.1　非织造布概述

非织造布概述

4.4.1.1　非织造布基本概念

（1）非织造布定义

非织造布又称无纺布，是指由定向或随机排列的纤维通过摩擦、抱合或黏合等一种或多种方法组合加工而相互结合制成的片状物、纤网或絮垫。非织造布可用原料广泛，可以是各类天然纤维、化学纤维或无机纤维等；此外，非织造布对原料形态要求较低，可以是短纤维、长丝或各类纤维状物。

（2）非织造布的形成

尽管不同的非织造技术各有不同，但其成布原理基本一致，一般可分为四个过程，即原料选择、成网、纤网加固（成形）和后整理。

4.4.1.2　非织造布的发展历史

（1）非织造材料的起源

非织造技术相较于针织和机织技术出现较晚，但非织造材料的出现可追溯到几千年前，其中，各类毡制品就是典型的非织造材料。古代游牧民族在实践中发现并利用了动物纤维的缩绒性，将羊毛等动物毛发通过棒打等机械作用使纤维之间互相缠结，制作取暖防风毛毡。其原理是：在湿热和一定酸碱度条件下，羊毛纤维受到机械外力反复搓揉时，会有指向纤维根端的单向运动趋向，同时，羊毛优良的延伸性和回弹性，会使羊毛纤维易于运动，这样在机械外力反复作用下，羊毛纤维便相互穿插纠缠，交编毡化，使纤维毛端逐渐露出织物表面，产生缩绒，从而产生了羊毛毡，即非织造布的雏形。

此外，公元前 2 世纪出现的大麻造纸工艺采用了漂絮等技术，这与现在湿法非织造工艺十分类似。

（2）现代非织造工艺技术的发展

现代非织造工艺技术最早出现于 19 世纪 70 年代，第一台针刺机于 1878 年由英国 William Bywater 公司制造。1892 年，气流成网机概念首次出现。1930 年，汽车工业开始应用针刺法非织造材料。1942 年，出现利用化学方法黏合的纤维材料。1951 年，美国研制出熔喷法非织造材料。1959 年，美国和欧洲成功研制出纺丝成网法非织造材料。20 世纪 50 年代末，传统低速造纸机被成功改造为湿法非织造成网机，湿法非织造技术得到快速发展。20 世纪 70 年代，美国开发出水刺法非织造材料。1972 年，出现花式针刺设备。

现代非织造工艺技术与高新技术结合紧密，是发展最快的织造技术之一。目前已形成包括三大成网工艺（干法成网、湿法成网和聚合物挤压成网）、多种纤网固结技术（针刺、缝编、热熔黏合、化学黏合、水刺等）和复合加工技术（叠层、复合、模压、超声波等）的现代非织造加工生产体系。此外，非织造学科广泛涉及 CAD / CAM 技术、机电一体化、高性能纤维、有限元技术、信息技术、智能设备等高新领域，发展迅猛，前景广阔。

4.4.1.3　非织造布的特性

非织造布与传统针织物及机织物差异很大，非织造布主要是让纤维呈单纤维状态，再通过机械加固、化学加固、黏合剂加固等方法使纤网实现各向结构稳定，组合形成纤网。

（1）非织造产品主要特点

① 构成主体是纤维（呈单纤维状态）。

② 由纤维组成网络状结构。

③ 通过化学、机械、热学等加固手段使网络状结构稳定和完整。

（2）非织造工艺技术主要特点

① 多学科交叉，突破传统纺织的思维，将纺织、化工、塑料、造纸等领域及物理学、化学等学科交叉融合。

② 工艺流程短，生产效率高，装备智能化。

③ 原料使用范围广。

④ 工艺变化多样，产品用途广泛。

4.4.2　非织造设备

现阶段，非织造设备主要有针刺机、水刺机和热轧机等。

4.4.2.1 针刺机

针刺机主要由机架、送网机构、针刺机构、花纹机构、牵拉机构、传动机构等部分组成，图4.22所示为针刺机实物图，针刺机的主要特点如下。

①适合各种纤维，机械缠结后对纤维原有性能影响较小。

②纤维之间柔性缠结，具有较好的尺寸稳定性和弹性。

③所制备产品具有良好的通透性和过滤性能。

④无污染，边料方便回收利用。

⑤可根据设计要求织造各种几何图案或立体成型产品。

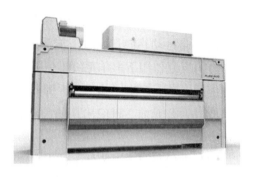

图4.22 针刺机

4.4.2.2 水刺机

现阶段，水刺机主要分为平台式、辊筒式以及平台与辊筒结合式三种形式，主要由水刺头、输送网帘、烘燥装置及水循环处理系统等部分组成。水刺机生产线自动化程度很高，整个生产线几乎全部由计算机控制。水刺机具有生产效率高、能耗低、控制系统先进等优点，用途很广。图4.23所示为水刺机实物图。

图4.23 水刺机

4.4.2.3 热轧机

热轧机的生产过程主要是将具有高热度的轧轮轧过均匀的纤维丝，使纤维融化从而成网，因有轧轮轧过，所以热轧无纺布的布面上会有不穿透的轧点。影响热轧非织造材料性能的主要因素有热轧辊温度、热轧辊压力、生产速度、纤网面密度以及纤维配比等。热轧机特别适于薄型非织造材料的生产加工。

4.4.3 非织造加工工艺

4.4.3.1 非织造成网

（1）湿法成网

湿法成网以水为介质，短纤维在水中呈悬浮状，采用造纸的方法，借水流的作用形成纤网，然后用化学黏合、机械或热黏合方法加固成非织造布。

（2）干法成网

干法成网是相对于湿法成网而言，其不以水为介质而进行成网。

纤维成网

4.4.3.2 非织造加固

（1）机械加固

①针刺加固。非织造针刺加固是采用截面为三角形（或其他形状）且棱

纤网加固

边带有钩刺的针，对蓬松的纤网进行反复刺击，针刺入纤网中时，会将纤网表面和局部里层纤维强迫刺入纤网内部，刺针刺入一定深度后回升，纤维脱离钩刺以近垂直的状态留在纤网内，使得各层之间的纤维相互纠缠抱合。同时由于摩擦力的作用和纤维的上下位移对纤网产生一定的挤压，使纤网受到压缩，便制成了具有一定厚度和强度的针刺非织造材料。

② 水刺加固。水刺加固工艺类似于针刺加工原理，纤网由托网帘送入水刺区，高压水流经水刺头、水针板形成微细的高压水针射流（其作用类似针刺中的刺针），对纤网进行垂直方向的连续喷射，在水针直接冲击力和反射水流作用力的双重作用下，纤网中的纤维发生位移、穿插、相互缠结抱合，形成不同方向的无规则机械结合，从而使纤网得到加固，形成水刺非织造材料。

（2）纺粘法加固

① 化学黏合。化学黏合是指以化学黏合剂使纤维网黏合纠缠形成非织造材料的方法。

② 热轧黏合。热轧黏合是利用一对或两对加热钢辊或包有其他材料的钢辊对纤网进行加热加压，使纤网中部分纤维熔融、相互流动且向四周扩散而产生相互纠缠黏结，冷却后，纤网因内部纤维的相互作用而成为热轧非织造材料。

4.4.3.3 后整理

非织造后整理就是将非织造材料与各种整理剂和功能性材料相结合，通过物理、化学或物理化学相结合的方法使材料间产生相互作用，以提升非织造材料的性能，改善其外观，或赋予非织造材料新的功能。常见的非织造后整理技术主要有收缩整理、柔软整理、轧光整理、轧花整理、拒水拒油整理、开孔整理、磨光整理、漂白整理、染色整理、印花整理、防火阻燃整理、吸湿整理、抗静电整理、抗菌整理等。此外，可通过功能性整理剂的加入，赋予非织造材料新的功能，如远红外功能、变色功能、调温功能等。

4.4.4　非织造布的应用

非织造布的应用领域也主要可分为服用、装饰用和产业用三大类。其中，非织造布在产业用领域发展迅猛，已在医疗、卫生、过滤、保健、防护、建筑、交通、航空、航天等多个领域广泛应用。非织造布的部分产品可归纳如下。

① 个人卫生领域。主要有婴儿尿布、卫生巾（棉条）、化妆棉、卸妆棉、眼镜布等。

② 医疗保健领域。主要有手术服、手术帽、一次性口罩、一次性鞋套、纱布、棉球、绷带、帷幕、一次性床单、一次性床垫、血液及肾透析过滤材料等。

③ 汽车领域。主要有脚垫、挡泥板、座椅、车顶、空气及其他内燃机过滤器、吸音材料等。

④ 家居领域。主要有桌布、防尘布、毛毡、墙布、吸音覆盖材料、装饰背衬、窗帘、帷幕、地毯、床垫等。

⑤ 农业领域。主要有农作物覆盖布、护根袋、大棚布等。

⑥ 工业及军事领域。主要有过滤布、防弹材料、防护服、防火布、运输带等。

⑦ 家用、服装、办公及装饰领域。主要有手套、胸罩、肩垫、毛巾、一次性抹布、箱包、鞋带、泳装、毛毯等。

⑧过滤材料、建筑材料领域。主要有各种气体、液体过滤材料，瓦片基材，吸音材料，房屋保暖包覆材料，管道包覆材料等。

思考题

1. 简述织物的定义。织物根据加工原理主要可分为几类？
2. 简述机织物、针织物和非织造布的定义。
3. 机织物的形成过程主要通过哪五大运动实现？
4. 组成针织物的基本结构单元是什么？现阶段，针织生产常用的织针主要有哪几种？
5. 分别简述机织物、针织物及非织造布的主要应用领域。

参考文献

［1］蒋耀兴. 纺织概论［M］. 北京: 中国纺织出版社，2005.

［2］梁平. 机织技术［M］. 上海: 东华大学出版社，2017.

［3］吕百熙. 机织概论［M］. 北京: 中国纺织出版社，2000.

［4］龙海如. 针织工艺学［M］. 上海: 东华大学出版社，2017.

［5］蒋高明. 针织学［M］. 北京: 中国纺织出版社，2012.

［6］宋广礼. 针织物组织与产品设计［M］. 北京: 中国纺织出版社，1998.

［7］上海市技工学校针织教材编写组. 针织工艺学: 第一分册: 纬编［M］. 北京: 中国纺织出版社，1992.

［8］贺庆玉. 针织工艺学: 纬编分册［M］. 北京: 中国纺织出版社，2009.

［9］上海市技工学校针织教材编写组. 针织基础: 第三分册: 经编［M］. 北京: 中国纺织出版社，1993.

［10］蒋高明. 现代经编工艺与设备［M］. 北京: 中国纺织出版社，2001.

［11］张国云. 中国经编发展与展望［M］. 北京: 中国经济出版社，2010.

［12］言宏元. 非织造布工艺学［M］. 北京: 中国纺织出版社，2015.

［13］柯勤飞. 非织造学［M］. 上海: 东华大学出版社，2010.

［14］朱苏康，陈元甫. 织造学: 上册［M］. 北京: 中国纺织出版社，1996.

［15］龙海如. 针织学［M］. 2版. 北京: 中国纺织出版社，2014.

［16］浙江中剑纺织科技有限公司. 毕佳乐optimaxgc剑杆头［EB/OL］. http：//www. texindex. com.cn/sell/2432805. html.

［17］无锡市荣跃纺机专件厂. 喷水织机喷嘴［EB/OL］. https：//sell. d17. cc/show/21640073. html.

［18］苏州立诺欣片梭厂. 片梭［EB/OL］. https：//detail. 1688. com/offer/view_large_pics. htm?offerId=38913593941&_server_name=www. szlinox. cn&_server_port=80&spm=a262gm. 8761525. 1998411378. 1. 6ea97a49It0ebn.

［19］福建泉州凹凸精密机械有限公司. 圆纬机［EB/OL］. http：//www. fjknittingmachine. com.

［20］福建泉州凹凸精密机械有限公司. 横机［EB/OL］. http：//www. fjknittingmachine. com.

［21］福建泉州凹凸精密机械有限公司. 圆袜机［EB/OL］. http：//www. fjknittingmachine. com.

［22］卡尔迈耶. 特利科脱经编机［EB/OL］. https：//www. karlmayer. com/cn/ 产品 / 经编机 /tricot-machines/.

［23］卡尔迈耶. 拉舍尔经编机［EB/OL］. https：//www. karlmayer. com/cn/ 产品 / 经编机 / 拉舍尔经编机 /
elastomeric/.

［24］常熟市飞龙无纺机械有限公司. 针刺机［EB/OL］. http：//www. feilong. cn/zhencijishu. html.

［25］常熟市飞龙无纺机械有限公司. 水刺机［EB/OL］. http：//www. feilong. cn/shuicijishu. html.

第5章 染整技术

5.1 染整加工概述

纺织品染整加工是纺织加工过程中的一个重要组成部分，主要采用化学、物理或两者相结合的方法，通过各种专用机械设备对不同形态纺织品（如纤维、梳条、纱线、坯布及成衣等）进行处理的过程，包括前处理、染色、印花和整理，如图5.1所示。通过染整加工可改善纺织品的外观及服用性能，赋予纺织品特殊功能，提高纺织品附加值，满足人民生活对衣着、装饰需求的同时，可满足工业、农业和国防建设的需要。

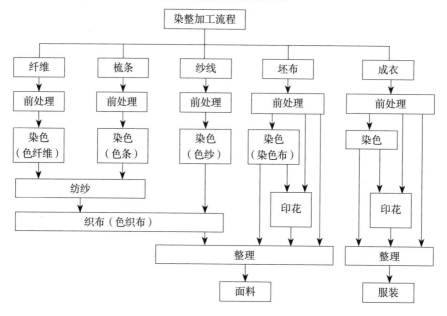

图 5.1 纺织品的染整加工工序

染整加工前处理、染色、印花及整理四个工序因加工质量要求不同而有不同的分类（图5.2），其中，前处理加工需针对不同纤维类别、纺织品形态选择合适的加工工序，以满足后续加工的要求。染色加工通常根据染料施加于被染物和使染料固着在纤维上的方式不同分为浸染和轧染两种方法，其中，散纤维、梳条、绞纱、筒子纱等通过浸染染色，织物可通过浸染、轧染进行染色。印花加工通常按照印花设备分为滚筒印花、筛网印花、转移印花和喷墨印花，按照印花工艺又可分为直接印花、防染印花、拔染印花等。整理加工通常按照加工目的分为四个方面：使织物幅宽整齐、尺寸形态稳定，如定形、防缩防皱整理等；改善织物手感，如硬挺、柔软整理；改善织物外观，如轧光、增白及绒面整理；改善其他服用性能，如舒适性整理及阻燃、拒水等功能性整理。

随着新材料、新设备及新技术的迅速发展，纺织品对高品质、多样化、功能化等要求日益强烈，因此染整加工的柔性化、智能化、精细化是未来的发展趋势。其中，冷轧堆、短流程等

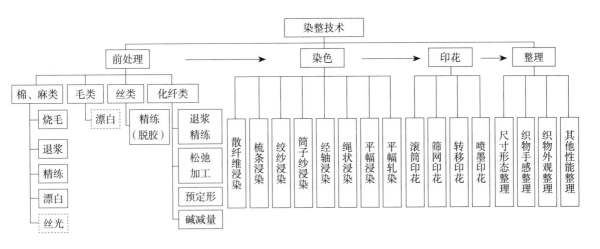

图 5.2　染整技术分类

节能加工技术及计算机测配色、计算机分色制版等计算机技术已大量应用于染整加工，喷墨印花技术也迅速发展，对减轻印染加工的劳动强度、提高生产效率和产品质量发挥了重要作用。

纺织工业"十三五"以推进智能制造和绿色制造为指导思想，以形成纺织行业绿色制造体系、清洁生产技术普遍应用为发展目标，以绿色染整加工技术为重点任务，以研究无水少水印染、高速低成本数码印花技术、功能性面料整理技术为科技创新重点工程，以期大幅提高纺织绿色制造技术及应用水平；以开发生产新型印染生产线数字化监控系统，数控化印染主机装备，包括经轴染色与物流系统、数控超大花回圆网印花机、全幅宽固定式喷头高速数码喷墨印花装备等满足印染加工自动化、数字化、智能化的需求。通过建立智能化印染连续生产车间和数字化间歇式染色车间，具有印染生产工艺在线采集、智能化配色及工艺自动管理、染化料中央配送、半制品快速检测等系统，实现生产执行管理 MES 系统、计划管理 ERP 系统及现场自动化 SFC 系统的集成应用，从单一装备的数控化向整体工厂的智能化转变。通过进一步推广小浴比间歇式染色、全自动筒子纱染色、数码喷墨印花及数码喷墨印花与平网圆网结合技术、泡沫整理、针织物平幅印染等少水染整技术，使重点产品用水量下降 20% 以上；通过推广冷轧堆、棉织物低温漂白等高效低耗技术、节能型烘干定形设备、印染太阳能热水系统、智能蒸汽节能系统，加强高效环保型浆料、染料和印染助剂、高效环保化纤催化剂、油剂和助剂的研发及应用，开发推广绿色环保型阻燃、防水等功能性后整理助剂，推广生物酶技术在羊毛无氯丝光和防缩处理中的应用，加快印染加工绿色发展进程。

5.2　前处理

5.2.1　水和表面活性剂

5.2.1.1　染整用水

由于纺织品染整加工中的很多环节是通过各种化学助剂或染料在一定介质中与纤维发生

作用而赋予纺织品特殊性能的，因此介质的质量对染整加工起着非常重要的作用。

目前染整加工中常用的介质是水。染整加工不同环节对水质的要求不同，染整加工用水应无色、无味、澄清，一般情况下，染整加工用水的水质要求见表5.1。

表 5.1　染整加工用水的水质要求

水质项目	要求
pH	6.3 ～ 7.2
总含固量 /(mg·L⁻¹)	≤ 100
灰分含量 /(mg·L⁻¹)	40 ～ 60
硬度 /(mg·L⁻¹)	0 ～ 60
氧化铁含量 /(mg·L⁻¹)	≤ 0.05
氯含量 /(mg·L⁻¹)	≤ 10
有机物含量 /(mg·L⁻¹)	≤ 6

5.2.1.2　表面活性剂

表面活性剂在各种纺织品的染整加工中起着不可替代的作用，如润湿渗透剂、分散剂、洗涤剂、匀染剂等，占染整加工助剂总量一半以上。

（1）表面活性剂的基本知识

表面活性剂是一类加入量很少即能显著降低溶剂表面张力，改变体系界面状态的物质。表面活性剂分子由极性不同的两部分结构组成。其中，极性弱的部分呈现疏水性（或称亲油性），极性强的部分呈现亲水性，表面活性剂具有既亲水又亲油的"双亲结构"。按照亲水基团的电荷性质，一般将表面活性剂分为阳离子、阴离子、两性离子、非离子和双子表面活性剂，其结构特点如图5.3所示。

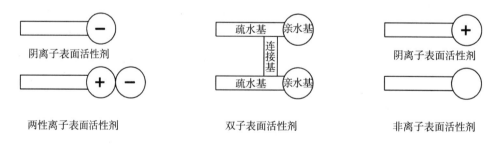

图 5.3　各种表面活性剂分子结构示意图

（2）表面活性剂的基本性质

表面活性剂具有在界面上发生定向吸附和在溶液中形成胶束两个重要的特性。表面活性剂在水表面及水溶液中的分布状态如图5.4所示。

根据"亲者相近、疏者相斥"的原理，表面活性剂分子的亲水基与水接触，疏水基团指向水面的外侧，如图5.4（a）所示；随着表面活性剂数量增多，其在水表面的分布密度增加，直到完全占据水表面，如图 5.4（b）所示，水的表面张力达到最低值，使水表面张力达到最低值所对应的最低浓度称为"临界胶束浓度"。当表面活性剂在水中的浓度超过临界胶束浓度后，为保持最低的能态，只能以各种方式聚集，水中形成"胶束"或"胶团"，如图 5.4（c）所示。表面活性剂溶液的浓度只有稍高于其临界胶束浓度，才能发挥其作用。

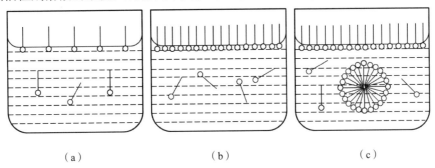

（a）　　　　　　　　　　（b）　　　　　　　　　　（c）

图 5.4　表面活性剂在水表面及水溶液中的分布状态

（3）表面活性剂在染整加工中的作用

① 润湿、渗透作用。润湿作用是液体取代固体表面气体而与固体接触，并产生液—固界面的过程。液体与固体界面的接触有以下四种情况，如图 5.5 所示。其中 θ 为接触角，θ 值越小，润湿性越好。

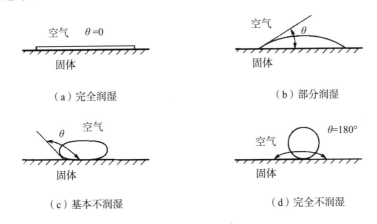

图 5.5　液体对固体表面的润湿程度和接触角

② 乳化、分散作用。两种互不相容的液体，一种以微滴状均匀分布于另一种液体中形成的多相分散体系，称为乳状液，分油包水型（W/O）和水包油型（O/W）。起乳化作用的表面活性剂即为乳化剂。不溶性固体颗粒以微粒状均匀分布于液相中形成的分散体系，称为悬浮液。能促使分散相均匀分布的物质称为分散剂。

③ 增溶作用。在溶剂中不溶或微溶的物质，在表面活性剂作用下得到溶解，成为热力学稳定的溶液，这种现象称为增溶作用。表面活性剂为增溶剂。

④ 去污作用。去污是从浸入介质中的固体表面除去异物或污垢的过程，表面活性剂去污作用原理如图 5.6 所示。

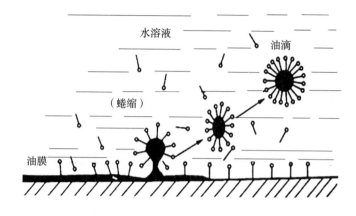

图 5.6　表面活性剂去污作用原理

5.2.2　棉织物前处理

棉及棉型织物坯布含有大量天然杂质、浆料以及污垢，须经过烧毛、退浆、精练、漂白、丝光等工序，去除杂质，提高其吸水性和白度，改善外观及质量，以满足后续加工需要。

5.2.2.1　原布准备

（1）原布检验

原布检验包括物理指标检验（长度、幅宽、经纬纱规格和密度、强力等）和外观疵点检验（缺经、断纬、破洞、棉结等），以及检查有无铜、铁片等杂物。

（2）翻布（分批、分箱、打印）

将每匹布翻平摆在堆布板上，把每匹布的两端拉出以便缝头。在布头 10～20cm 处，印记上原布品种、加工类别、批号、箱号等信息。

（3）缝头

将翻好的布匹逐箱逐匹用缝纫机连接起来，以适应连续生产加工要求。缝头要求织物正反面一致，缝头平直、坚牢、均匀、不跳针，布边针脚适当加密，以改善卷边现象。

5.2.2.2　烧毛

松散的纤维末端露出在纱线表面，织成布匹后，在织物表面形成长短不一的绒毛，影响表面光洁度且易沾染尘污；脱落聚集后会造成染色、印花疵病，须通过烧毛的方法去除。一般是将坯布平幅迅速通过烧毛机的火焰或金属表面，利用绒毛与布面升温速度不同的原理，使绒毛快速升温燃烧，而布面升温慢，从而去除绒毛。

通过目测评级对烧毛质量进行评价：1级，原布未经烧毛；2级，长毛较少；3级，长毛基本没有；4级，仅有短毛，且较整齐；5级，烧毛净。一般烧毛质量应达 3～4 级。

5.2.2.3　退浆

织造时经纱上的浆料不利于后续的湿处理加工，因此，需通过退浆处理去除坯布上的浆料及部分天然杂质，保证后续加工质量。可分为酶、碱、酸、氧化剂、低温等离子体退浆等方法。

（1）酶退浆

酶退浆是指利用淀粉酶对淀粉浆料的高效、专一性催化水解作用，使淀粉大分子苷键水解，聚合度及黏度降低。但此法仅对淀粉类浆料有退浆效果，不适用于其他天然和合成浆料。

（2）碱退浆

碱退浆是指利用热烧碱溶液使浆料发生强烈膨化，由凝胶态变为溶胶态，溶解度增大从而被洗除，同时可去除部分天然杂质。通常在烧毛后灭火槽中轧碱进行平幅或绳状加工，汽蒸或保温堆置后能去除大部分浆料，剩余浆料需在精练时去除。

（3）酸退浆

酸退浆是指利用稀硫酸使淀粉等浆料发生水解而被洗除。但此法会造成纤维素损伤，通常与酶退浆或碱退浆联合使用，先进行酶退浆或碱退浆，然后浸轧稀硫酸溶液，保温堆置水洗后即可除去浆料，还能使棉籽壳膨化、去除部分共生物如灰分等，提高白度。

（4）氧化剂退浆

氧化剂退浆是指利用氧化剂使各类型浆料发生氧化、降解，溶解度增大而被洗除，常用过氧化氢、亚溴酸钠、过硫酸盐等。但此法对纤维素也有氧化作用，主要用于聚乙烯醇及其混合浆的退浆。由于退浆时多在碱性条件下进行，可与精练或漂白同浴处理。

（5）低温等离子体退浆

低温等离子体退浆是指利用气体放电产生的高能量等离子体处理织物，使纤维表面杂质的化学键断裂，形成游离基，与空气中的氧、氮原子发生反应，形成新的极性基团，水溶性提高，从而被洗除。退浆效果用退浆率表示：

退浆率 =（退浆前织物含浆率 − 退浆后织物含浆率）/ 退浆前织物含浆率 × 100%

一般退浆率在 80% 以上时，剩余的残浆可在精练工艺中进一步去除。

5.2.2.4　精练

退浆后的织物仍残留有少量浆料及大部分棉纤维共生物（如蜡状物质、果胶、含氮物质、灰分、色素和棉籽壳等），需经过精练加工使织物获得良好的吸水性和较洁净的外观。

（1）碱精练

碱精练以烧碱为主练剂，在长时间热作用下，与织物上棉纤维共生物发生作用，物质乳化去除，同时防止洗除的杂质重新黏附到织物上。间歇式精练是将织物在精练浴中使杂质溶解度提高而被去除，可加入适量表面活性剂提高织物润湿性，并有助于将蜡状物进行高温沸煮，连续式精练通常采用以下方式进行加工：

轧碱→汽蒸（→轧碱→汽蒸）→水洗

（2）酶精练

酶精练采用果胶酶或果胶酶与纤维素酶等混合酶对棉纤维共生物中的果胶进行降解，再借助表面活性剂作为助练剂使蜡状物质乳化去除。通常采用浸轧→堆置→水洗的方式进行。由于酶的作用有专一性，精练效果（如吸水性）略差，另外对棉籽壳的去除效果较差。

精练效果用毛细管效应（简称毛效）表示，一般要求 30min 内，垂直浸入织物上水的上升高度达到 8 ~ 10cm。

5.2.2.5　漂白

经过煮练，织物上大部分天然杂质及残余的浆料和油剂已除去，毛细管效应显著提高，但对漂白织物及色泽鲜艳的浅色花布、色布类，还需要提高白度和鲜艳度，因此需进一步除去天然色素。精练时，部分杂质（如棉籽壳）未能全除去，通过漂白剂的作用可除去这些杂质。

漂白剂分为还原性和氧化性漂白剂两类，目前应用最广泛的是氧化性漂白剂中的过氧化氢，过氧化氢可分解产生 HO·、HO$_2$·、HO$_2^-$、OH$^-$ 及 O$_2$，其中 HO$_2^-$ 是漂白的主要成分，HO· 及 O$_2$ 会造成纤维损伤，因此漂白时需要加入氧漂稳定剂。过氧化氢漂白产品白度和白度稳定性较好，可与碱退浆、碱精练同浴处理。漂白效果既要评价织物白度，又要兼顾纤维强度。

5.2.2.6 丝光

丝光是在张力条件下，用浓烧碱溶液处理纤维素纤维纺织品，使棉纤维剧烈溶胀并在张力作用下变为光洁的圆柱体；同时将部分结晶结构变为无定形结构，使纤维吸附性能、化学活泼性、取向度提高，从而使织物获得耐久良好的光泽的同时，提高和改善纺织品尺寸稳定性、染色性能、拉伸强度等。

常规丝光工艺是在室温下进行，低温、高碱浓度作用下，织物表面纤维发生剧烈膨化，造成织物紧密，阻碍碱液渗透，极易造成表面丝光。因此可采用先热碱、后冷碱的丝光工艺。目前常见的丝光设备有布铗丝光机、直辊丝光机及弯辊丝光机三种，常用的是布铗丝光机，如图 5.7 所示，工艺流程为：

浸轧碱液→布铗链扩幅→真空吸碱→去碱→平洗

主要通过光泽、吸附性能、尺寸稳定性及强力等来评价丝光效果。吸附性能通过钡值法或染色法进行评价，钡值越高，吸附性能越好。尺寸稳定性通常通过缩水率来反映。

图 5.7　布铗丝光机

5.2.2.7 高效短流程工艺

因退浆、精练、漂白三道工序加工工艺有相似性，又可以相互补充，因此，可将三步前处理工艺缩短为二步或一步，从而达到缩短流程、简化设备、降低能耗的效果（图 5.8）。

（1）二步法

二步法分为退浆—练漂工艺和退煮—漂白工艺两种。

（2）一步法

一步法是将退浆、精练、漂白工序合为一步，分为汽蒸一步法和冷轧堆一步法。

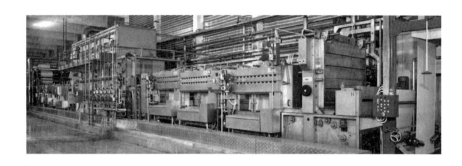

图 5.8　连续前处理工艺设备

5.2.3　麻织物前处理

5.2.3.1　苎麻纤维脱胶

麻纤维中含有半纤维素、果胶质、木质素等共生物，占原麻纤维 25%～35%，使纤维僵硬。纺纱前须除去原麻中的胶质，即进行脱胶处理，从而得到精干麻。脱胶方法主要有生物法、物理机械法及化学法等，目前常用的是化学法脱胶，包括预处理、碱液精练和后处理三个阶段。

5.2.3.2　麻织物练漂

与棉织物练漂处理相似，由烧毛、退浆、精练、漂白及半丝光等工序组成，但需考虑麻织物强度高、易起皱、易擦伤、碱存在下更易受空气氧化作用、对酸及氧化剂作用敏感等对工序的要求，应采用平幅加工，不宜采用绳状加工。一般采用次氯酸钠漂白后用过氧化氢脱氯处理获得良好的漂白效果。由于麻纤维的结晶度和取向度较高，吸附性能比棉纤维差，可通过半丝光处理提高纤维对染料的吸附能力。

5.2.4　羊毛前处理

羊毛原毛中含有大量杂质，如羊毛脂、羊汗等动物性杂质，草屑、草籽等植物性杂质及砂土、灰尘等，需在毛纺生产前去除，获得具有一定强度、洁净度、白度、松散度、柔软度的合格洗净毛，以满足后道加工要求。

5.2.4.1　洗毛

洗除原毛中的羊脂、羊汗等动物性杂质及砂土等机械性杂质。由于羊脂不溶于水，可通过表面活性剂的乳化等作用去除。根据洗毛液的 pH 不同，分为碱性洗毛法、中性洗毛法和酸性洗毛法等。用耙式洗毛机进行洗毛加工，工艺流程为：

开毛→浸渍→洗毛→漂洗→烘毛

5.2.4.2　炭化

经洗毛后，原毛中的动物性和机械性杂质已基本去除，但仍残留有草屑、草籽等植物性杂质，对后续梳毛、纺纱及染色工序造成影响。炭化是利用羊毛和植物性杂质耐酸性能差异，在酸性条件下将植物性杂质分离去除，工艺流程为：

浸水→脱水→浸酸→脱酸→焙烘（→轧炭）→水洗中和→烘干

应严格控制浸酸时酸用量及温度、时间，避免造成羊毛损伤。

5.2.4.3　漂白

羊毛及其织物经充分洗练后，已较洁白，不需进行漂白。对于白度要求较高的产品才需要漂白。羊毛中的天然色素，可用过氧化氢氧化漂白，也可用还原剂漂白，还可以先氧化后还原漂白。先氧化后还原漂白方法使羊毛光泽洁白，漂白效果持久，织物手感好，强度损失小。

5.2.5　丝织物前处理

蚕丝中含有大量的丝胶、油蜡、灰分、色素等杂质影响纤维润湿渗透性，不利于染整加工。因此，需对丝织物进行精练，去除丝胶，同时去除附着在丝胶上的杂质。

由于组成丝胶和丝素的氨基酸种类、含量不等，使丝胶和丝素分子构型和形态结构有着很大的差别。丝胶能在近沸点温度的水中膨化、溶解，而丝素不能溶解。基于丝素和丝胶这种结构上的差异以及对化学药剂稳定性不同的特性，利用酸、碱、酶等进行处理，除去丝胶及其他杂质，以改善纤维光泽、手感、白度及渗透性等。通常采用精练槽进行桑蚕丝织物的脱胶，有皂—碱法、合成洗涤剂—碱法及酶脱胶法。

5.2.6　合成纤维织物前处理

以涤纶为例，涤纶是产量最高及品种最多的合成纤维，其前处理包括退浆精练、松弛加工、预定形和碱减量处理等工序。

5.2.6.1　退浆精练

涤纶织造时常用的浆料是聚丙烯酸酯，对涤纶具有较强的亲和力，因此，退浆精练主要是除去纤维制造时的浆料、油剂等，常用的退浆剂是氢氧化钠或纯碱，使浆料、油剂等水溶性提高而被去除。需采用表面活性剂、金属离子络合剂改善加工效果。

5.2.6.2　松弛加工

松弛加工是将纤维纺丝、加捻织造时所产生的扭力和内应力消除，并对加捻织物产生解捻作用而形成绉效应，提高手感及织物的丰满度，是涤纶仿真丝绸获取优良风格的关键。通常采用喷射溢流染色机、平幅汽蒸式松弛精练机、高温高压转笼式水洗机进行松弛处理。

5.2.6.3　预定形

预定形主要目的是消除前处理过程中产生的皱痕和提高织物的尺寸稳定性，有利于后续加工。预定形可改善涤纶大分子非结晶区分子结构排列的均匀度，减少结晶缺陷，增加结晶度，使后续碱减量均匀性得以提高。松弛收缩的织物经干热预定形后，织物的风格受到影响。

5.2.6.4　碱减量处理

涤纶的吸湿性及服用性能较差，因此需对涤纶织物进行碱减量处理。在高温和较浓的烧碱液中处理涤纶织物，涤纶表面分子链中酯键水解断裂，纤维质量变轻、直径变细，表面形成凹坑，极光消除，织物交织点的空隙增加，手感柔软、光泽柔和，吸湿排汗性提高，具有蚕丝一般的风格，故碱减量处理也称仿真丝绸处理。由于涤纶碱处理后，纤维表面发生剥蚀，从而使纤维变细，重量减轻。碱处理使纤维重量减少的比率称为减量率。

5.3 染色

染色是用着色剂（染料或颜料）通过一定方法使纺织品获得颜色的加工过程。织物染色的应用最广，分为机织物、针织物、非织造材料染色；纱线染色可分为绞纱、筒子纱、经轴纱和连续经纱染色，纱线染色产品多用于制造色织机织物和针织物，散纤维染色产品主要用于色纺产品加工。

颜色与染料基本知识

5.3.1 染色基本知识

5.3.1.1 染色基本过程

染色时将被染物浸入一定温度的染液中，染料由水相向纤维表面移动，借助于各种作用力吸附在纤维表面，纤维内外产生浓度梯度，染料由纤维外向纤维内扩散，当染液中的染料与纤维上上染的染料量不再变化时，即染色达到平衡，如图 5.9 所示。

纺织品染色基本知识

（1）吸附

当被染物接触染液，染料由溶液转移到纤维表面并借助作用力吸附在纤维表面。吸附的逆过程为解吸，在上染过程中吸附和解吸是同时存在的。

（2）扩散

吸附在纤维表面的染料向纤维内部扩散，直到纤维各部分的染料浓度趋向一致，溶液中的染料会不断地吸附到纤维表面，吸附和解吸再次达到平衡。

（3）固着

固着是染料与纤维结合的过程，随染料和纤维不同，其结合方式也各不相同。

5.3.1.2 染色牢度

染色牢度是指染色织物在使用过程中或在以后的加工过程中，染料或颜料在各种外界因素影响下保持原来颜色状态的能力。纺织品用途或加工过程不同，牢度要求也不一样。

（1）日晒牢度

在日光作用下，染料吸收光能分解，导致染色织物产生褪色现象。日晒褪色主要与染料的结构、染色浓度、纤维种类、外界条件等有

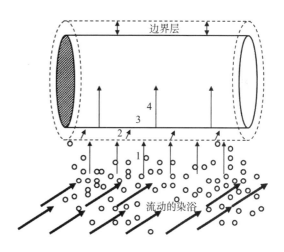

图 5.9 染料对纤维的上染过程示意图

1—染料分子（或离子）随染液流动靠近纤维界面
2—染料通过纤维表面扩散边界层向纤维表面扩散
3—染料分子被纤维表面吸附
4—染料向纤维内部扩散并固着在纤维内部

关系。染色浓度低的比浓度高的日晒牢度要差。同一染料在不同纤维上的日晒牢度差异较大，这与染料在纤维上的聚集状态、染色工艺等因素有关。日晒牢度共分 8 级，其中 1 级最差，8 级最好。

（2）皂洗牢度

皂洗牢度指染色织物在规定条件下于肥皂液中皂洗后褪色的程度，包括原样褪色及贴衬沾色两项。皂洗牢度与染料的化学结构及其与纤维的结合状态有关，还与染料浓度、染色工艺、皂洗条件等有关。原样褪色及贴衬沾色分为5级9档，其中1级最差，5级最好。

（3）摩擦牢度

摩擦牢度分为干摩擦及湿摩擦牢度两种。织物的摩擦牢度主要取决于浮色的多少、染料与纤维的结合情况和染料渗透的均匀度。染色浓度高，容易造成浮色，则摩擦牢度低。摩擦牢度由"沾色灰色样卡"依5级9档制比较评级，其中1级最差，5级最好。

5.3.2 直接染料染色

直接染料能溶解于水，少数直接染料要加一些纯碱以帮助溶解。直接染料色谱齐全，色泽鲜艳，价格低廉，染色方法简便。根据温度、电解质对直接染料上染性能的影响，按直接染料的应用性能分为匀染性、盐控型及盐和温度可控的直接染料。

直接染料具有直线、长链、同平面和贯通的共轭体系，能跟具有直线、长链型的纤维素大分子相互靠近，依靠其分子间引力而产生较强的结合。此外，染料结构中还含有羟基、氨基或羧基，能与纤维素大分子上的羟基形成氢键，所以直接染料能与纤维素纤维结合而完成染色。直接染料染色方法简单，以卷染为主，由于受染料溶解度及上染速率的限制，轧染仅限于浅、中色。染色一般在中性或弱碱性介质中进行，在酸性溶液中不适用于染棉，在弱酸性介质中可以染丝绸。

由于直接染料水溶性较好，染色后织物与水接触，染料重新解吸而向水中扩散，湿处理牢度较低，可选用低分子阳离子型固色剂、阳离子树脂型固色剂及反应性交联固色剂来提高直接染料的湿处理牢度。

5.3.3 活性染料染色

活性染料分子结构小，水溶性好，染色时易扩散进入纤维内部，由于此时尚未与纤维发生化学反应，很容易被洗掉，因此，必须用碱剂促使染料与纤维产生化学反应，把染料固着在纤维上。前者称为染色，后者称为固色。活性染料在溶液中以阴离子形式存在。与直接染料相似，食盐对活性染料也有促染作用。

活性染料染色可根据不同的染色要求，分别采用卷染与轧染两种方法。

（1）卷染

卷染工艺适宜小批量、多品种的生产。染色方便，周转灵活，能染浅、中、深色。在染色操作中对染色物的pH宜控制在中性左右；过高则染色不匀，并且易造成染料的水解。活性染料水解后，失去上染能力。为保持染色和固色温度，染缸上应加罩，防止由于蒸汽逸散和布卷温度不均而影响质量，卷染机如图5.10所示。

（2）轧染

轧染分一相法和两相法。一浴法是将染料和碱剂同时加入染浴，采用的碱剂是小苏打，轧后经汽蒸或焙烘，小苏打分解产生 Na_2CO_3，有利于染料固色。两相法是经浸轧染料溶液后烘干，再浸轧含碱剂的固色液经汽蒸固色，采用的碱剂可以是纯碱或磷酸三钠。两相法工艺流程为：

浸轧染液→预烘→烘干→浸轧固色液→汽蒸→水洗→
皂洗→水洗→烘干

常用设备如图 5.11 所示。

图 5.10　卷染机

图 5.11　轧染设备

5.3.4　还原染料染色

还原染料不溶于水，染色时要在碱性的强还原液中还原溶解成为隐色体钠盐才能上染纤维，经氧化后，回复成不溶性的染料色淀而固着在纤维上。

还原染料染色时，可采用浸染、卷染或轧染。一般纱线及针织物大都用浸染，机织物大都用卷染和轧染，一般都包括下述四个基本过程：染料还原→隐色体上染→隐色体氧化→皂煮后处理。

染色方法主要有隐色体浸染和悬浮体轧染两种。

（1）隐色体浸染法

隐色体浸染是把染料预先还原成隐色体，在染浴中被纤维吸附，然后再进行氧化、皂洗。隐色体浸染适用于纱线染色；卷染法染色透芯程度差，有白芯现象。根据染料性质不同，可采取干缸还原法和全浴还原法进行染料还原。若还原条件剧烈，易造成染料水解或过度还原。

（2）悬浮体轧染法

把未经还原的染料颗粒与扩散剂通过研磨混合，制成高度分散的悬浮液。织物在该液中浸轧后，染料均匀附着在纤维上，然后再用还原液使染料直接在织物上还原成隐色体而被纤维吸收，最后经氧化而固着在纤维上，这种染色方法称悬浮体染色法，可以解决白芯问题。

悬浮体轧染的工艺流程为：

浸轧悬浮体染液→预烘→烘干→浸轧还原液→汽蒸→水洗→氧化→皂煮→水洗→烘干

5.3.5 酸性染料染色

酸性类染料包括酸性染料、酸性媒介染料和酸性含媒染料三种类型，多为芳香族的磺酸钠盐，少数为羧酸钠盐，能在酸性或中性介质中直接上染丝、毛等蛋白质纤维和锦纶。

5.3.5.1 酸性染料

（1）强酸浴染色的酸性染料

这类染料分子结构比较简单，磺酸基在整个染料分子结构中占有较大比例，所以染料的溶解度较大，在染浴中以阴离子形式存在。染色时，该染料必须在强酸性染浴中才能很好地上染纤维，故称为强酸性染料。这类染料是以离子键的形式与纤维结合，匀染性能良好，色泽鲜艳，故又称为匀染性酸性染料，但湿处理牢度及汗渍牢度均较低。加入电解质可起缓染作用。

（2）弱酸浴染色的酸性染料

这类染料结构比较复杂，染料分子结构中磺酸基所占比例较小，所以染料的溶解度较低，它们在溶液中有较大的聚集倾向。这类染料染色时，除能和纤维发生离子键结合外，分子间力和氢键也起着重要作用。染色时，在弱酸性染浴中就能上染，故称为弱酸性酸性染料。这类染料的湿处理牢度高于强酸性染料，但匀染性不及强酸性染料。这类染料可用于羊毛、蚕丝和锦纶的染色。

（3）中性浴染色的酸性染料

这类染料分子结构中磺酸基所占比例更小，在中性染浴中就能上染纤维，故称为中性浴酸性染料。这类染料染色时,染料和纤维之间的结合主要是由分子间力和氢键产生作用。食盐、元明粉等中性盐对这类染料所起的作用不是缓染，而是促染。这类染料的匀染性较差，但湿处理牢度很好，也都用于蚕丝和羊毛的染色。

5.3.5.2 酸性媒介染料

酸性媒介染料具有强酸性染料的基本结构，分子中含有两个能与过渡金属元素形成螯合结构的配位基，可按酸性染料的染色方法染羊毛，但必须用重铬酸盐或其他金属盐进行媒染。染色方法分为预媒染法、后媒染法和同浴媒染法三种。酸性媒介染料价格便宜，耐洗和耐日晒牢度高，但由于采用重铬酸盐类媒染剂，染色废水对环境的污染大，故现已被高坚牢度的酸性染料和活性染料所取代。

5.3.5.3 酸性含媒染料

酸性含媒染料染色牢度较好，染色操作简便。这类染料是由邻－二羟基及偶氮化合物与有机酸的三价铬盐通过络合作用形成的。根据染料和金属的络合比例及络合工艺不同，酸性含媒染料可分为 1∶1 型和 1∶2 型，其中 1∶1 型酸性含媒染料必须在强酸浴中染色，而强酸浴染色的酸性染料，对羊毛有损伤。1∶2 型酸性含媒染料在弱酸或中性介质中染色，所以又称为中性染料，染色不需在强酸介质中进行，常用醋酸铵和硫酸铵作助染剂，染色时间短，染色产品光泽较好，手感柔软，但价格较高，色泽不及酸性染料和 1 : 1 型酸性含媒染料鲜艳，色光偏暗。

5.3.6　分散染料染色

分散染料结构简单，在水中呈溶解度极低的非离子状态，为了使染料在溶液中能较好地分散，除必须将染料颗粒研磨至 2μm 以下外，还需加入大量的分散剂，使染料成悬浮体稳定地分散在溶液中。分散染料按应用时的耐热性能不同，可分为低温型、中温型和高温型。

由于涤纶具有疏水性强、结晶和整列度高、纤维微隙小且不易润湿膨化等特性，要使染料以单分子形式顺利进入纤维内部完成对涤纶的染色，可使用载体法、高温高压法和高温热熔法等三种染色方法。

（1）载体染色法

载体染色法是在常压下加热进行。由于载体与涤纶之间的相互作用，使涤纶分子结构松弛，纤维空隙增大，载体易进入纤维内部。同时载体本身能与纤维及染料分子产生直接性，不但能帮助染料溶解，增加染料在纤维表面的浓度，而且能减少纤维的表面张力，提高染料分子的扩散率，促使染料与纤维结合，完成染色。染色结束后，利用碱洗，使载体完全去除。常用载体有邻苯基苯酚、联苯、水杨酸甲酯等，由于大都具有毒性，对人体有害，目前已很少应用。

（2）高温高压染色法

高温高压染色法是在高温有压力的湿热状态下进行。染液加压在 $2.02 \times 10^5 Pa$（2atm）以下，染色温度可提高到 120～130℃，由于温度提高，纤维分子链段剧烈运动，染料分子扩散加快，使染色速率加快，直至染料被吸尽而完成染色。适合升华牢度低和分子量较小的低温型染料品种。染色匀染性好，色泽浓艳，手感良好，织物透染程度高，适合于小批量、多品种生产，常用于涤 / 棉混纺织物的染色。

（3）热熔染色法

分散染料染涤 / 棉织物采用热熔法染色，经浸轧染液后即烘干，随即再进行热熔处理。在 200℃ 高温作用下，织物上的染料以单分子形式扩散进入纤维内部，在极短的时间内完成对涤纶的染色。热熔染色法是目前涤 / 棉混纺织物染色的主要方法，以连续化轧染生产方式为主，生产效率高，尤其适用于大批量生产。热熔染色工艺流程为：

浸轧染液→预烘→热熔固色→套染棉→后处理

5.3.7　阳离子染料染色

染料在水溶液中能离解成带正电荷的色素阳离子，故称为阳离子染料。阳离子染料可与腈纶上的酸性基团形成离子键而上染纤维。阳离子染料对染浴的 pH 比较敏感，染色时，pH 一般控制在 4～5。此外，染料在溶液中易与阴离子型助剂和染料结合而生成沉淀或产生焦状物质，应避免与阴离子型化合物同浴。加入中性电解质，也可对阳离子染料的染色产生缓染作用，获得匀染效果。

纯腈纶织物多采用浸轧和卷染。除浸染和卷染外，涤／腈混纺织物多采用轧染。

（1）浸染

染色时可使用控制升温法：75℃始染，1℃/min升温至85℃，保温染色15min，然后以1℃/2min升温至95℃，保温染色20min，再以1℃/4min升温至100℃，沸染45～60min，最后在20～30min内缓慢降至50℃，出机。上述染色方法也称为控制升温法，是浸染染色中最常用的染色方法，适用于常压不连续浸轧机、绞纱染色机、液流染色机、平幅无张力卷染机等染色设备，如图5.12所示。

图5.12　浸染设备

（2）卷染

60℃开始染色，染色4道后升温至98～100℃，沸染80～90min，再热水洗、皂洗、热水洗、温水洗。所用设备应以能自动调节张力的等速卷染机为好，使织物在染色过程中所受张力尽可能小，否则会影响织物手感。

（3）轧染

热熔法轧染涤／腈混纺织物一般是将分散染料和阳离子染料同浴，即一浴法轧染。由于商品分散染料中含有大量的阴离子型分散剂，能和阳离子染料结合，使染浴不稳定，因此，一般将阳离子染料先制成分散型阳离子染料，使分散型阳离子染料和分散染料同时分散在水中。

5.3.8　涂料染色

涂料本身对纤维没有亲和力，涂料染色是将涂料制成分散液，通过浸轧使织物均匀带液，然后经高温处理，借助于黏合剂的作用，在织物上形成一层透明而坚韧的树脂薄膜，从而将涂料固着于纤维上，主要采用轧染工艺。工艺流程为：

浸轧染液（一浸一轧，室温）→预烘（红外线或热风）→焙烘（120～160℃，2～5min）→后处理

5.3.9　染色新技术

随着社会的进步和人们生活质量的提高，人们越来越重视环境和自身的健康水平。穿用

"绿色纺织品""生态纺织品"成为当今世界人们的生活需求。发展纺织工业的清洁生产，运用有利于保护生态环境的绿色生产方式，向消费者提供生态纺织品是世界纺织业进入 21 世纪的全球性主题，是事关人类生存质量和可持续发展的重要内容。绿色染色技术是今后纺织品染色的重点发展方向。

纺织品染整新技术及发展趋势

绿色染色技术的主要特点在于：应用无害染料和助剂，采用无污染或低污染工艺对纺织品进行染色加工。染色用水量少，染色后排放的有色污水量少且易净化处理，耗能低，染色产品是绿色或生态纺织品。为此，近年来国内外进行了大量的研究，提出和推广应用一些污染少或符合生态要求的新型染色工艺。

新型染色工艺包括非水、少水染色，节能染色，增溶染色，新型涂料染色，短流程、多效应染整，计算机应用和受控染色等，如天然染料染色、禁用染料的代用染料染色、高固色率或高上染率染料的染色、高染色牢度染料的染色、一浴法或一步法和短流程染色、低浴比和低给液染色、应用计算机的受控染色、非水和无水染色、新型涂料染色、无盐或低盐染色等。

5.4　印花

5.4.1　印花基本知识

纺织品印花工艺过程

印花是通过一定的方式将染料或涂料印制到织物上形成花纹图案的方法，印花设备如图 5.13 ~ 图 5.16 所示。当染色和印花使用同一染料时，所用的化学助剂的属性是相似的，染料的着色机理是相同的，织物上的染料在服用过程中各项牢度要求是相同的。

（1）染色和印花的不同

① 加工介质不同。染色以水为介质，印花加工则需要加入糊料和染化料一起调制成印花色浆，以防止花纹的轮廓不清或花形失真而达不到图案设计的要求，以及防止印花后烘干时染料的泳移。

② 后处理工艺不同。染色加工的后处理通常是水洗、皂洗、烘干等工序，不需要其他特殊的后处理，而印花后烘干的糊料会形成一层膜，阻止了染料向纤维内渗透扩散，有时还必须借助汽蒸来使染料从糊料内转移到纤维上完成着色，然后再进行常规的水洗、皂洗、烘干等工序。

③ 拼色方法不同。染色很少用两种不同类型的染料进行拼色（染混纺织物时例外），而印花时经常使用不同类型的染料进行共同印花或同浆印花。

除此之外，印花和染色还有很多不同点，如对半制

图 5.13　平网印花机

图 5.14　圆网印花机

图 5.15 热转移印花机

图 5.16 喷墨印花机

品质量要求不同，得到同样浓淡的颜色，印花所用染料量要比染色大得多，故有时要加入助溶剂帮助溶解等。

（2）印花方法

将染料或涂料在织物上印制图案的方法有很多种，但其主要的方法为以下几种。

①直接印花。将各种颜色的花形图案直接印制在织物上的方法即为直接印花，在印制过程中，各种颜色的色浆不发生阻碍和破坏作用。印花织物中有 80%～90% 采用此法。该法可印制白地花和满地花图案。

②拔染印花。染有地色的织物用含有可以破坏地色的化学品的色浆印花，拔染浆中也可以加入对化学品有抵抗力的染料。拔染印花可以得到两种效果，即拔白和色拔。

③防染印花。先在织物上印制能防止染料上染的防染剂，然后轧染地色，印有花纹处可防止地色上染，该种方法即为防染印花，该法可得到三种效果，即防白、色防和部分防染。

5.4.2 涂料直接印花

涂料直接印花是使用高分子化合物作为黏合剂，而把颜料机械地黏附于织物上，经后期处理获得有一定弹性、耐磨、耐手搓、耐褶皱透明树脂花纹的印花方法。涂料印花工艺简单，不需水洗，印制效果好，可印精细线条。涂料色谱齐全，拼色方便，耐日晒和耐气候牢度一般较好。印制后手感发硬，因此多用于小面积花形。

印花工艺方法及
新颖印花

涂料印花色浆由涂料、黏合剂、增稠剂三部分组成，此外，还有一些其他助剂，如交联剂、消泡剂、柔软剂等，用以提高印制效果和牢度。印花工艺流程为：

印花→烘干→固着(即蒸化，温度 102～104℃，时间 5～6min；或焙烘温度 140～150℃，时间 3～5min)

5.4.3 活性染料直接印花

活性染料是一类水溶性染料，染料结构中的活性基在碱性条件下可以和纤维上的羟基或胺基结合成共价键，因此可用于纤维素纤维和蛋白质纤维的染色和印花。

由于活性染料具有水溶性，且对纤维的亲和力都较低，故只能用于中、浅色图案的印花。

活性染料的印花工艺根据染料的不同，可分为两大类，即一相法和二相法。一相法即为色浆中同时含有固色的碱剂。一相法适用于反应性较低的活性染料，印花色浆中含有碱剂对色浆的稳定性影响较小。两相法则是色浆中不含有碱剂，印花后经各种方式进行碱剂固色处理。两相法适用于反应性较高的活性染料，色浆中不含碱剂，因而储存稳定性良好。

一相法印花工艺流程：

印花→烘干→蒸化→水洗→皂洗→水洗→烘干

两相法印花工艺流程：

印花→烘干→面轧碱液→蒸化（温度 103~105℃，时间约 30s）→水洗→皂洗→水洗→烘干

5.4.4 同浆印花

同浆印花是用两种不同种类的染料（涂料）调成同一色浆进行拼色印花，可以得到用同一类染料拼色时难以达到的效果。同浆印花时所用两类染料要性质互容、电荷性相同，应用的助剂无矛盾，后处理工艺也应一致。同浆印花可以拼出特殊的色泽，合乎要求的色光，并提高印花效果。常用同浆印花有：涂料与不溶性偶氮染料同浆印花、暂溶性染料与不溶性偶氮染料同浆印花、可溶性还原染料与活性染料同浆印花、酞菁染料与中性素染料同浆印花、暂溶性染料与涂料同浆印花等。

同浆印花可印出具有特殊要求、特殊风格的色彩，有一定应用价值，但受染料、糊料、助剂等限制，同浆印花法仍有其局限性。

5.4.5 防染和拔染印花

（1）防染印花

防染印花是先印花后染色的印花方法，即在织物上先印上某种能够防止地色染料或中间体上染的防染剂，然后再经过轧染，使印有防染剂的部分呈现花纹，达到防染的目的。防染印花可得到防白和色防两种效果。防染印花价格低，工艺流程简单，易发现疵病；但花纹轮廓不够清晰。

活性染料地色防染印花可采用酸性物质或能够和染料反应使其失去活性的物质进行防染印花。工艺流程为：

白布→印花→轧染活性染料地色→烘干→汽蒸→水洗→皂洗→烘干

（2）拔染印花

将有地色的织物用含有拔染剂的色浆印花的工艺叫拔染印花。拔染印花可得到拔白和色拔两种效果。拔染印花的织物色地丰满，花纹细致精密，轮廓清晰；但成本高，生产工艺长且复杂，设备占地多，因此多用于高档的印花织物。

含有偶氮基的各类染料，在强还原剂的作用下会发生断键，从而使其消色。不溶性偶氮染料拔染印花工艺流程为：

打底→烘干→显色→轧氧化剂→烘干→印花→烘干→汽蒸→氧化→后处理

拔染用剂主要为强还原剂雕白粉，在常温下并不表现其强还原性；超过 60℃以后，才逐步开始分解，表现其强烈的还原性；在碱性条件下分解较快。

① 拔白印花。可分为中性拔白和碱性拔白两种工艺，其区别是在印花色浆中是否加入碱剂。中性拔白对有的地色拔白效果较碱性白浆好，但有时并不这样，必须根据地色试验后确定。

溶解雕白粉时可适当升温（约 60℃），充分控制水量，防止超出总量。将雕白粉加入糊内搅匀，再加入烧碱，然后再加入用温水溶解的增白剂。在临印花前，将蒽醌加入拔白浆中。

② 色拔印花。所用着色剂一般为还原染料。不溶性偶氮染料拔染印花色浆中的碱剂和雕白粉，在使地色破坏的同时也使还原染料还原生成隐色体，即可上染纤维，因此可用还原染料拔染不溶性偶氮染料。

③ 烘干、蒸化及后处理。

织物印花后应及时烘干，烘干时间宜短，烘干后透风冷却，以避免雕白粉热分解而失效。蒸化温度 102 ~ 104℃，时间 7 ~ 10min。

除不溶性偶氮染料地色织物可用于拔染印花外，直接铜盐染料、偶氮类活性染料、靛类还原染料、偶氮类分散染料地色织物都可用于拔染印花，但其应用不如不溶性偶氮染料广泛。

5.4.6 特种印花

特种印花技术近年来发展较快，对丰富纺织物品种起巨大作用，特种印花技术有烂花印花、转移印花、蜡染（蜡防染）、微粒印花等。

（1）烂花印花

烂花印花最早用于丝绸交织物，如烂花绸、烂花丝绒，其后用于烂花涤 / 棉织物及其他织物。烂花织物都由两种不同纤维通过交织或混纺制成，其中一种纤维能被某种化学药剂破坏，而另一种纤维则不受影响，便形成特殊风格的烂花印花布。通常由耐酸的纤维（如蚕丝、锦纶、涤纶、丙纶等）与纤维素纤维（如黏胶纤维、棉等）交织或混纺制成织物，用强酸性物质调浆印花，烘干后，纤维素被强酸水解炭化，经水洗后便得到具有半透明视感、凹凸的花纹，可用作窗帘、床罩、桌布等装饰性织物，也可用作衣料。

烂花印花方法可以采用直接印花法，也可采用防染印花法，即预先用浆料印花，烘干后浸酸、汽蒸除去地色部分，取得特殊效果。

（2）转移印花

转移印花是先将染料色料印在转移印花纸上，然后在转移印花时通过热处理使图案中染料转移到纺织品上，并固着形成图案。目前使用较多的转移印花方法是利用分散染料在合成纤维织物上用干法转移。这种方法是先选择合用的分散染料与糊料、醇、苯等溶剂与树脂研磨调成油墨，印在坚韧的纸上制成转印纸。印花时，将转印纸上有花纹的一面与织物重叠，经过高温热压约 1min，则分散染料升华变成气态，由纸上转移到织物上。印花后不需要水洗处理，因而不产生污水，可获得色彩鲜艳、层次分明、花形精致的效果。但是存在的生态问题除了色浆中的染料和助剂外还需大量的转移纸，这些转移纸印后很难再回收利用。

活性染料等一些离子型染料湿态转移印花也在研究并获得应用，不足之处也是要耗费大量的转移纸，印花后还需经过水洗，在耗水同时又产生污水。涂料转移印花后不需焙烘和水洗，无污水排放，但是对颜料和黏合剂有较高要求，也需要大量的转移纸。

（3）蜡染

蜡染即利用蜡的拒水性来作为防染材料，在织物上印制或手绘花纹，印后待蜡冷却，使蜡破裂而产生自然的龟裂——冰纹。染色时染液可从冰纹处渗向织物，呈现出独特的纹路，这种无重复性、多变化的花纹有较高的鉴赏价值。

手工蜡染是用特殊蜡绘工具（铜蜡刀、铜蜡笔、蜡笔等）在织物上手绘花样，具有一定艺术价值，常作为印花装饰品。由于是手工生产，故生产效率低，产品价格高。采用机械印蜡，可以大大提高生产效率。机械印蜡是用两根花筒将调好的蜡质在恒温条件下印到织物的正反面，并使正反面的花纹基本符合；蜡凝固后，将织物以绳状拉过圆形小孔，使蜡龟裂而形成冰纹；再用可以在常温染色的染料染色，染色后用沸水处理，洗去并回收印蜡；最后根据要求加印花色、大满地等而成仿蜡防染花布。

（4）微粒印花（即多色微点印花）

使用不同颜色的微胶囊染料混合调浆，印在织物上，此时各种颜色的染料互相并无作用，也不会拼成单一色，印花后在高温汽蒸或焙烘时，囊衣破裂，芯内染料释放，在织物上固着，可得到多彩色粒点印花效果。微胶囊染料颗粒的直径一般为 10~30μm，每千克这类染料可含 100 万~1000 万个颗粒。微胶囊外膜可由亲水性高聚物作为囊衣，如明胶、聚乙烯醇、丙烯酸酯等。目前囊内染料常用分散染料，因其不溶于水，容易在染料粒子外面包膜，故微胶囊印花都用于合纤织物。

此外，还有静电植绒印花，可用于整批织物印花或衣服上装饰性印花；起绒印花和发泡印花，可获得绒绣感及立体感。

5.4.7　数码喷墨印花

喷墨印花是通过各种数字输入手段把花样图案输入计算机，经计算机分色处理后，将各种信息存入计算机控制中心，再由计算机控制各色墨喷嘴的动作，将需要印制的图案喷射在织物表面上完成印花。其电子、机械等的作用原理与计算机喷墨打印机的原理基本相同，其印花形式完全不同于传统的筛网印花和滚筒印花，对使用的染料也有特殊要求，不但要求纯度高，而且还要加入特殊的助剂。喷墨印花机按照喷墨印花原理可分为连续喷墨印花（CIJ）和按需滴液喷墨印花（DOD）两种。

（1）印花油墨

油墨配方必须满足一定的总体要求，如黏度、表面张力、密度、蒸汽压、电导性、热稳定性、毒性、易燃性、染料纯度和溶解性、机械适应性、给色量、腐蚀性、储存稳定性、颜色鲜艳度和耐光及耐洗牢度等，其中黏度、表面张力、热稳定性、颜色鲜艳度和各项牢度是最重要的指标。

喷墨印花的油墨配方包括色素（染料或涂料）、载体（黏合剂或树脂）和添加剂（包括黏度调节剂、引发剂、助溶剂、分散剂、消泡剂、渗透剂、保湿剂等），其中添加剂应根据需要分别使用。

与传统印花相比，数码喷墨印花墨水的黏度要低得多，因此，常采用合成增稠剂作为糊料，这些糊料的杂质含量比较少，而其结构黏度又较高。

目前用于喷墨印花的染料主要是活性染料、分散染料和酸性染料。在地毯和羊毛及丝绸的印花中，采用酸性染料，不过其溶解性、稳定性和相溶性方面应仔细地进行选择。涤纶织物喷墨印花采用分散染料，但是对染料的溶解度、稳定性、相容性、颗粒大小有比较高的要求。喷墨印花多用于纤维素纤维和蚕丝织物印花，所用的染料是活性染料。

（2）喷墨印花工艺

喷墨印花的工艺流程为：

织物前处理→烘干→喷射印花→烘干→汽蒸（120℃，8min，使活性染料固色）→水洗→烘干

对织物进行特殊的前处理是减少渗化、提高印制效果的主要措施，不同染料喷墨印花的前处理不同，应根据具体情况选用前处理剂。

（3）喷墨印花的优缺点

① 喷墨印花染料是按需喷墨的，减少了化学制品的浪费和废水的排放；喷墨时噪声低，既安静又干净，没有环境污染。

② 印花工序简单，小样和批量生产一致，交货速度快，可以实现即时供货。

③ 工艺自动化程度高，全程计算机控制，可以与互联结合，实现纺织品生产销售的电子商务化。

④ 生产灵活性强，表现为喷印的素材灵活，无颜色、回位的限制；喷印数量灵活，特别适合小批量、多品种、个性化的生产。

⑤ 颜色丰富多彩，印花精细度高。喷墨印花能表现高达 1670 万种颜色，而传统的印花方式只有十几种；目前数码喷墨印花的分辨率高达 1440dpi，而传统印花工艺只能达到 255dpi。

⑥ 目前数码喷墨印花技术还存在设备投资大、墨水成本高、织物需进行前处理和汽蒸等后处理、印花速度慢的问题。

5.5 整理

纺织品的整理

纺织品整理加工是通过物理、化学或两者结合的方法来改善织物外观和内在质量，提高纺织品服用性能或赋予其特殊功能的加工过程，常将织物在练漂、染色和印花以外的加工过程称为织物整理。整理的目的大致分为稳定幅宽、降低缩水率和稳定形态的整理（定幅、机械或化学防缩、防皱整理和热定形等），改善织物手感的整理（硬挺整理、柔软整理等），增进织物外观的整理（增白、轧光、电光、剪毛、起毛、缩呢及磨毛等）以及特种功能整理（阻燃、防水拒油、防霉抗菌等）。一般将

利用湿、热、力（张力、压力）和机械作用进行加工的方法称为一般机械整理；而利用化学药剂与纤维发生化学反应，改变织物物理化学性能的称为化学整理。一般整理中常规的物理—机械整理和化学整理联合可获得耐久性的整理效果。

5.5.1　棉织物整理

棉织物在前处理、染色、印花加工过程中，由于经常受到拉伸、干燥等作用，织物尺寸发生变化、手感粗糙，为改善产品品质，通常要进行机械整理。

（1）定形整理

由于加工时使织物内存在内应力，造成织物存在缩水、纬斜等问题，因此，需要消除织物内应力，保证织物尺寸稳定性，通常采用拉幅、预缩等整理调整织物的结构。

①拉幅（定幅）整理。拉幅是利用吸湿性较强的亲水性纤维在潮湿状态下的可塑性及合成纤维的热塑性，将织物门幅缓慢拉至规定的尺寸，从而消除部分内应力，调整经纬纱在织物中的形态，使织物门幅整齐划一，纬斜得到纠正；织物经烘干冷却后可获得稳定的尺寸。拉幅整理通常在拉幅机（图 5.17）上进行，由给液、拉幅、烘干三部分组成。

图 5.17　拉幅机

②机械预缩整理。棉纤维吸湿溶胀具有各向异性，横截面溶胀程度比径向大得多，导致经、纬纱相互抱绕屈曲波增高、织物密度增加，出现织缩增大现象，造成织物缩水。纤维吸湿性越强，缩水越严重。由于受纤维间摩擦阻力、纱线间交织阻力的影响，织物的缩水具有不可逆性。机械预缩整理是通过机械方法，减小织物内应力、增加织物的织缩，使织物具有更松弛的结构，消除织物潜在收缩的趋势。常用三辊橡胶毯预缩机进行机械预缩处理，将含湿的织物紧贴在橡胶毯表面，织物随橡胶毯发生形变，因橡胶毯表面的压缩而压缩，使织物纬纱密度增加、经向收缩，达到预缩的效果。

（2）轧光、电光及轧纹整理

轧光、电光及轧纹整理均属改善织物外观的机械整理，前两种以增进织物光泽为主，后者可使织物具有凹凸花纹的立体效果。轧光整理是通过机械压力、温度及湿度作用，借助于纤维的可塑性，使织物表面压平、纱线压扁，以提高织物表面光泽及光滑平整度。电光整理采用表面刻有与轧辊轴心呈一定角度的、相互平行斜线的硬轧辊，对织物表面进行轧压，形成与主要纱线捻向一致的平行斜纹，对光线呈规则的反射，给予织物丝绸般的柔和光泽。轧纹整理是利用刻有花纹的轧辊轧压织物，使织物表面产生凹凸花纹的效果。

（3）手感整理

手感整理按需求分为柔软整理和硬挺整理两大类。

① 柔软整理。又可分为机械柔软和化学柔软两种。机械柔软整理是通过松弛织物结构、经多次屈曲和轧压降低织物的刚度以及增加织物表面的丰满度和蓬松度来改善手感。化学柔软整理是通过柔软剂、砂洗和生物酶处理等来改善手感，常用柔软剂来降低纤维的摩擦因数。柔软剂分为表面活性剂类和高分子聚合物乳液类两类，赋予织物柔软性能的同时，使织物具有拒水、抗静电等功能。

② 硬挺整理。利用能成膜的高分子黏附在织物表面，干燥后织物就有硬挺、平滑、厚实、丰满的手感。改性天然浆料、合成浆料和合成树脂的硬挺整理工艺可获得耐洗的效果。可采用浸轧上浆、单面上浆或摩擦面轧上浆三种方式。上浆后用烘筒烘燥机进行烘干。

（4）增白整理

织物漂白后的白度得到很大提高，但还会带有一些浅黄褐色，为进一步提高漂白织物的白度，可采用上蓝和荧光增白两种方法。上蓝增白是利用少量蓝色或紫色染料或涂料使织物着色，纠正织物上的黄色，使视觉上有较白的感觉；但亮度反而下降，灰度增加，不耐洗。荧光增白是用荧光增白剂将太阳光谱中不可见的紫外线部分转变成蓝紫光的可见荧光，与织物上反射出的黄光混合为白光，增加了反射率，使织物的亮度提高，对浅色织物有增艳的作用。

（5）树脂整理

纤维素纤维织物弹性差，在服用过程中不能保持平整的外观，因此，可通过树脂整理剂与纤维素纤维上羟基发生交联反应并沉积在纤维上，限制纤维素分子链相对滑移，使纤维素分子不易变形，发生变形后快速回复原状，从而使棉织物达到免烫（洗可穿）、耐久压烫的效果。可采用干态、湿态及潮态交联工艺进行加工。

① 干态交联加工流程为：浸轧树脂整理剂→拉幅烘干→高温焙烘→水洗后处理。整理后织物干防皱性能优良，但湿防皱性能较差，断裂强力和耐磨性下降较多。

② 湿态交联加工流程为：浸轧树脂整理剂→打卷保温堆置→水洗→烘干→预缩。整理后织物强力损失少，湿防皱性能优良，但干防皱性能改善不多。

③ 潮态交联加工流程为：浸轧树脂整理液→烘干→打卷保温堆置→水洗→烘干→预缩。整理后织物的耐磨性和强力损失少。

目前常见的树脂整理液有 N-羟甲基酰胺类整理剂及多元羧酸类无甲醛整理剂。

5.5.2　毛织物整理

毛织物可分为精纺毛织物和粗纺毛织物两类，其整理包括干整理和湿整理。精纺毛织物要求织物表面平整、光洁、手感丰满等，其整理主要有煮呢、洗呢、拉幅、刷毛、剪毛、蒸呢及电压等；粗纺毛织物要求织物紧密厚实以及表面覆盖一层均匀整齐、不脱落、不露底、不起球的绒毛，其整理主要有缩呢、洗呢、拉幅、干燥、起毛、刷毛、剪毛及蒸呢等。

（1）湿整理

①洗呢。毛织物经洗涤剂洗除杂质的加工即为洗呢，利用洗涤剂溶液润湿毛织物，经过机械挤压、揉搓作用，去除纺纱、织造时的和毛油、抗静电剂等杂质，使织物洁净。洗呢时要保持一定的含油率，防止呢面毡化。常用非离子型和阴离子型表面活性剂进行洗呢。

②煮呢。利用湿、热及张力作用，使羊毛纤维分子链受到拉伸，二硫键、氢键和离子键减弱、拆散，消除织物内部不平衡应力，使大分子在外力作用下取向并在新的位置上建立稳定的交键，达到永久定形，避免后续加工中产生皱纹或不均匀收缩，主要用于精纺毛织物，有先煮后洗、先洗后煮、染后煮呢三种加工方式。

③缩呢。在缩剂和机械力作用下，利用羊毛纤维的定向摩擦效应、卷曲性和高回弹性而形成绒面织物，主要用于粗纺毛织物，使织物的厚度增加，强力提高，手感丰满、柔软，保暖性更好。根据缩呢剂的不同，分为酸性缩呢、碱性缩呢和中性缩呢。

（2）干整理

毛织物在干燥状态下的整理，包括起毛、刷毛、剪毛、蒸呢等。起毛用于大部分粗纺毛织物，使织物呢面具有一层均匀整齐的绒毛，遮盖织纹，手感丰满，保暖性增强。精纺毛织物剪毛可使呢面洁净，织纹清晰，改善光泽；粗纺毛织物剪毛可使呢面平整，增进外观。剪毛前刷毛可去除织物表面的散纤维，同时使纤维尖端立起，利于剪毛；剪后刷毛可使绒毛梳顺理直，呢面光洁。蒸呢利用羊毛在湿热条件下的定形作用，使织物在一定张力和压力条件下，经过一定时间汽蒸，使织物呢面平整，光洁自然，手感柔软而富有弹性，使织物获得永久定形。

5.5.3　丝织物整理

真丝织物湿回弹性低，易缩水、褶皱，因此需通过整理加工改善织物性能，但应尽可能避免摩擦，减小张力，以免影响其固有特性。真丝织物的整理加工包括机械整理和化学整理两类。机械整理主要包括烘干、定幅、机械预缩、蒸绸、机械柔软整理、轧光等；化学整理主要包括手感整理、增重整理及防皱整理。另外，采用物理、化学的方法进行砂洗整理，使织物全面起毛；同时施加柔软、弹性整理，产品手感柔软、丰满，悬垂飘逸，具有免烫性。

5.5.4　合成纤维织物整理

为改善合成纤维外观和手感，可与各种天然纤维织物更加相似，可通过各种整理加工赋予织物优良的服用性能，使织物门幅整齐、尺寸稳定，使织物具有舒适、柔软、亲水、防污和抗静电等性能，从而提高产品的附加价值。

（1）磨绒整理。通过磨绒设备使磨绒砂皮辊与织物紧密接触，磨粒和夹角将弯曲纤维割断成小于一定规格的单纤，再磨削成绒毛掩盖织物表面织纹，达到桃皮、麂皮或羚羊皮等特殊效果的整理，称为磨绒整理。磨绒整理后可使织物获得丰满的手感、优良的悬垂性和形状尺寸稳定性。磨绒整理对织物半制品有一定的要求，半制品退浆应净，煮练应透，涤纶的减量率应一致，布面应平整，无色差，手感柔软。磨绒整理一般可分为桃皮绒整理和仿麂皮整理。

（2）舒适性整理

利用化学方法对纤维进行改性，从而赋予织物柔软、亲水、防污和抗静电性能的整理称为舒适性整理。由于合成纤维织物强度高、手感硬、亲水性差，并因静电积累现象而产生静电，因此，对合成纤维织物要进行柔软整理、亲水整理、抗静电整理和防污整理等，以改善织物的穿着舒适性。

① 亲水性整理。纤维的吸水速度快、透湿性好和保水率高，有利于汗液的散发。经亲水整理后，由于吸湿、透湿和放湿性改善，因而其服用舒适性自然得以改观。合成纤维经亲水性整理后，除具有良好的亲水性外，还兼有一定的柔软性、抗静电性和防污效果。

合成纤维亲水性整理除了可在纤维本身的分子结构中引入亲水性的单体，形成功能性的亲水性纤维外，还可通过后整理的方法对纤维进行加工处理，使其具有亲水性。可用作亲水性整理的化合物有聚酯聚醚树脂、丙烯酸系树脂、亲水性乙烯化合物、聚亚烷基氧化物、纤维素系物质和高分子电解质等。

② 抗静电整理。两物体相互摩擦，物体表面的自由电子通过物体界面相互流通，若物体为不良导体，电子逸散力低，电荷难以逸散消失而聚集积累，产生静电。要防止静电，可通过增加电荷的逸散速度或抑制静电产生来加以实现。一般纤维的吸湿性越好，导电性越强，因此，目前比较普遍采用的抗静电方法与亲水性整理类似，是将亲水性的物质（抗静电剂）施加在纤维表面，以提高织物的亲水性，赋予织物吸湿性，使其导电性增加，从而防止带电。

5.5.5 功能整理

随着生活水平的不断提高，人们对环境和自身生活质量更加关注，织物的整理加工更加多样化、功能化，多以舒适、清洁与安全为基准，并与其他功能整理相交叉加工。

防水透湿纺织品

（1）防水、拒水整理

防水整理是在织物表面涂上一层不透水、不溶于水的连续薄膜堵塞织物孔隙，使水和空气都不能透过的整理。所用的防水剂：一是采用熔融涂层法进行加工的疏水性的油脂蜡和石蜡；二是采用制桥压或海膜熔接等方式加工的亲水性的橡胶、热塑性树脂等。

（2）防污整理

防污整理包括拒油整理和易去污整理。拒油整理是降低织物表面张力，使其低于油的表面张力，则油类污垢在织物表面不易铺展，处理后的织物更具有拒水性。易去污整理是对疏水性纤维进行亲水性整理，使这类织物在水中的表面能降低，污垢易脱除，并不易被再沾污。

（3）阻燃整理

阻燃整理是指经过整理的织物具有不同程度的阻止火焰蔓延的能力，离开火源后，能迅速停止燃烧。多用于冶金消防工作服、军用纺织品、舞台幕布、地毯及儿童服装等。

（4）抗静电整理

两种物体相互摩擦时，物体表面会产生静电积聚。静电现象在生产和日常生活中常给人们带来麻烦。织物的抗静电整理可通过对纤维进行化学改性、在聚合物内加入抗静电剂共混纺丝、使用导电纤维与其他纤维进行混纺或交织、对纤维进行表面处理等方法来实现。抗静电剂的种类主要有阳离子型、阴离子型、非离子型、两性型高分子型等。

（5）抗菌防臭整理

为了防止产生臭味，必须赋予纺织品抗菌的功能。这样不仅可以避免纺织品因为细菌的侵蚀受到损失，同时可以阻断纺织品传递细菌的途径，阻止致病菌在纺织品上的繁殖以及细菌分解在织物上的污物产生臭味。纺织品抗菌整理可通过将织物浸轧含有抗菌整理剂的溶液并烘干。整理剂与纤维发生化学反应而连接在织物上，或沉积在纤维表面，获得耐久的抗菌性。

（6）防紫外线整理

减少紫外线对皮肤的伤害，必须减少紫外线透过织物的量。防紫外线整理可以通过增强织物对紫外线的吸收能力或增强织物对紫外线的反射能力来减少紫外线的透过量。在对织物进行染整加工时，选用紫外线吸收剂和反光整理剂，两者结合起来效果更好。目前应用的紫外线吸收剂主要有金属离子化合物、水杨酸类化合物、苯酮类化合物和苯三唑类化合物等几类。紫外线吸收剂的整理大致有以下几种方法：高温高压吸尽法、常压吸尽法、浸轧或轧堆法、涂层法。经过紫外线吸收剂整理，纤维的光老化、染色织物的耐光牢度也都会大大改善。

（7）芳香整理

许多芳香剂具有镇静、杀菌、催眠、保健等作用，但是，把芳香剂简单地喷洒在纺织品上，其留香期很短，用芳香剂作囊芯制备的芳香微胶囊弥补了这一缺陷。香气微胶囊可以延缓芳香剂释放，提高香气整理的质量和延长使用时间。可将微胶囊加入涂料印花色浆中一起应用，但不宜进行高温烘干和焙燥，以免香气大量散失。也可采用浸轧的方法，使微胶囊直接渗透织物的内部，耐久性较好。

思考题

1. 水中有哪些杂质？水中的杂质对染整加工有什么影响？

2. 表面活性剂的结构特征是什么？在纺织染整中有哪些作用？

3. 棉织物前处理的目的是什么？主要包括哪些工序？

4. 棉织物经丝光处理后性能发生哪些变化？

5. 简述涤纶织物热定形的目的及原理。

6. 染色过程包括几个阶段？根据染色加工对象的不同，染色方法主要有哪些？

7. 试述活性染料浸染和轧染的常见工艺流程。

8. 影响酸性染料染羊毛的主要工艺因素有哪些？

9. 分散染料主要有哪几种染色方法？说明它们的工艺过程和特点。

10. 阳离子染料的染色原理是什么？染色过程中应注意哪些事项？

11. 活性染料的印花方法有哪些？各有什么特点？

12. 简述喷墨印花的技术特点及工艺过程。

13. 纺织品整理加工的目的是什么？

14. 试述棉织物抗皱整理的原理及工艺过程。

15. 毛织物的后整理加工有哪些工序?

16. 功能整理的类型有哪些?

参考文献

[1] 中华人民共和国工业和信息化部. 纺织工业发展规划(2016—2020年)[EB/OL].[2016-09-20]. http://www. miit. gov. cn/n1146295/n1652858/n1652930/n3757019/c5267251/content. html.

[2] 阎克路. 染整工艺与原理:上册[M]. 2版. 北京:中国纺织出版社,2019.

[3] 赵涛. 染整工艺与原理:下册[M]. 2版. 北京:中国纺织出版社,2019.

[4] 陆大年. 表面活性剂化学及纺织助剂[M]. 北京:中国纺织出版社,2009.

[5] 何瑾馨. 染料化学[M]. 2版. 北京:中国纺织出版社,2016.

[6] 蔡再生. 纤维化学与物理[M]. 北京:中国纺织出版社,2009.

[7] Benninger. Mercerizing Solutions[EB/OL].[2019-02-23]. https://www. benningergroup. com/fileadmin/user_upload/downloads/textile_finishing/only_en/mercerizing_en. pdf.

[8] Benninger. Dyeing Solutions[EB/OL].[2019-02-23]. https://www. benningergroup. com/fileadmin/user_upload/downloads/textile_finishing/only_en/dyeing_en. pdf.

[9] Benninger. Bleaching Solutions[EB/OL].[2019-02-23]. https://www. benningergroup. com/fileadmin/user_upload/downloads/textile_finishing/only_en/bleaching_en. pdf.

[10] MCS DYEING&FINISHING MACHINERY. JIGGER LT OPEN WIDTH DYEING MACHINE[EB/OL]. https://www. mcstextile. it/mcstextile/pdf/JIGGER_LT_Eng_Ita. pdf.

[11] 立信染整机械有限公司. 高温染色机[EB/OL]. http://www. fongsengineering. com/zh-cn/products/index/9/page:1.

[12] 西安德高机电企业集团. 圆网印花机[EB/OL].[2011-03-10]. http://www. ttmn. com/web/15409/productDetail/71506.

[13] 弘美. 热转印印花机[EB/OL]. http://www. hzhrxl. com/p4. html.

[14] MS PRINTING SOLUTIONS SRL. MS-LaRio Single-Pass[EB/OL]. http://www. msitaly. com/00/P00000015/LaRio. html.

[15] Gali. Lyoprinter LM[EB/OL]. https://www. galigrup. com/wp-content/uploads/2016/11/Catalogo-LM-ingles. pdf.

[16] EFI. EFI ReggianiUNICA[EB/OL]. https://www. efi. com/zh-cn/products/inkjet-printing-and-proofing/reggiani-textile/reggiani-traditional-industrial-printers/rotary-printers/efi-reggiani-unica/overview/.

[17] Monfort Fong's textile machinery Co., Ltd. Monfongs828[EB/OL]. http://www.monfongs.com/.

第6章 纺织品简介

纺织品有多种不同的分类方法，主要通过品质评价指标来评价纺织品的性能，其相互关系如图6.1所示。

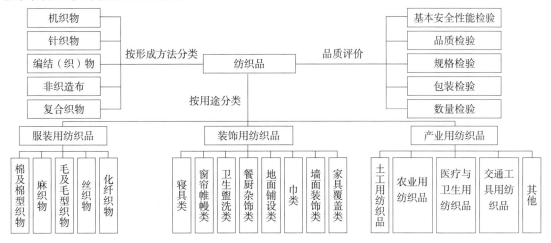

图6.1 纺织品分类

6.1 纺织品的分类及质量评价

6.1.1 纺织品分类

（1）按用途分类

纺织品按用途可分为服装用纺织品、装饰用纺织品和产业用纺织品三大类。

① 服装用纺织品。它是用于服装及其制品、饰品以及缝纫线、松紧带、里衬等辅料的各种纺织面料。服用纺织品生产的历史最长，也相对最为完善，已形成了完整、独立的体系。

② 装饰用纺织品。它是用于美化环境的纺织品总称，通常指除服用纺织品、产业用纺织品以外的纺织品。装饰用纺织品在其基本的实用价值以外，同时加强了对装饰性的要求。装饰用纺织品要求图案、色彩从整体效果出发，与环境相得益彰，是艺术性和实用性相结合的产品，如地毯、沙发套、窗帘等室内用品，床罩、床单、被面等床上用品，帐篷、人造草坪等户外用品。装饰用纺织品中家纺占据了主要份额。

③ 产业用纺织品。它是以现代科学技术为基础用于产业领域的纺织品，其使用范围广，品种多，常见的有篷盖布、枪炮衣、过滤布、筛网、路基布等。产业用纺织品发展越来越迅速，与服用纺织品、装饰用纺织品有三足鼎立的趋势。

（2）按形成方法分类

纺织品按形成方法分类是最主要的分类方式之一。织物按形成方法可分为机织物、针织物、编结（织）物、非织造织物和复合织物。

①机织物。相互垂直的两个系统的纱线（经纱和纬纱）按照一定规律交织而成的织物。

②针织物。用织针将纱线弯成线圈，再把线圈相互串套而成的织物，分为经编和纬编两大类。

③编结（织）物。编结（织）物一般是以两组或两组以上的线状物，相互错位、卡位或交编形成的产品，如席类、筐类等竹、藤制品；或者是以一根或多根纱线相互串套、扭辫、打结的编结产品，如渔网等；另外一类是由专业设备、多路进纱，按一定空间交编串套规律编结成三维结构的复杂产品。

④非织造织物。不经传统纺织工艺，而由纤维铺网后加固形成的纺织品。

⑤复合织物。由机织物、针织物、编结物、非织造织物或膜材料中的两种或两种以上材料通过交编、针刺、水刺、黏结、缝合、铆合等方法形成的多层织物。

（3）按组织结构分类

以机织物为例，纺织品按组织结构不同，可分为原组织织物、变化组织织物、联合组织织物、复杂组织织物等。

①原组织织物。由原组织织制而成的织物，如平纹组织、斜纹组织、缎纹组织。

②变化组织织物。由变化组织织制而成的织物，如方平织物、双面华达呢、巧克丁（复合斜纹组织）、马裤呢（急斜纹组织）等。

③联合组织织物。由几种组织联合起来织制而成的织物。

④复杂组织织物。由复杂组织织制而成的织物，复杂组织包括重组织、双（多）层组织、起绒组织、毛巾组织等。

6.1.2 纺织品质量评价

质量是指产品、体系或过程的一组固有的特性满足顾客和其他相关方要求的能力。质量可用形容词"差""好""优秀"来修饰。通常，狭义的产品质量亦称为品质，它是指产品本身所具有的特性，一般表现为产品的美观性、适用性、可靠性、安全性和使用寿命等。纺织品质量（品质）是用来评价纺织品优劣程度的多种有用属性的综合，是衡量纺织品使用价值的尺度。

纺织品检验主要是运用各种检验手段，如感官检验、化学检验、仪器分析、物理测试、微生物学检验等，对纺织品的品质、规格、等级等检验内容进行检验，确定其是否符合标准或贸易合同的规定。纺织品检验的结果不仅能为纺织品生产企业和贸易企业提供可靠的质量信息，而且也是实行优质优价、按质论价的重要依据之一。

按检验内容，纺织品检验可分为基本安全性能检验、品质检验、规格检验、包装检验和数量检验等。

（1）基本安全性能检验

纺织品基本安全性能检验是为保证纺织品在整个使用过程中对人体安全无害进行的检验，包括甲醛含量、色牢度、重金属含量等（图6.2）。

（2）品质检验

纺织品品质检验主要划分为外在品质（外观质量）检验和内在品质（内在质量）检验两

个方面（图 6.3）。

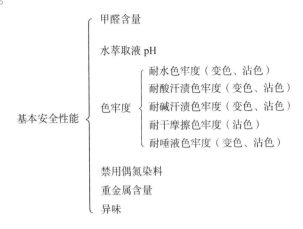

图 6.2 纺织品基本安全性能检验

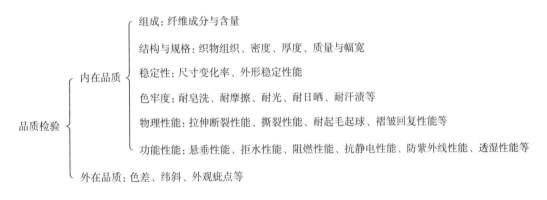

图 6.3 纺织品品质检验

① 外在品质检验。纺织品的外在品质优劣程度不仅影响它的外观美学特性，而且对纺织品内在品质也有一定程度的影响。纺织品外在品质检验大多采用人工官能检验法。目前，也有部分外在品质检验项目已经用仪器检验替代了人工检验。

② 内在品质检验。纺织品的内在品质是决定其使用价值的一个重要因素，纺织品内在品质检验俗称"理化检验"，它是指借助仪器对物理量的测定和化学性质的分析，检查纺织品是否达到产品质量所要求的性能的检验。

（3）规格检验

纺织品的规格检验一般是对其外形、尺寸（如织物的匹长、幅宽）、花色（如织物的组织、图案、配色）、式样（如服装造型、形态）和标准量（如织物平方米质量）等的检验。

（4）包装检验

纺织品包装检验是根据贸易合同、标准或其他有关规定，对纺织品的外包装、内包装以及包装标志进行检验。纺织品包装检验的主要内容是：核对纺织品的商品标记、运输包装（俗称大包装或外包装）和销售包装（俗称小包装或内包装）是否符合贸易合同、标准以及其他有关规定。正确的包装还应具有防伪功能。

（5）数量检验

不同类型纺织品的计量方法和计量单位是不同的，如机织物通常按长度计量、针织物通常按重量计量、服装按数量计量。由于各国采用的度量衡制度有差异，同一计量单位所表示的数量亦有差异。

如果按长度计量，必须考虑大气温湿度对其长度的影响，检验时应加以修正。如果按重量计量，则必须要考虑包装材料的重量和水分等其他非纤维物质对重量的影响，常用的计算重量方法有以下几种情况。

①毛重。指纺织品本身重量加上包装重量。

②净重。指纺织品本身重量，即除去包装重量后的纺织品实际重量。

③公量。由于纺织品具有一定吸湿能力，其所含水分重量受到环境条件的影响，故其重量很不稳定。为了准确计算重量，国际上采用"按公量计算"的方法，即用科学的方法除去纺织品所含的水分，再加上贸易合同或标准规定的水分所求得的重量。

6.2　服装用纺织品

服装用纺织品生产的历史最长、品种最全、花色最丰富，外观质地多样，且具有非常强的实效特征。一般来说，服用纺织品按生产方式分为机织物和针织物，本文以机织物为代表介绍服装用纺织品的常见品种。

6.2.1　棉型织物

棉型织物是以棉或棉型纤维为原料的机织物。棉型织物的整体风格朴实无华，给人以自然、贴切、舒适之感。棉型织物吸湿透气，穿着舒适，染色性好，色泽鲜艳，色谱齐全，能抗虫蛀。不足之处是弹性较差，易霉变。棉织物以优良的天然性能和穿着舒适性为广大消费者所喜爱，为服装业提供了品种齐全、风格各异的衣料。

植物纤维

（1）平布

平布（图6.4）是我国棉织生产中的主要产品。它包括由棉、仿棉型化纤、棉与化纤混纺织成的平纹织物。有细平布、中平布、粗平布之分，也有本色、漂白、染色、印花、色织平布之分。它的一般特点是经、纬纱密度相等或相近，经、纬纱的细度也相近。

（2）府绸

府绸（图6.5）为平纹组织或平地小提花组织，采用较低的纱线线密度、较高的经密和合理的纬密织成。它是一种细特、高密度的平纹或提花棉织物，是棉织物中的高档产品，具有良好的外观，有丝绸般的风格，故名府绸。府绸特点是布面洁净平整，质地细致，手感

图6.4　平布

柔软润滑，穿着舒适，是制作男式衬衫的理想面料。较厚较密的府绸是制作羽绒服、工作服、风衣、夹克的理想面料。

（3）巴里纱

巴里纱（图6.6）又称玻璃纱，是一种稀薄半透明的平纹组织织物。按加工方法不同，巴里纱可分为染色巴里纱、漂白巴里纱、印花巴里纱、色织提花巴里纱等。织物外观稀薄、透明，布孔清晰、透气性佳，手感柔软滑爽，富有弹性，光泽自然柔和，具有"薄、透、爽、韧"的风格，为夏用面料的佳品。

（4）泡泡纱

泡泡纱（图6.7）是一种具有特殊外观效应的薄型平纹布。其特点是利用化学处理或织造加工的方法，在织物表面形成泡泡。泡泡纱造型新颖，风格独特，透气性好，立体感强，穿着不会紧贴人体，洗后免烫，缺点是多次洗涤后泡泡易消失，使服装保形性差。适宜做衬衫、裙子、睡衣、睡裤等，也可用作被套，床罩等。

（5）斜纹布

斜纹布（图6.8）属中厚低档斜纹棉布，一般采用$\frac{2}{1}$单面斜纹组织，正面斜纹线条较为明显，反面斜纹线条则模糊不清。斜纹布按其使用的纱线种类不同，可分为纱斜纹、半线斜纹和全线斜纹三种；按纱线的线密度不同，可分为粗斜纹、细斜纹两种。

（6）哔叽

哔叽（图6.9）为$\frac{2}{2}$斜纹组织的织物。哔叽的经、纬密度较接近。哔叽质地柔软，正反面织纹相同，纹路倾斜方向相反。正反两面呈形状相同而方向相反的斜纹。哔叽布面平挺，手感丰满，紧密有身骨。

（7）华达呢

华达呢（图6.10）为$\frac{2}{2}$斜纹织物。棉型华达呢是以棉纱为原料，移植毛型华达呢风格而制成的织物，具有斜纹清晰、质地厚实、布身挺而不硬、耐磨而不易折裂等特点。华达呢手感比卡其稍软，布面富有光泽，适宜制作春、秋、冬季各种男女外衣。

（8）卡其

卡其（图6.11）是棉织物中紧密度最大的一种斜纹织物，布面呈现细密而清晰的倾斜纹路。单面卡其采用$\frac{3}{1}$左斜纹

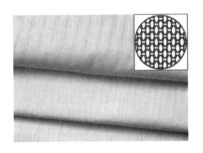

图 6.5 府绸颗粒效应

图 6.6 巴里纱

图 6.7 泡泡纱

图 6.8 斜纹布

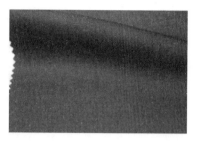  

图 6.9　哔叽　　　　　　　图 6.10　华达呢　　　　　　图 6.11　卡其

组织，正面有左倾斜向纹路，反面斜纹线较弱。双面卡其采用 $\frac{2}{2}$ 加强斜纹组织，织物正反面都有斜向纹路。卡其具有质地紧密、织纹清晰、手感厚实、挺括耐穿等特点。紧度过高的卡其耐平磨不耐折磨，制成服装后袖口、领口、裤脚等折边处首先磨损断裂。

6.2.2　毛型织物

动物纤维

　　毛型织物是指以羊毛、兔毛等各种动物毛及毛型化纤为主要原料制成的织物，包括纯纺、混纺和交织品，俗称呢绒。

　　（1）常见的精纺毛型织物

　　① 哔叽。毛型哔叽（图 6.12）与棉型哔叽的区别在于采用毛型纱线织制，其为素色的双面斜纹织物，经、纬密度接近，斜纹角度为45°，且纹路较宽，表面平坦，身骨适中，手感软糯。有全毛哔叽、毛混纺哔叽、纯化纤哔叽等多种，适用于春秋季男女各式服装、制服、军装、鞋料、帽料等，其中薄哔叽还可做女套装、裙子等。

　　② 啥味呢。啥味呢（图 6.13）又称精纺法兰绒，是一种有轻微绒面的精纺毛织物，它是精纺呢绒中的大路产品，外观特点与哔叽很相似。啥味呢与哔叽的主要区别在于，啥味呢为混色夹花，而哔叽通常为单色。啥味呢通常由深色毛与白色（或浅色）毛混合而成，故呈混色的效果，传统色泽以灰色、咖啡色等混色为主，而目前啥味呢的颜色丰富多彩。经过缩绒处理的啥味呢，正反面均有毛绒覆盖，毛绒短小、均匀且丰满，无长纤维散布在呢面上，底纹隐约可见，手感不板不烂，软糯而不糙，有弹性，有身骨，光泽自然柔和。啥味呢适宜做春秋季男女西服、两用衫、夹克衫、西式裙裤、女式风衣等。

　　③ 华达呢。毛型华达呢（图 6.14）是用精梳毛纱织制，有一定防水性的紧密斜纹毛织物。华达呢属中厚型斜纹织物，纹路间距较窄，斜纹线陡而平直，手感滑糯而厚实，质地紧密且

 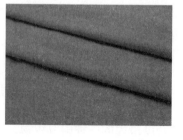 

图 6.12　哔叽　　　　　　　图 6.13　啥味呢　　　　　　图 6.14　华达呢

富有弹性，耐磨性能好，呢面光洁平整，光泽自然柔和，颜色纯正，无陈旧感。采用花式线织成的华达呢外观具有混色效果，用不同色泽的经纬纱交织的华达呢，具有闪色或闪光的特点。华达呢主要用作外衣衣料，如春秋季各式男女西服。较厚型的高级缎背华达呢以做秋冬大衣为宜，薄型华达呢多用作女裙衣料。

④凡立丁。凡立丁（图 6.15）又称薄毛呢，属单纱平纹织物，是精纺毛织物中的轻薄型面料，为夏季服装中应用最广泛的品种之一。它以优质羊毛为原料，也有混纺及化纤产品，所用纱线细而捻度大。织物轻薄挺爽，富有弹性，呢面光洁，织纹清晰，光泽自然柔和，多为素色。

图 6.15　凡立丁

（2）常见的粗纺毛型织物

①麦尔登。麦尔登（图 6.16）质地紧密，身骨结实，手感丰满柔软。呢面有密集的绒毛覆盖，织物看不见底纹，细洁平整不起球，耐磨性能好，富有弹性，抗皱性好。按使用原料可分为全毛和混纺麦尔登。成衣后平挺贴身，保暖性好，穿着舒适。适宜做冬季服装，如长短大衣、西装套、风衣等。

②法兰绒。法兰绒（图 6.17）有纯毛及毛混纺两种。法兰绒为粗纺呢绒类传统品种之一，它是将一部分羊毛先染色后，掺进一定比例的原色羊毛，均匀混合后纺成混色毛纱织制而成，属中高档混色呢绒，夹花的呢面效果是它的独特风格。法兰绒表面有绒毛覆盖，半露底纹，丰满细腻，混色均匀，手感柔软而富有弹性，身骨较松软，保暖性好，穿着舒适，适宜做春、秋、冬季各式男女服装。

③粗花呢。粗花呢（图 6.18）用单色纱、混色纱、合股线、花式纱线等和各种花纹组织配合在一起，形成人字、条格、圈圈、点子、小花纹、提花等各种花型。花色新颖，配色协调，保暖性好，适用面广，穿着美观舒适。

图 6.16　麦尔登

图 6.17　法兰绒

图 6.18　粗花呢

6.2.3　丝织物

丝织物是指采用桑蚕丝、柞蚕丝、化纤长丝及部分短纤维为原料而织成的织物。凡长丝含量大于 50%（或织物表面具有丝绸风格）的织物，均称为丝织物，包括所有纺织原料的纯织或交织产品。丝绸织物轻盈滑爽、柔软飘逸、明亮悦目、华丽富贵、弹性好，属高档面料。

丝织品可制成薄如蝉翼、厚如呢绒的各类产品。根据我国的传统习惯，结合绸缎织品的外观风格、组织结构、加工方法，丝型织物分成纺、绉、缎、锦、绡、绢、绒、纱、罗、葛、绨、呢、绫、绸14大类。

（1）纺类

纺类织物（图6.19）是采用平纹组织，经纬线不加捻或加弱捻，采用生织或半色织工艺，外观平整细密的素、花丝织品。该织物手感滑爽，平整轻薄，比较耐磨。有漂白、染色和印花等多种品种，原料上有真丝纺、黏胶丝纺、合纤纺和交织纺。中厚型纺绸可作衬衣、裙料、滑雪衣等，中薄型纺绸可作伞面、扇面、绝缘绸、打字带灯罩、绢花及彩旗等，用途很广。

纺类产品有电力纺、杭纺、样纺、绢丝纺、富春纺等。

（2）绉类

绉类织物（图6.20）是外观呈绉效应的一类丝织物，它是采用平纹、绉组织或其他组织，并利用不同的工艺条件，如经纬加强捻或经不加捻而纬加强捻、经线上机张力有差异、原料伸缩性不同等，使外观呈现明显的绉效应并富有弹性的素或花丝织物。绉织物的优点是质地轻薄，密度稀疏，光泽柔和，手感糯爽而富有弹性，抗褶皱性能好，透气舒适，不易紧贴皮肤；缺点是缩水率较大。绉类产品包括双绉、碧绉、留香绉等。

（3）绡类

绡类织物（图6.21）采用平纹或假纱组织，以较小的经纬密度构成稀薄、质地爽挺、透明、孔眼方正清晰的织物。质地硬挺、孔眼清晰的绡可用作产业用丝网。绡类织物轻薄飘逸，呈透明状，凉爽透气。主要品种有乔其纱、东风纱、烂花绡、迎春绡等。东风纱为白织轻薄型真丝绡类织物，质地轻薄透明，手感舒爽。

图6.19　纺类织物

图6.20　绉类织物

图6.21　绡类织物

（4）缎类

缎类织物（图6.22）是以缎纹组织织成，织物手感光滑柔软，质地紧密，光泽较亮。地组织全部或大部分采用缎纹组织，外观平滑光亮。经丝略加捻，纬丝除绉缎外，一般不加捻。缎类产品包括软缎、绉缎等。

（5）锦类

锦类织物（图6.23）是我国传统的多彩熟织提花高档丝

图6.22　缎类织物

织物。锦类是采用平纹组织、斜纹组织等色织多重纬，外观绚丽多彩、精致典雅的提花丝织品。锦类织物质地较丰满厚实，外观五彩缤纷、富丽堂皇，花纹精致古朴，采用的纹样多为龙、凤、仙鹤和梅、兰、竹、菊以及文字"福、禄、寿、喜""吉祥如意"等民族花纹图案。锦类品种繁多，中国传统名锦有蜀锦、云锦、宋锦及壮锦四大名锦。锦类织物多用作装饰布，如室内装饰的织锦台毯、织锦床罩、织锦被面以及各种高级礼品盒的封面和名贵书册的装帧。在服饰方面多用于制作领带、腰带、棉袄面料以及少数民族的大袍等。

（6）绸类

在丝织物中，无其他 13 大类特征的各种花、素织物称为绸（图 6.24），其用料广泛，桑蚕丝、柞蚕丝、黏胶丝等都可使用。它采用或混用基本组织及变化组织，质地一般较紧密。典型品种有和服绸、绵绸、人丝花绸等。绸类织物质地细密，比缎稍薄，但比纺稍厚。轻薄型的绸质地柔软、富有弹性，常用作夏装，如衬衣、连衣裙。较厚重的绸挺括有弹性，光泽柔和。绸类织物强力和耐磨性能较好，可作西服、礼服、外套、裤料或供室内装饰用。

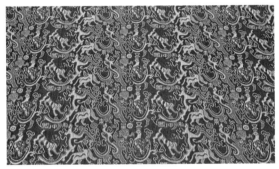

图 6.23　锦类织物　　　　　　　　　　　图 6.24　绸类织物

6.2.4　麻织物

麻纤维是人类最早用于衣着的纺织原料，品种很多，是从各种麻类植物上获得的纤维素纤维，并与果胶等物质伴生在一起。要获得可利用的麻纤维，必须将纤维从胶质中分离出来，即进行脱胶。麻纤维具有吸湿散湿快、断裂强度高、湿强更高、断裂伸长率极低、较耐碱而不耐酸等特点。

麻型织物既包括用麻纤维加工而成的织物，也包括麻纤维与其他纤维混纺或交织的织物，以及在外观、风格和性能上与麻织物相仿的化纤织物。

（1）苎麻织物

苎麻织物包括纯苎麻布、爽丽纱、涤/麻混纺织物等。

用苎麻原麻经脱胶、梳理，取其精梳长纤维纺制成纯苎麻纱进而织制的布称为纯苎麻布（图 6.25）。它多数是由中、低线密度的纱织成单纱织物，具有强度高、手感挺爽、透气性好、吸湿散湿快、服用卫生性良好等特点，但易起皱、不耐曲磨，因此成衣的袖口、领口处易磨损。一般用作床单、床罩、枕套、台布、餐巾等用品及夏季服装。

爽丽纱（图 6.26）为纯苎麻细薄型织物，因其单纱挺爽、薄如蝉翼且有丝般光泽而得名，

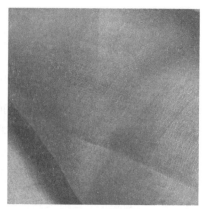

图 6.25　纯苎麻布　　　　　　　　　图 6.26　爽丽纱

为麻织物中的名贵产品。经纬纱线密度为 10.0～16.7tex（60～100公支）。由于苎麻纤维刚性大，细纱表面的毛羽多而长，耐磨性较差，给织造带来了困难。为改善可纺性，通常采用水溶性维纶与苎麻混纺，织成织物后再经水洗处理而得到纯苎麻薄型织物。该织物主要用作高档衬衣、裙料以及台布、窗帘等装饰织物。

用涤纶与苎麻精梳纤维混纺的纱线织制的织物称涤／麻（麻／涤）混纺织物（图 6.27）。涤／麻混纺织物的常见混纺比为 65：35、45：55 和 40：60，具有手感柔软、弹性好、不易起皱等特点。混纺比例中涤纶含量大于麻纤维的称为涤麻布；麻纤维含量大于涤纶的称为麻涤布。涤／麻（麻／涤）混纺后，两种纤维性能可取长补短，既保持了麻织物的挺爽感，又克服了涤纶吸湿性差的缺点，可用于夏季衬衫、上衣及春秋季外衣等，成衣穿着舒适，易洗快干，常称为"麻的确良"。

（2）亚麻织物

亚麻织物是以亚麻纤维为原料的织物。亚麻织物表面具有特殊的光泽，不易吸附尘埃，易洗易烫，吸湿散湿性能良好。现代胡麻、大麻织物等因其规格、特性、工艺与亚麻织物相近，也归入此类。亚麻织物吸湿散湿快，断裂强度高，断裂伸长率低，防水性好，光泽柔和，手感较松软，可用作服装、装饰、国防和工农业特种纺织品。

亚麻织物分为亚麻细布、亚麻帆布和亚麻平布三大类。

① 亚麻细布（图 6.28）。一般泛指低线密度纱、中线密度亚麻纱织制的亚麻织物，是相对于厚重的亚麻帆布而言的，包括棉／麻交织布、麻／涤混纺布。亚麻细布具有竹节风格，光泽柔和，织物细密、轻薄、挺括，手感滑爽，吸湿透气性好。通常，经纬纱采用同一线密度。织造时紧度不宜大，可通过后整理来增加其紧度，改善织物的尺寸稳定性。多采用平纹组织，也可用变化组织与提花组织。黑色亚麻布经酸洗后手感柔软，布面光洁平滑。

② 亚麻帆布（图 6.29）。一般用干纺短麻纱织制，可用作苫布、帐篷布等。亚麻苫布、帐篷布均较厚重，具有透气性能好、撕破强力高等特点。经纱常用 160～180tex，纬纱常用 300tex，以经重平组织织制。紧度是拒水苫布的关键指标，织物经向紧度约 110%，纬向紧度约 60%。除上述两种外，亚麻帆布还有地毯布、麻衬布、橡胶布和包装布等。

图 6.27　涤 / 麻混纺织物

图 6.28　亚麻细布

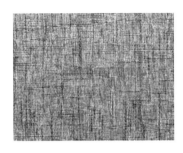

图 6.29　亚麻帆布

③亚麻平布。是以亚麻纺制而成的纯亚麻平纹布，它透凉爽滑，服用舒适，与苎麻一样弹性较差，不耐褶皱和磨损。亚麻平布表面呈现粗细条并夹有粗节纱，形成特殊的麻布风格。由于亚麻单纤维相对较细短，故较苎麻平布松软、光泽柔和。

（3）黄麻织物

黄麻织物（图 6.30）为以半脱胶的熟黄麻及其代用品熟洋麻或熟尚麻纤维为原料织制而成的织物，有黄麻麻袋布、黄麻麻布和地毯及地毯底布三大类。黄

图 6.30　黄麻织物

麻织品具有吸湿性良好、抗菌防霉、抗紫外线、易降解等特点，但是长时间受潮或经常洗涤，未脱尽的一部分胶质会分解殆尽，暴露出长度仅 2 ~ 5mm 的单纤维，从而完全丧失强度，所以黄麻织物不宜制作经常洗涤的服用织物。

黄麻浆纤维是利用类似黏胶的生产工艺，以黄麻为原料纺制的黏胶纤维，除了具有普通棉浆黏胶纤维的特性外，还保留了天然麻纤维的抗菌抑菌、吸湿排汗、易染色及可生物降解的性能，是一种差别化、功能化的黏胶纤维产品，具有广阔的市场前景。

6.2.5　化纤织物

随着科学技术的进步以及人们对服装舒适性、功能性要求的提高，近几年来，纺织纤维领域的研究得到了飞速发展，不仅传统纤维得到了进一步的改进，新型纺织纤维也喷涌而出。一般来说，新型纺织纤维具有多元化、多样化、环保性和功能性等特点。下面介绍几种功能化纤织物。

合成纤维织物

再生纤维织物

（1）阻燃纺织品

由纤维制品燃烧引起的火灾已成为现代社会中重大灾害之一，严重威胁着人类生命财产的安全。因此，世界各国对纤维及纺织品的阻燃研究十分重视。阻燃纤维和阻燃纺织品与普通纤维和纺织品相比可燃性显著降低，在燃烧过程中燃烧速率明显减缓，离开火源后能迅速自熄，且较少释放有毒烟雾。合成纤维阻燃纺织品可以通过使用阻燃纤维或织物阻燃整理来获得，而天然纤维的阻燃只能通过纤维、纱线或织物的阻燃整理来实现。阻燃纤维的生产方法有化学改性法和物理改性法。

阻燃纺织品可分为两类，一类是具有较高强度，适宜于制造阻燃、耐热织物及复合制品的纺织材料，如芳香族聚酰胺、聚酰亚胺、芳砜纶类纤维；另一类虽具有阻燃及耐热性能，但是机械强度较低，适宜于制毡和层压类或与高强度纤维混纺的纺织品，如酚醛纤维、交联聚丙烯酸酯纤维及预氧化聚丙烯腈纤维等。该类纺织品具有耐高温、不熔融、不滴落、不燃烧的特点，主要应用于消防、冶金、水电、核工业、地矿等特殊环境行业，以及家用装饰布、航运、军工、民用等对阻燃纺织品有特殊需求的领域。

（2）抗菌防臭纺织品

1955 年，日本成功开发出一种具有抗菌功能的纤维，它是在纤维母体树脂中加入 Cu、Ag、Pb 的金属元素或它们的化合物制得的，最常用的是金属银盐和铜盐。金属或它们的盐类能破坏细菌细胞膜的代谢功能，导致细菌死亡，从而起到杀菌作用。近年来还开发了许多其他的无机、有机抗菌剂。通过共混、复合纺丝或后整理方式，赋予纤维及纺织品抗菌、防臭的性能。抗菌整理是应用抗菌防臭剂处理纺织品（天然纤维、化学纤维及其混纺织物）（图 6.31），从而使纺织品获得抗菌、防霉、防臭、保持清洁卫生等功能。其加工目的不仅是为了防止纺织品因为被微生物破坏而受到损伤，更重要的是为了防止传染疾病，保证人体的安全健康和穿着舒适，降低公共环境的交叉感染率。

（3）抗静电纺织品

合成纤维及其织物容易产生静电，特别是在气候干燥的环境下，带电现象相当严重。目前解决抗静电问题的方法，主要采用在纤维内部混入吸湿性材料、引入亲水性基团或对织物进行吸湿性树脂整理，还可在织物中交织导电纤维。为了使织物具有耐久的适应各种环境的抗静电性能，而不再以依靠水来达到传导电荷的方式防止静电。人们通过长时间的研究与实践，寻找到很多方式，其中最行之有效的方法是直接使用导电纤维。

（4）抗紫外线纺织品

抗紫外线纺织品（图 6.32）主要是通过使用防紫外线的纤维或后整理进行浸轧和涂层的方法使纺织品获得防紫外线的功能，它是将具有反射、衍射或吸收紫外线功能的无机超细颗粒或有机化合物添加于纤维中或对纺织品进行后整理。但这种方法获得的防紫外线功能抗水洗牢度小。优质的防晒服都会标有明确的紫外线的透射程度（UPF）等防晒参数，一般 UPF 指数为 30+ 到 50+，UPF 指数数值越大，代表紫外线透射程度越低，防护效果越好。但国家

图 6.31　添加银纤维的抗菌纺织品

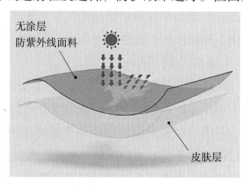

图 6.32　抗紫外线纺织品

标准中纺织品的 UPF 值最高的标识是 50+，因为 UPF 大于 50 以后，UPF 指数增长对人体防护作用的影响完全可以忽略不计。

（5）拒水拒油纺织品

纺织品接触水或油类液体而不被水或油润湿，则称此纺织品具有拒水性或拒油性。纺织品具有一定的防水、防污、易去污或拒水拒油等功能，既可减少服装的洗涤次数，又能降低洗衣劳动强度和时间，对服装寿命、服装保洁和整体形象都非常有益。除了拒水拒油整理外，现在又出现了专用于合成纤维的易去污整理，不仅能够简单地防止水及油污沾污纺织品表面，更能方便、有效、快速地清除这些脏污。

（6）防水透湿纺织品

防水透湿纺织品是指既能防雨水、冰雪，又具有透湿性，能迅速有效地散发人体排出的汗液的纺织品。这要求纺织品在一定的水压下不被水润湿，但人体散发的汗液蒸汽却能通过纺织品扩散传递到外界，不在体表和纺织品之间积聚冷凝。若人体的汗液不能及时排出，纺织品内就会产生水蒸气而凝结，从而降低服装的保暖性。

（7）防弹纺织品

防弹纺织品制作成的防弹衣（图 6.33）是现代战争中士兵不可缺少的防护服。目前，用于防弹纺织品的合成纤维主要有芳纶、高强高密聚乙烯纤维等。芳香族聚酰胺纤维中最有代表性的高强度、高模量和耐高温纤维是聚对苯二甲酰对苯二胺（PPTA）纤维。防弹纺织品主要由尼龙、芳纶、基纶等超高聚合物纤维织造而成，其防弹机理主要是射击弹对纤维进行拉伸和剪切，同时纤维将冲击能向冲击点以外的区域进行传播，能量被吸收掉而将破片或弹头裹在防弹层里。

（8）智能可穿戴纺织品

在众多学术研究中，普遍将智能可穿戴纺织品（图 6.34）定义为：一种具有传感、伺服、通信记忆、自适应、自修复、自我供能和自我学习等智能功能的纤维集合体器件，可感知外界刺激并做出响应。柔性智能可穿戴纺织的发展得益于新兴导电纺织材料方面取得的重大突破，现在可将导电材料、电子和传统非导电纺织灵活结合，颠覆了电子元件僵硬外壳的传统设定，使其变得柔软、弹性、轻便、灵活，甚至可隐藏于轻薄面料的图案结构之中。而这里的导电纺织材料，包括新兴的柔性导电纺织材料，如超细镀银导电纤维、纳米铜超微粒子导电纤维、不锈钢导电纤维、导电高聚物纤维、碳纳米导电纤维等新原材料等。智能可穿戴纺

图 6.33　中国陆军"护神"防弹背心系列　　　　图 6.34　智能可穿戴纺织品

织技术与生物电子跨领域的结合，使得技术和商业模式门槛和产品利润都大幅提升。有研究指出，穿戴式的应用产业分成医疗照护、运动健身、资讯娱乐、工业及军事五类，智能可穿戴纺织品的应用范围几乎涵盖了生活所需的全部产业。

6.3 装饰用纺织品

装饰用纺织品

装饰用纺织品是用于美化环境的实用纺织品的总称，20世纪，家用纺织品是以家庭装饰用纺织品的身份出现的，凡是起到装饰作用，除了服装、产业用纺织品之外的产品都归为装饰用纺织品大类中。21世纪，随着人们生活水平不断提高，人们对家庭装饰用纺织品方面开始追求艺术、时尚、功能与整体性的结合。装饰织物在室内环境中有着实用和装饰的双重功能，它们不但是室内空间环境的有机组成部分，是人们生活中的必要用具，客观上还丰富了室内空间的层面，调节了环境的色彩、节奏，表现出不同于其他材质的情调和韵味。

6.3.1 按用途分类

（1）寝具类

作为主要家用纺织品，寝具（图6.35）既要有助于提高人的睡眠质量，又要有协调和装饰室内环境的作用。因为这些材料与人体皮肤直接接触，并且使用时间长，因此必须具备安全性、保暖性、柔软性、适合性、抗菌性以及时尚化、个性化等。此外，还具有浓郁的人情味和文化色彩。应使用绿色环保材料，以天然纤维为主。

① 被类。被类是人们睡觉时用于覆盖身体的纺织品。一要具有浓郁的装饰性，图案色彩要美观、典雅；二要柔软、耐磨、抗拉伸、

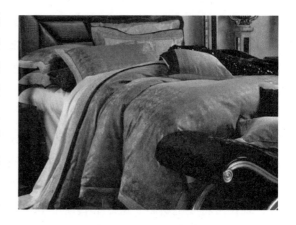

图6.35 寝具类纺织品

强力好、覆盖性好、抗菌性好、保温防寒、安全、无污染、洗涤方便。

② 枕垫类。枕头和垫褥是睡眠时的主要寝具，软硬合适的垫褥可以使身体处于舒适状态，消除疲劳，保障正常血液循环，同时具有保暖作用。要求厚度适中、弹性优良、防潮透气性好、染色牢度好、抗菌安全、坚牢耐用。

③ 毯类。它是铺垫类家用纺织品，要求保暖防潮、抗菌、厚度适中、美观、防水、抗静电。

④ 罩单类。包括被罩、床罩、床单、枕套、凉席等，装饰性强，功能实用，不仅应具备一定的色彩、光泽和质感，而且要柔软贴身、吸湿、透湿、易洗快干、抗菌保健、安全性好。

（2）窗帘帷幔类

窗帘帷幔类装饰织物包括窗帘（图6.36）、帷幔和遮阳织物等主要品种。此类织物在室

内装饰中占据着重要的地位，是家庭、宾馆、饭店、公共设施、交通工具中必需的消费品。

①窗帘。窗帘的主要作用是遮挡视线和挡风。目前，国外比较流行印花窗帘，在涤纶和黏胶纤维混纺织物上，采用涂料印花工艺，使织物花色艳丽，日晒牢度好，实用美观。它应具有遮光、吸音、防辐射、耐日晒牢度好、花色典雅、美观、易洗快干、耐污染、悬垂性好、阻燃、保暖性好等性能。

②帷幔。有着悠久历史的窗幔是室内生活中防尘、挡风、避虫、取暖和装饰的一种织物。帷幔的作用与窗帘基本相同，一般可以通用，只是幅面大小、制作形式上略有区别。帷幔有各类纤维织造的平素

图 6.36　窗帘

和提花织物。用帷幔来作室内空间的分隔，具有较强的灵活性，也使室内空间更具有温馨的情调、柔和的人性之美。

③浴帘。浴帘遮蔽性好，防水防污，保温，织物细腻缜密，轻薄挺括，色泽典雅大方，视觉舒适，易洗快干。

（3）卫生盥洗类

卫生间和浴室是构成整体住房环境空间的重要因素之一，卫生盥洗类装饰织物是室内装饰织物的重要组成部分，能反映一个国家装饰织物的技术水平和人们的生活质量。卫生盥洗类要能满足洗浴、卫生清洁和保管使用的要求，并且要易洗快干、不易产生霉变和被腐蚀、色泽及风格清新。

（4）餐厨杂饰类

餐厨杂饰类纺织品（图 6.37）包括餐桌用台布和厨用类纺织品。

①餐桌用台布。台布是餐厅的一种主要装饰织物。台布既具有实用性，又富有装饰性，它不仅能方便进餐，而且是一种美的享受。台布要具有抗菌、防污、防水、洁净、挺括、美观、典雅、易洗快干、耐高温、色牢度好、水洗牢度好、去污性强等功能。

②厨用类纺织品。现代厨用类装饰织物的发展，与厨房的现代化是相适应的。这类装饰

图 6.37　餐厨杂饰类纺织品

织物实用性强，同时也是厨房空间中美观、趣味，甚至是诙谐的装饰品。厨用类纺织品要求防水、防污、防油烟、阻燃、装饰性强、柔软蓬松、吸水性强、不沾油、易去污、不脱毛、易洗快干、不易发霉、不损伤被摩擦物件的表面光泽、抗菌等功能。

（5）家具覆盖类

家具覆盖类纺织品要求面料挺括、舒适、耐磨抗皱、阻燃、防污、防水、抗菌、易洗快干、卫生安全、色泽典雅。

（6）地面铺设类

地面铺设类装饰织物的主要品种为地毯（图6.38）。地毯是一种软的铺地材料，具有减少噪声、隔声、隔潮、使脚感舒适等功能，在居家环境中的运用较普及。地毯是室内地面用的纺织装饰品，凡是比较重要的场合和高档次的室内环境都必须用地毯。地毯在使用上有满铺和局部铺设的分别。整个室内地面铺满地毯称满铺，只在茶几、沙发或中间部分铺设是局部铺设。

图 6.38　地毯

（7）巾类

巾类是重要的装饰品。头巾又称方巾，主要用于头部和脸部的保护和装饰。围巾主要用于颈部的保护，在冬季使用，多用拉毛织物，使用棒针编织，柔软、保暖性好。披巾主要用作披肩，很富装饰效果，要求织物垂挂性好，除了用轻薄的纱织制外，多用绳线编织。汗巾手帕主要用于擦拭污物，在中国古代成为青年男女传情的信物，所以制作十分精细。陕北农民把白毛巾扎在头上，形成具有特色的地方装束。

（8）墙面贴饰类

墙面贴饰类装饰织物也称为织物墙布，是以天然或化学纤维为原料，通过机械加工方式织制而成的。墙面贴饰类装饰织物结构组织紧致，织纹变化丰富，平挺性和稳定性较好。

6.3.2　按材料分类

根据装饰用纺织品所用材料，可分为天然纤维类、化学纤维类、混纺类、皮草与皮革类及草藤类。天然纤维有棉、麻、丝、毛等制品，化学纤维有醋酯纤维、涤纶、锦纶及维纶等制品，混纺纤维类有涤 / 棉制品、涤 / 黏制品、丝 / 棉制品、棉 / 麻制品等，皮草与皮革类主要是用皮革或皮草制作的装饰用纺织品，草藤类主要是用草藤编结的各种装饰用纺织品。

矿物纤维织物

6.3.3　按风格分类

根据装饰用纺织品的风格，可分为民族风格、简约主义风格、乡村自然主义风格、西欧古典风格、新古典主义风格、现代风格、后现代风格、中国古典风格等类型。纺织品风格分类的主要依据是面料、图案、色彩和工艺。例如，纯棉、涤纶、真丝、麻等不同材质的特征可以反映不同的风格。自然风格的织物在图案上一般以自然界的动植物为主，给人以亲切、简朴、自然大方的轻松休闲气氛；新古典主义风格在工艺制作上采用印花、刺绣、提花等，在细节上，则注重蕾丝花边的加工，极力营造立体美；传统的手工刺绣的龙凤呈祥图案，则是中国特有的民族风格跨时代的演绎。

6.3.4　按工艺分类

根据装饰用纺织品的工艺，可分为印花类、织花类、编织类、刺绣类、抽纱类、绗缝类、织印或烂印结合类等。印花类是指布织好后，再将图案印上去，印花产品的颜色鲜艳明快，花型种类繁多；织花类是指装饰用纺织品中的图案、色彩、织物肌理采用不同的组织来实现，造价成本更高，工艺更复杂，有机织和针织之分。

6.4　产业用纺织品

产业用纺织品

随着科学技术的迅速发展，近年来国内外各行各业对产业用纺织品的需求不断增长，推动了产业用纺织品的发展，使其新产品层出不穷。产业用纺织品的推广应用已创造出了良好的经济效益和社会效益。我们把广泛应用于工业、农牧渔业、基本建设、交通运输、医疗卫生、文娱体育、军工及尖端科学领域的纺织品，称为产业用纺织品。我国产业用纺织品共分 16 大类，分别为医疗与卫生用纺织品、过滤与分离用纺织品、土工用纺织品、建筑用纺织品、交通工具用纺织品、安全与防护用纺织品、结构增强用纺织品、农业用纺织品、包装用纺织品、文体与休闲用纺织品、篷帆类纺织品、合成革用纺织品、隔离与绝缘用纺织品、线绳（缆）带类纺织品、工业用毡毯（呢）类纺织品以及其他类产业用纺织品，本文仅就其中四种详细展开介绍。

6.4.1　土工用纺织品

在土木工程中使用土工用纺织品（图 6.39），利用纺织品的特性对泥土起加固、排水、过滤、隔离、防护等作用，可以延长土木工程的寿命、缩短施工时间、节省原材料、降低工程造价、简化维护保养。因此土工用纺织品的应用是土工技术中的一项重大革新。由于土工用纺织品的使用过程与土壤等土建材料密切相关，美国材料试验学会对土工布的定义是：一切和地基、土壤、岩石、泥土或任何其他土建材料一起使用并作为人造工程、结构、系统的组成部分的纺用纺织品。

土工用纺织品之所以能在各项工程中广泛应用，主要是由土工用纺织品本身所具有的功能所决定的。土工用纺织品是一种多功能的材料，在土木工程中的作用可以概括为加固、隔离、排水、过滤、防护、防渗等。

图 6.39　土工用纺织品

（1）加固作用

土工布的加固作用就是利用土工布的拉伸性能来改善土壤层的力学性能。由于土工用纺织品具有较高的抗拉强度，在土体中可增强地基的承载能力，同时可以改善土体的整体受力情况。它主要用在软弱地基处理以及斜坡、挡土墙等边坡稳定方面。

（2）隔离作用

将土工用纺织品放在两种不同的材料之间或同一材料不同粒径之间，防止相邻的异质土壤或填充料的相互混合，使各层结构分离，形成稳定的界面，按照要求发挥各自的特性及整体作用。隔离用的土工用纺织品必须有较高的强度来承受外部载荷作用时而产生的应力，保证结构的整体性。它主要用在铁路、机场、公路路基、土石坝工程、软弱基础处理以及河道整治工程。

（3）排水作用

排水作用是将雨水、地下水或其他流体在土工布或土工布相关产品平面的收集和传输。土工用纺织品是良好的透水材料，无论是在用纺织品的法向或水平面均具有较好的排水能力，能将土体内的水积聚到用纺织品内部形成排水通道排出土体。它主要用在土坝、路基、挡土墙、运动场地下排水及软土基础排水团结等方面。

（4）过滤作用

过滤是使流体通过的同时，保持住受液力作用的土壤或其他颗粒。作为滤层材料必须具备两个条件：一是必须有良好的透水性能，当水流通过滤层后，水的流量不减小；二是必须有较多的孔隙，且孔径比较小，以阻止土体内土颗粒的大量流失，防止产生土体破坏现象。土工用纺织品完全具备上述两个条件，不仅有良好的透水、透气性能，而且有较小的孔径，孔径又可根据土的颗粒情况在制作时加以调整。因此，当水流垂直用纺织品平面方向流过时，可使大部分土颗粒不被水流带走，起到了滤层作用。

滤层作用是土工用纺织品的主要功能，主要用在水利、铁路、公路、挡土墙等各项工程中，特别是水利工程中做堤坝基础或边坡反滤层。在砂石料紧缺的地区，用土工用纺织品做反滤层，更能显出它的优越性。

（5）防护作用

土工用纺织品可以将比较集中的应力扩散开，予以减小，也可由一种物体传递到另一种物体，使应力分解，防止土体受外力作用破坏，起到对材料的防护作用。防护分两种情况，一是表面防护，即将土工用纺织品置于土体表面，保护土体不受外力影响而被破坏；二是内部接触面保护，即将土工用纺织品置于两种材料之间，当一种材料受集中应力作用时，而不使另一种材料被破坏。它主要用于护岸、护坡、河道整治、海岸防潮等工程方面。

（6）防渗作用

这类用途的土工用纺织品主要是防止水和有毒液体的渗漏，一般都采用涂层土工布或高分子聚合物制成的土工膜。涂层土工布一般在布上涂一层树脂或橡胶等防水材料，土工膜以薄型非织造布与薄膜复合较多，非织造布与薄膜厚度按要求而定。它主要应用在水利工程堤坝及水库中起防渗作用，也可用在渠道、蓄水池、污水池、游泳池等作为防渗、防漏、防潮材料。

6.4.2　农业用纺织品

农业用纺织品（图 6.40）包括灌溉用纺织品、微气候调节用纺织品和植物栽培用纺织品。

（1）灌溉用纺织品

在农业生产中，农业灌溉及农业土木工程地下排水都需要管道进行输送水。传统的排水管材有许多难以克服的缺点，如材料成本高、施工不方便、排水和过滤效果不好、经常发生倒灌现象等。因此，纺织品渗水管的使用逐渐增多，其优点是结构的可设计性，无论采用哪种编织方式，

图 6.40　农业用纺织品

机织、针织或者非织造，都可以通过调整工艺参数，很容易地把渗水管上的孔眼做到较小，并且保证孔眼均匀分布。在灌溉时，这样的结构就可保证出水均匀柔和，利于作物生长。

（2）微气候调节用纺织品

微气候调节用纺织品主要用于作物生长空间的微气候调节，表现在对温度、湿度、光线等方面的调节，以保证作物的正常成长。保温纺织品就是微气候调节用纺织品中的代表。现代塑料大棚基本是采用塑料薄膜进行保温，但是由于纺织品质地轻柔、保暖性好、不滴水等特点，它比塑料薄膜的保温性要好很多。所以，荷兰、日本、美国引进的现代化温室都用纺织品作为保温材料。

（3）植物栽培用纺织品

在农业生产过程中要进行种子培育，在城市绿化和园艺领域中需要大量的草坪，这就必需大量的培育基材。纺织品在这一领域同样起着很重要的作用。以麻纤维为原料，采用经编或缝编工艺制作的植物培育垫，能以一定方式稳定环境，帮助植被的建立和生长，防止害虫、鸟类啄食种子，是药材、蔬菜、草坪或花卉等优秀的繁殖材料，可用于江河堤岸或梯田等的

植被绿化，防止水土流失。

6.4.3 医疗与卫生用纺织品

医疗卫生用纺织品是指应用于医疗、医药、卫生、保健等领域的纺织品。随着人类文明和物质生活的进步，在纺织和医学相互交叉的这一领域内，医用纺织品获得了前所未有的发展。当前，医疗卫生用纺织品已成为一种集纺织、医学、生物、高分子等多学科相互交叉并与高科技相融合的高附加值产品。它不仅充分体现出了纺织品的崭新价值，而且成为医学领域最新的研究与发展方向之一。

（1）医用纱布

医疗纱布多以纯棉中、粗特纱线采用平纹组织织制，经练漂、脱脂及严格高温高压消毒，具有良好的吸湿、散湿性能。但传统的医疗纱布容易粘连伤口，不利于伤口的愈合，严重时会引发病灶感染，并可能在换药时增加病人的痛苦。采用中空、异型或超细等特种纤维，可使医疗纱布比表面积增大、毛细管效应增加，在保证纱布吸湿散湿、手感柔软的同时，能够减轻纱布对伤口的压力及摩擦。其中，水刺非织造布纱布吸渗液多，不粘连伤口，应用前景较好。

（2）医用手术缝线

理想的医用手术缝线应具有生物反应小、不利于细菌生长、针眼和缝合口不易出血、与肌体组织的摩擦力小、柔韧性高、有足够的抗张强度等特点。目前，最常用的分类法是将缝合线按生物降解性分成非吸收性缝合线和可吸收性缝合线两大类。非吸收性缝合线用于体外伤口，当伤口愈合后即可拆去；而可吸收性缝合线主要用于体内伤口的缝合。非吸收性缝合线主要有真丝缝合线、金属缝合线、聚酰胺缝合线、聚酯缝合线、聚丙烯缝合线、聚四氟乙烯（PTFE）缝合线等；可吸收缝合线主要有羊肠线、胶原缝合线、聚乙交酯缝合线、乙交酯和丙交酯共聚缝合线、聚对二氧杂环己酮缝合线、聚乳酸缝合线等。

（3）人造血管

人体心血管系统功能衰退或发生血管堵塞时，可以植入人造静脉或人造动脉，替代原来的受损血管。用人造血管（图6.41）代替人体血管作为输送血液的主管道时，除必要的耐消毒性、生物安全性外，还须具有物理化学性能稳定、网孔度适宜、一定的强度、易弯曲、不吸瘪、耐体内弯曲和压力，并且要求做植入手术时缝合性好，与人体组织能迅速结合。对于传统的单层人造血管，当血液流过时会出现膨胀与收缩，这导致将要生长进入人造血管的组织与人造血管分离，因而会阻碍愈合以及人造血管与天然组织的同化。例如，美国新泽西州奥克兰医疗研究所研制了三层结构的人造血管，每一层由一种材料组成，血管内壁光滑且有较低的孔隙率，可阻止血液渗透，减少血栓和血凝块的形成；外壁的孔隙相对较大，能增进联结组织的生长。

（4）人造皮肤

人造皮肤（图6.42）是一种可替代损伤皮肤的材料，它们可用于大面积烧伤的皮肤的修复。人造皮肤的材料基本上为天然材料和合成高分子材料的复合。当人体皮肤受到大面积损

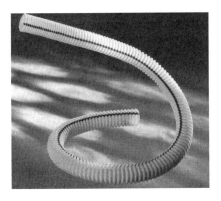

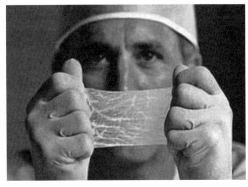

图 6.41　人造血管　　　　　　　　　　　图 6.42　人造皮肤

伤时，会引起体内的水分和体液大量流失，并很容易引起感染，所以对人造皮肤来说，具有模仿人体皮肤的积层结构材料才可能较好地适应复杂的生理要求。其主要性能要求是：与皮肤要有一定的亲和性，不发生刺激反应，与伤口有较强的结合力，质地柔软，紧贴性好。

6.4.4　交通工具用纺织品

交通运输用纺织品指应用于汽车、火车、飞机和船舶等交通运输工具的纺织品。汽车是最基本的运载工具，与人们的日常生活关系最密切，所用的纺织品也较典型。

（1）轮胎用纺织品

轮胎骨架材料（如帘子线）等是产业用纺织品的一大门类。其纤维用量大，技术含量高，质量要求严格。轮胎中纺织品所占比例不大，但是对轮胎构成和使用性能有着十分重要的作用。作为轮胎的骨架结构，帘子线必须具有以下主要性能：强度和初始模量大；有良好的耐热性，在湿热、干热下均不易降解；耐疲劳性好；常温和加热时尺寸稳定性好，加负荷时延伸度小，而且蠕变小；帘子线和橡胶的黏合性好，价钱便宜。

（2）安全气囊

汽车用安全气囊（图 6.43）是一种有效保护驾驶员或乘客安全的安全保护装置。安全气囊是一种气垫，平时折叠在位于驾驶员方向盘中央或乘客前方一个易扯破的小盒里，在发生撞车等事故时，一定条件下能极迅速地启动，在驾驶员或乘客前方形成一个安全气垫，垫住人体的胸部和头部，使其免受伤害。采用安全气囊对防止死亡、减少某些伤残确实有效，这使不少国家立法规定将它作为汽车的安全器材。

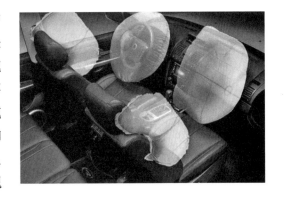

图 6.43　安全气囊

（3）船用纺织品

游览船、渔船、帆船等早期是用木材制造，到了 20 世纪 30 年代，已开始有用纤维增强塑料来制造。纤维增强塑料（FRP）相比木材的优点为：

① FRP 的强度、耐水性、密度等都非常适合于船体；

② 用 FRP 制造的船体一般都是整体成型，建造周期短；

③ 建造设备也不需要大规模的机械；

④ 依赖建造船舶用的优质木材和能工巧匠可以越来越少。

另外，还有橡胶充气皮艇，它也主要由纤维增强橡胶制作。

纺织品材料还用于各种海运船用产品，可发挥其功能或装饰作用，如停泊用的盖布、船的顶篷、遮蔽挡布等。对这些织物的要求是低伸长、高强度以及良好的耐磨性、抗老化性、防水性和耐化学性。随着船舶内装饰要求的越来越高，为满足豪华感、舒适感的要求，对纺织材料的性能要求也越来越高。

思考题

1. 纺织品按照用途主要可分为哪几类？简要介绍按用途所分的各类纺织品。

2. 列出至少五种纺织品基本安全性能检验指标。

3. 任选一种棉及棉型织物，介绍其特点、风格及主要应用场景。

4. 什么是麻型织物？爽丽纱有何特点，一般用于什么类型的服饰？

5. 列出至少五种生活中常见的装饰用织物。

6. 土工用纺织品为一种常见的产业用纺织品，简述其在土木工程领域中的作用。

7. 除了土工用纺织品外，试列出至少三种产业用纺织品。

参考文献

［1］蒋耀兴. 纺织品检验学［M］. 北京：中国纺织出版社，2001.

［2］杨慧彤，林丽霞. 纺织品检测实务［M］. 上海：东华大学出版社，2016.

［3］王文志. 装饰用纺织品［M］. 北京：中国纺织出版社，2017.

［4］倪红，姜淑媛，余艳娥. 服装材料学［M］. 北京：中国纺织出版社，2016.

［5］周璐瑛. 现代服装材料学［M］. 北京：中国纺织出版社，2000.

［6］武燕，王锋荣，黄紫娟. 机织物样品分析与设计［M］. 上海：东华大学出版社，2017.

［7］夏志林. 纺织天地［M］. 济南：山东科学技术出版社，2013.

［8］朱松文，刘静伟. 服装材料学［M］. 北京：中国纺织出版社，2015.

［9］谢光银，卓清良. 机织物设计基础学［M］. 上海：东华大学出版社，2010.

［10］朱远胜. 服装材料应用［M］. 上海：东华大学出版社，2009.

［11］杨晓旗，范福军. 新编服装材料学［M］. 北京：中国纺织出版社，2012.

［12］朱平. 功能纤维及功能纺织品［M］. 北京：中国纺织出版社，2016.

［13］（英）理查德·A. 斯科特. 防护用纺织品［M］. 龚小舟，凌文漪，杨大祥，等译. 北京：中国纺织出版社，2016.

［14］商成杰. 功能纺织品［M］. 北京：中国纺织出版社，2006.

［15］薛迪庚. 现代纺织品的开发［M］. 北京：中国纺织出版社，1994.

［16］叶润德，王欢. 纤维、纺织品、服装与饰品［M］. 北京：化学工业出版社，1997.

［17］郝新敏，杨元编. 功能纺织材料和防护服装［M］. 北京：中国纺织出版社，2010.

［18］姜淑媛，刘曰兴，王玉平，等. 家用纺织品设计与市场开发［M］. 北京：中国纺织出版社，2015.

［19］龚建培. 装饰织物与室内环境设计［M］. 南京：东南大学出版社，2006.

［20］王文志，刘刚中，张淑梅，等. 装饰用纺织品［M］. 北京：中国纺织出版社，2017.

［21］胡国瑞. 纺织品设计概论［M］. 重庆：西南师范大学出版社，2007.

［22］晏雄. 产业用纺织品［M］. 上海：东华大学出版社，2013.

［23］王璐. 生物医用纺织品［M］. 北京：中国纺织出版社，2011.

［24］熊杰. 产业用纺织品［M］. 杭州：浙江科学技术出版社，2007.

［25］尉霞. 产业用纺织品设计与生产［M］. 上海：东华大学出版社，2009.

［26］海宁市百创纺织品有限公司. 丝光平布［DB/OL］. http：//www. zj123. com/member/product-d5326b21-6aee3dc45fb04b0d9e2c-detail. htm.

［27］府绸［DB/OL］. https：//m. baike. so. com/doc/6150271-6363463. html.

［28］巴里纱质感丝巾［DB/OL］. http：//china. alibaba. com.

［29］纱布浴巾首次如何清洗［DB/OL］. http：//shabu100. com.

［30］涤棉斜纹布［DB/OL］. https：//b2b. hc360. com/supplyself/391669544. html.

［31］华盛坊. 缎背哔叽3172［DB/OL］. http：//cn-hsf. com. cn/zhiyefumianliao. shtml.

［32］无LIBO服装设计. 面料越贵越好？连面料都不懂，怎么找一份好工作！［EB/OL］. http：//www. sohu. com/a/166645259_559321.

［33］丹毛纺织. 全毛哔叽面料［DB/OL］. http：//info. textile. hc360. com/2015/01/211024609639. html.

［34］$\frac{2}{2}$斜纹华达呢［DB/OL］. http：//lx. 168tex. com/ProductsView-41500. html.

［35］凡立丁条子［DB/OL］. http：//m. 99114. com/chanpin/128047179. html.

［36］法兰绒［DB/OL］. https：//b2b. hc360. com/supplyself/80396920609. html.

［37］新申亚麻. 尼丝纺是什么面料？［EB/OL］. http：//www. sohu. com/a/210602872_99931589.

［38］吴江市新锦华纺织有限公司. 绉类面料［DB/OL］. http：//www. windmsn. com/detail1079402. html.

［39］真丝绸［DB/OL］. http：//www. 52bjw. cn/product-info/6047357. html.

［40］T社定制. 什么是缎类织物？有什么特点？［EB/OL］. https：//www. tshe. com/posts/aada1c10.

［41］墨攻. 蜀锦［EB/OL］. https：//www. poco. cn/works/detail_id6019907.

［42］苏州市聚千聚纺织有限公司. 美丽绸［DB/OL］. https：//b2b. hc360. com/supplyself/626438070. html.

［43］谭海波. 纯苎麻服装［DB/OL］. http：//www. windmsn. com/detail1615512. html.

［44］谭海波. 纯苎麻爽丽纱［DB/OL］. https：//www. 912688. com/supply/81330758. html.

［45］亚麻细布.［DB/OL］. https：//quanjing. com/imginfo/ul0635-4582. html.

［46］灰色亚麻帆布［DB/OL］. https：//cn. dreamstime. com.

［47］黄麻织物［DB/OL］. http：//www. windmsn. com/detail621671. html.

［48］显微镜下的银纤维［DB/OL］. https：//b2b. hc360. com/supplyself/80377368071. html.

［49］采用纳米无涂层防紫外线面料［DB/OL］. http：// www. ijiandao. com.

［50］中国陆军"护神"防弹背心系列［DB/OL］. http：//www. baike. com/wiki/ 防弹服 &prd=tupianckxx.

［51］小鱼时代. 2016：看智能穿戴如何"洗白""黑科技"［EB/OL］. https：//wearable. ofweek. com/2016−01/ ART−8420−5003−29050320_2. html.

［52］纺织服装机械网. 纺织业能从国际家用纺织品博览会中得到什么启示［EB/OL］. http：//www. fzfzjx. com/ news/detail−31316. html.

［53］软装：窗帘［DB/OL］. https：//huaban. com/pins/1415347195/.

［54］ZeltiaGarzia. 厨房纺织品图案设计［EB/OL］. http：//www. chdesign. cn/case/1171631. html.

［55］羊毛地毯的清洗方法和简介［EB/OL］. http：//www. 360changshi. com.

［56］土工布［DB/OL］. http：//ziko. tuxi. com. cn.

［57］土工布［DB/OL］. http：//www. maoyigu. com/sell/jienenghuanbao/4623/23113591. html.

［58］zcx. 农业用纺织品［EB/OL］. http：//www. cnita. org. cn/ch/newsdetail. aspx?ids=40_2008.

［59］DOCIN. 高分子材料人造血管顺应性的研究［EB/OL］. http：//www. lovfp. com/ddwk/15129/1512943265. html.

［60］全国药品网. 新型人造皮肤材料高敏锐度强力自我修复［EB/OL］. http：//zixun. 3156. cn/u10000a111104. shtml.

［61］安全气囊［EB/OL］. http：//news. bitauto. com/hao/wenzhang/709745.

［62］姚穆. 纺织材料学［M］. 4 版. 北京：中国纺织出版社，2015.

第 7 章　服装材料

绪论

服装材料作为服装设计的三大要素之一，不仅诠释了服装的风格和特性，而且影响着服装的款式、色彩以及造型的表现效果。因此，了解服装材料的种类，熟悉服装材料的特性，并能够合理地运用服装材料，显得尤为重要。服装材料可分为服装面料与服装辅料两大类，如图 7.1 所示。

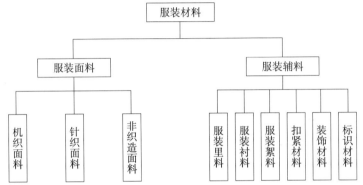

图 7.1　服装材料框架图

7.1　服装材料的概念及分类

服装材料的概念及分类

7.1.1　服装材料的概念

服装材料是人类生存和发展过程中必不可少的基本物质之一。服装材料从狭义上讲，指构成服装的所有材料；从广义上讲，指人类的着装状态，是对包裹人体各个部位或者某一部位的物品的总称。即凡用于服装构成的材料，都属于服装材料，包括衣服、帽子、围巾、手套等。

7.1.2　服装材料的分类

（1）根据主次作用分类

服装材料根据主次作用分为面料和辅料。面料指构成服装的基本用料和主要用料，对服装的款式、色彩和功能起主要作用，一般指服装最外层的材料。

（2）根据原料性质以及加工方法分类

根据原料的性质以及加工方法，用于服装的材料通常分为纤维制品和非纤维制品两大类。纤维制品包含了纱线制品和织物、纤维集合体，其中最典型的就是絮料和非织造布。非纤维制品主要包括动物皮革、皮草、人造革、合成树脂产品以及泡沫、塑料、橡胶、竹子、金属、贝壳等。具体分类如图 7.2 所示。

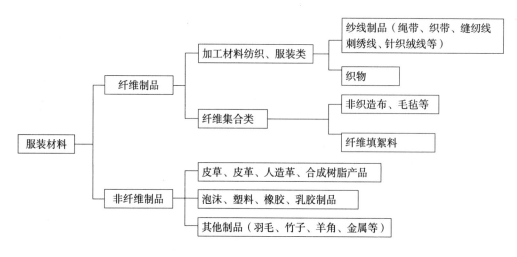

图 7.2　服装材料分类

7.2　服装面料

服装面料的分类方法很多，常见的分类方法有根据原料分类、根据面料结构分类和根据后整理工艺分类。根据面料结构可分为机织面料、针织面料和非织造面料。

7.2.1　机织面料

机织面料是由两组相互垂直的纱按照一定的规律纵横交错而成的，与织物纵向平行的纱称为经纱，与织物横向平行的纱称为纬纱，如图 7.3 所示。

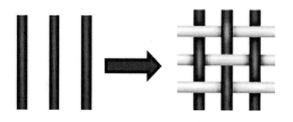

图 7.3　机织物编织原理图

机织面料

机织面料质地硬挺、结构紧密、布面稳定、平整光滑、坚牢耐磨，但延伸性和弹性差，易撕裂，易产生褶皱。

机织物中经纬纱相互交织的规律和形式，称为织物组织。若一织物系统的每根纱线（经纱或纬纱）在一个组织循环内只与另一个系统纱线交织一次，称为原组织。原组织分为平纹组织、斜纹组织和缎纹组织三种。

（1）平纹组织

平纹组织是最简单的织物组织，由两根经纱和两根纬纱组成一个单位组织循环，经纱和纬纱每隔一根纱线即交错一次，如图 7.4 所示。纱线在织物中的交织最频繁，屈曲最多，能使织物挺括、坚牢。

平纹组织采用不同线密度的经纬纱、不同经纬密度、不同的捻度和捻向以及不同的经纬纱颜色，便能呈现纵向或横向凸条纹、格子纹、起皱、隐形条纹、隐形格子等不同外观效应，如图 7.5 所示。

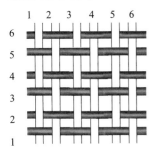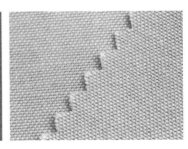

图 7.4　平纹组织　　　　　　　　　　图 7.5　平纹组织织物

（2）斜纹组织

斜纹组织最少要有三根经纱和三根纬纱才能构成一个组织循环，其特征是会在织物表面有序生成由经纱或纬纱浮点组成的倾斜纹路，称为斜纹线。斜纹的倾斜方向有左有右，分别称为左斜纹和右斜纹，如图 7.6 和图 7.7 所示。当斜纹线由经纱浮点组成时，称为经面斜纹；由纬纱浮点组成时，称为纬面斜纹。

斜纹组织中，经纬纱的交错次数比平纹组织少，因而可增加单位宽度内的纱线根数，使织物更加紧密、厚实和硬挺，并具有较好的光泽。

（3）缎纹组织

缎纹组织是原组织中最复杂的一种组织，其特征在于相邻两根经纱上单独组织点相距较远，而且所有的单独组织点分布有规律。缎纹组织的单独组织点，在织物上由其两侧的经（或纬）浮长线所遮盖，如图 7.9 和图 7.10 所示。

缎纹组织织物质地柔软，富有光泽，悬垂性较好；但耐磨性不良，易擦伤起毛。缎纹的组织循环纱线数越大，织物

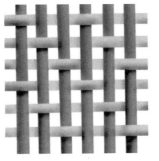

图 7.6　左斜纹组织　　　图 7.7　右斜纹组织

图 7.8　斜纹组织织物

图 7.9　经面缎纹　　　图 7.10　纬面缎纹

表面纱线浮长越长，光泽越好，手感越柔软，但坚牢度越差，如图 7.11 所示。

图 7.11　缎纹组织织物

7.2.2　针织面料

针织面料

根据加工工艺不同，针织面料分为纬编针织面料和经编针织面料。

7.2.2.1 纬编针织面料

纬编针织面料的基本单元是线圈，线圈的形态如图 7.12 所示。

（1）纬编针织面料的表示方法

①线圈图。线圈图即用线圈图形表示线圈结构在织物中的形态，如图 7.12 所示。从线圈图中可以清楚地看出针织物结构单元在织物内的连接和分布，有利于了解针织面料中织物的形态和结构，但线圈图仅用于表示较为简单的织物组织，复杂的结构和大型的花纹绘制起来比较困难，且不好表达。

②意匠图。意匠图是把针织结构单元组合的规律用人为规定的符号在小方格纸上表示的一种图形。如图 7.13 所示，每一个方格的行和列分别代表织物的一个横列和一个纵行。

③编织图。编织图是将针织面料中织物的横断面形态按编织顺序和织针的情况用图形表示，如图 7.14 所示。

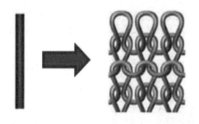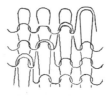

□ — 成圈

⊠ — 集圈

图 7.12　纬编针织物　　　　　　　　图 7.13　意匠图

（2）纬编针织面料的组织

纬编针织面料常用的织物组织及特性如下。

①纬平针组织。纬平针组织是针织面料中结构最简单的组织，由连续的单元线圈相互串套而成，在织物正反面形成不同外观，如图 7.15 所示。该组织的横向延伸性大，

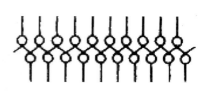

图 7.14　罗纹组织编织图

图 7.15　纬平针织物正、反面

但易卷边和脱散，广泛用于内衣、外衣和各类袜品。

②罗纹组织。罗纹组织为双面组织，由正面线圈和反面线圈在纵向交替配置而成。根据正反面线圈纵行相间配置的数目的不同，可分为 1+1、2+2、1+2、3+5 等。罗纹组织的弹性非常好，多用于内衣制品及要求有拉伸性的服装部位，如衣服的下摆、袖口和领口等，如图 7.16 所示。

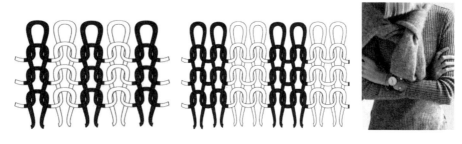

1+1　罗纹组织　　　　　　　2+2　罗纹组织　　　　　　　罗纹组织效果图

图 7.16　罗纹组织

③双反面组织。双反面组织是双面纬编组织中的一种基本组织，它是由正面线圈横列和反面线圈横列相互交替配置而成，如图 7.17 所示。纵向拉伸时具有很大的弹性和延伸度，使织物具有纵、横向延伸度相似的特点。双反面组织在服装中经常用于门襟、领子、下摆、袖口及局部的装饰。

④变化组织。变化组织是在一个基本组织的相邻线圈纵行间，配置另一个或几个基本组织的线圈纵行，如常用的双罗纹组织。双罗纹组织又称为棉毛组织，

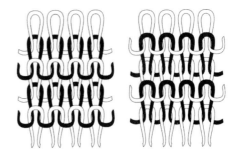

图 7.17　双反面组织正、反面线圈图

由两个罗纹组织复合而成，在织物的正、反面形成相同外观的正面线圈，广泛用于内衣和运动装，如图 7.18 和图 7.19 所示。

⑤花色组织。纬编针织物有各种花色组织（图 7.20）。它们是在基本组织或变化组织的基础上，采用不同的纱线，按一定规律编织不同结构和线圈而形成的，如衬垫组织、集圈组织、菠萝组织、长毛绒组织、衬经衬纬组织等。这些组织在内外衣、毛巾、毯子、童装及运动装

图 7.18　变化罗纹组织　　　　　　　图 7.19　罗纹空气层组织

图 7.20　花色组织

得到广泛应用。

　　⑥复合组织。复合组织由两种或两种以上的纬编组织复合而成（图 7.21）。根据各种纬编组织的特性，复合成所要求的组织的特性。目前应用较多的复合组织有双层组织、空气层组织、点纹组织（由不完全罗纹组织和不完全平针组织复合而成）、胖花组织等。它们综合了两种或两种以上的基本组织、变化组织、花色组织的特性，应用于内外衣等服装面料。

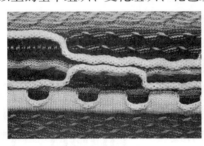

图 7.21　复合组织

7.2.2.2 经编针织面料

　　经编针织面料是由一组或几组纵向平行排列的纱线同时沿经向喂入织针而形成的针织物。

　　经编针织面料的基本组织如下。

　　①编链组织。每根纱始终在同一针上垫纱成圈的组织，称为编链组织。各根经纱所形成的线圈纵行之间没有联系，有开口和闭口两种。由于纵向的拉伸性小，又不易卷边，常作为衬衫布、外衣布等低延伸织物及花边、窗帘等制品的基本组织。

　　②经平组织。每根经纱轮流在相邻两根针上垫纱，每个线圈纵行由相邻的经纱轮流垫纱成圈，由两个横列组成一个完全组织。这种组织具有一定的纵、横向延伸性，且卷边性不显著，

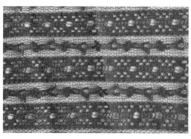

图 7.22　经编蕾丝

常与其他组织复合，用于内外衣、衬衫等。

③变化组织及其他组织。除以上组织外，还有经绒、经斜等组织，这些组织在内衣、外衣、蕾丝（图 7.22）、花边等方面有广泛的应用。

7.2.3　非织造面料

非织造面料也称无纺布，指不经传统的纺纱、机织或针织工艺过程，由一定取向或随机排列组合的纤维层或纱线层与纱线交织，通过机械钩缠、缝合或化学热熔等方法连接而成的织物（图 7.23）。

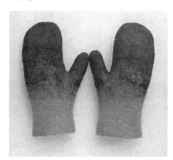

非织造布

图 7.23　非织造产品

非织面料与其他服装材料相比，具有生产流程短、产量高、成本低、纤维应用面广、产品性能优良、用途广泛等优点。其产品已广泛地应用于民用服装、装饰用布、工业用布、医疗用材料及高端技术领域。在服装中主要用于服装衬料、一次性卫生用品、包装材料等。

7.3　服装辅料

服装辅料

7.3.1　服装里料

服装里料是服装最里层的材料，通常称为里子、里布或夹里，是用来部分或全部覆盖服装面料或衬料的材料（图 7.24）。服装里料的主要作用有：使服装具有良好的保形性；对服装面料有保护、清洁作用，提高服装的耐穿性；增加服装的保暖性能；使服装顺

图 7.24　服装里料

滑且穿脱方便。对于絮料服装，作为絮料的夹里，可以防止絮料外露；作为皮衣的夹里，能够使毛皮不被沾污，保持毛皮的整洁。

7.3.2　服装衬料

为了服装的造型，在服装的某些部位加入一些起硬挺作用或固型作用的材料，这部分材料被称为服装衬料。根据原料不同，常见的衬料包括机织黏合衬、黑炭衬、马尾衬等（图 7.25）。

7.3.3　服装絮料

服装絮料指用于服装面料与里料之间，具有保暖（或降温）及其他特殊功能的材料（图 7.26）。传统的服装絮料的主要作用是保暖御寒。常见的服装絮料有棉、羽绒、丝、丝绵等。

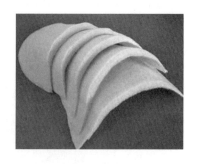

图 7.25　服装衬料

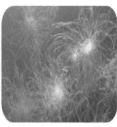

图 7.26　服装絮料

7.3.4　扣紧材料

扣紧材料指服装中具有封闭、扣紧功能的材料（图 7.27）。扣紧材料除了自身所具备的封闭、扣紧作用外，其装饰性也是不容忽视的。这类材料主要包括纽扣、拉链、钩、环等物件。

图 7.27　服装扣紧材料

7.3.5　装饰材料

装饰是服装设计不可忽视的内容，是实现服装整体美感、表现某种艺术性、趣味性的主要手段。利用专门的装饰材料，简便易行，效果明显，往往起到锦上添花、画龙点睛的作用。

（1）花边

花边是用作嵌条或镶边的各种花纹图案的带状材料，或称为蕾丝，在女装和童装中应用较多（图 7.28）。花边主要包括编织花边、刺绣花边、经编花边和机织花边四大类。多应用于内衣、睡衣、时装、礼服、披肩及民族服装，具有极强的艺术感染力。

（2）缀片、珠子

缀片、珠子因其极强的装饰性而广泛应用于婚礼服、晚礼服、舞台服装及时装，使服装造型靓丽、魅力四射（图 7.29）。选配时，应注意花边、缀珠的色彩、花型、宽窄与服装款式和面料相匹配，以实现最佳的装饰效果。

图 7.28　服装花边

7.3.6　标识材料

随着服装产品标准化的推广和服装品牌意识的加强，服装的各类标志已成为服装产品不可缺少的部分，并且受到生产者、营销者和消费者的共同关注。

完整的标识应该包括：制造商名称、地址、产品型号、产品名称、产品质量检验合格证、产品规格、使用原料的成分含量、执行标准、安全类别、产品等级、洗涤护理标签（图 7.30）。产品标志是消费者认识产品最直接的途径，消费者可以通过标识加强对服装的判断，并对

图 7.29　服装亮片、珠绣面料

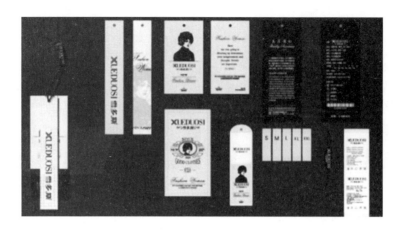

图 7.30　服装标识

后期的洗涤和保养提供依据。

（1）商标

商标是商品的标记，俗称牌子，是服装生产、经销企业专用在企业服装上的标志。一般用文字、图案或二者兼用来表示。商标是服装质量的标志。生产、经销单位要对使用商标的服装质量负责。

（2）产品号型与规格

所谓号型，就是在一定的人群中所取得的人体数据基础上所设定的，是一个通过统计计算而获得的概念。

"号"指人体的身高，以厘米为单位表示，是设计和选购服装长短的依据；"型"指人体的上体胸围或下体腰围，也是以厘米为单位，是设计和选购服装肥瘦的依据。体型以人体的胸围与腰围的差值为依据划分为四类，分别用 Y、A、B、C 表示。表示方法是号与型之间用斜线分开，后接体型分类代号。男女体型划分见表 7.1，男、女体型图例如图 7.31 和图 7.32所示。

表 7.1　体型表

体型代号	Y	A	B	C
男	22~17	16~12	11~7	6~2
女	24~19	18~14	13~9	8~4

（3）纤维成分和含量

服装应标明产品采用的原料成分名称及其含量，纺织纤维的标注应符合相关规定。皮革服装应该标注皮革的种类名称，种类名称应标明产品的真实属性，有标准规定的应该符合相关国家标准、行业标准或企业标准。

① 每件产品应标明纤维的名称及其含量，即明确套装须分开标明。

② 服装辅料（里料、填充物、装饰材料等）的原料，也有必要进行说明。

a. 带有里料的产品,应分别标明面料和里料的纤维名称及其含量。例如,里料:100% 涤纶;

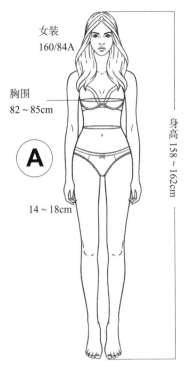

图 7.31　女士体型图例　　　　　图 7.32　男士体型图例

面料：纯毛。

　　b.含有填充物的产品，应分别标明外套和填充物的纤维名称及其含量（文胸可只标注侧翼及里料成分）；羽绒填充物应标明含绒量和充绒量，见表 7.2。

表 7.2　纤维含量表

棉服	套	65% 棉、　35% 涤纶
	填充物	100% 聚酯纤维
羽绒外套	面料	65% 棉、　35% 涤纶
	里料	100% 涤纶
	填充物	100% 灰鸭绒，含绒量 80%、　充绒量 260g

　　c.由两种及两种以上不同织物拼缀的产品，应分别标明每种织物的纤维名称及其含量。

　　d.产品中仅起装饰作用的附加部分，可以不标。

　　③由底组织和绒毛组成的产品。这类产品应标明所有纤维含量的百分率或者分别标明绒毛和基布的纤维含量，如 60% 棉、30% 涤纶、10% 锦纶或绒毛，90% 棉、10% 锦纶、基布100% 锦纶。

（4）洗涤熨烫方法

纺织品和服装应该按照 GB/T 8685—2008 中规定的图形符号表述洗涤方法，可同时加注与图形符号相对应的简单说明性文字，不要自行设计图形符号。如果要采用文字说明，应该在图形符号的基础上加注相应文字，并与对应的文字说明对应，不要自行定义或说明。

具体包括五方面内容：水洗、氯漂、熨烫、干洗、熨烫后的干燥。有关洗涤熨烫的具体方法见表7.3。

表7.3 服装洗涤熨烫基本图形符号

序号	名称	图形符号	说明
1	水洗（washing）		可以水洗
2	氯漂（chlorine-baesed bleaching）		可以氯漂
3	熨烫（ironing and pressing）		可以熨烫，使用约100℃低温熨斗熨烫
			可以熨烫，使用约150℃温度熨烫
			可以熨烫，熨烫温度可高至200℃
4	干洗（dry cleaning）		可以干洗
		A	A表示所有类型的干洗剂均可使用
		P	P表示可使用多种类的干洗剂
5	干燥（drying）		洗涤后滴干
			洗涤后，衣服平铺晾晒干
			洗涤后不得晾晒，需阴干

（5）产品执行的标准编号

标准中规定：应标明所执行的产品国家标准、行业标准或企业标准的编号。标注的标准应是企业组织生产该产品时执行的标准。该标准说明产品符合该标准的技术要求，同时该标准也是技术监督部门判定产品质量合格与否的依据。服装常用标准见表7.4。

表7.4 服装常用标准

编号	产品	执行标准编号
1	男西服、大衣	GB/T 2664—2017
2	女西服、大衣	GB/T 2665—2017
3	西裤	GB/T 2666—2017
4	衬衫	GB/T 2660—2017
5	单服装（包括休闲裤、男女上衣等）	FZ/T 81007—2012
6	棉针织内衣（包括圆领衫、内衣裤、棉童装内衣等）	GB/T 8878—2014
7	针织运动服	GB/T 22853—2019

编号	产品	执行标准编号
8	针织 T 恤衫	GB/T 22849—2014
9	腈纶针织内衣	FZ/T 73006—1995
10	羊绒针织品（羊绒衫等）	FZ/T 73009—2009
11	文胸	FZ/T 73012—2008
12	连衣裙、套裙（套裙、长裙、短裙等）	FZ/T 81014—2008
13	羽绒服装	GB/T 14272—2011

（6）产品质量等级

服装等级分为优等品、一等品、合格品。产品质量等级应该按照执行标准中规定的等级系列标注，并且要与产品使用说明上标注的产品编号一致。服装企业每年需办理产品质量检验合格证。按服装品种，每个品种应办理一份或一份以上合格证。每个品种提供同款、同面料、同规格服装 10 件或 10 套，面料 1m，盖公司印章的工艺单一份，最后根据检验机构出示的验定等级标注产品质量等级。

（7）产品质量检验合格证

产品质量检验合格证是指生产者或其产品质量检验机构、检验人员等，为标明出厂的产品经过检验合格而附于产品或产品包装上，说明产品质量合格的证明。产品质量检验合格证常以合格证书、合格标签和合格印章三种形式出现，企业可根据产品的特性、生产与包装物的特点选择一种。国内生产的合格产品，每件产品（销售单元）应有产品出厂质量检验合格证明。

（8）安全技术类别

GB 18401—2010《国家纺织产品基本安全技术规范》将所有列入控制范围的产品分为以下三类。

A 类：婴幼儿产品（婴幼儿产品的使用说明上应当标明"婴幼儿产品"字样，如尿布、围嘴、睡衣、帽子等）。

B 类：直接接触皮肤的产品（文胸、背心、短裤、衬衣、袜子、床单等）。

C 类：非直接接触皮肤产品（毛衣、外套、窗帘、床罩、填充物、衬布等）。

该规范从技术方面要求甲醛含量、pH、色牢度、异味、分解芳香胺染料五项指标必须达标，并对其含量做出了详细的规定。以甲醛为例，含甲醛的织物在穿着过程中，部分水解产生的游离甲醛会释放出来，刺激皮肤，引发呼吸道炎症，引发多种过敏症，损害人体健康。规范中规定，甲醛含量，A 类要求低于 20mg/kg，B 类要求低于 75mg/kg，C 类要求低于 300mg/kg。

该标准自执行之日起，市场上出现的所有服饰及家用纺织制品如果没有标注产品类别，就是不合格产品，在中华人民共和国境内的所有从事纺织产品科研、生产、经营的单位和个人，都必须自觉严格执行该技术规范。不符合该技术规范的产品禁止在中国境内生产、销售和出口。

思考题

1. 简述服装材料的分类。

2. 简述针织面料和机制面料的区别，并阐述其各自在服装中的应用。

3. 简述织物组织对服装面料性能的影响。

4. 简述服装里料在服装设计中的作用。

5. 举例说明服装衬料的部位及作用。

6. 市场调研并收集 3～6 个中外品牌服装的铭牌标注，说明其内涵。

参考文献

［1］ 朱松文，刘静伟. 服装材料学［M］. 5 版. 北京：中国纺织出版社，2015.

［2］ 龙海如. 针织学［M］. 2 版. 北京：中国纺织出版社，2014.

［3］ 毛莉莉. 毛衫产品设计［M］. 北京：中国纺织出版社，2009.

［4］ 李当岐. 服装学概论［M］. 北京：高等教育出版社，1998.

［5］ 陈继红，肖军. 服装面辅料及应用［M］. 上海：东华大学出版社，2009.

［6］ 马大力，陈红，徐东. 服装材料学教程［M］. 北京：中国纺织出版社，2002.

［7］ 朱远胜. 服装材料应用［M］. 上海：东华大学出版社，2009.

［8］ 王革辉. 服装面料的性能与选择［M］. 上海：东华大学出版社，2013.

第8章 服饰文化

随着社会经济的快速增长，物质财富的日渐充盈，促使人们日常生活中不可或缺的服饰更加朝着精神层面发展，服饰文化愈亦体现其社会价值。服饰的文化属性，也逐渐成为人们识别和评判的标准。本章首先就服饰文化的定义、特征、社会功能等进行概述，其次从史学的角度对服饰的起源、中西方服饰发展进行阐述，探求服饰发展的文化轨迹；最后比较中西方服饰文化的各自特征，以期能为学习服饰文化建设提供借鉴（图8.1）。

服饰文化

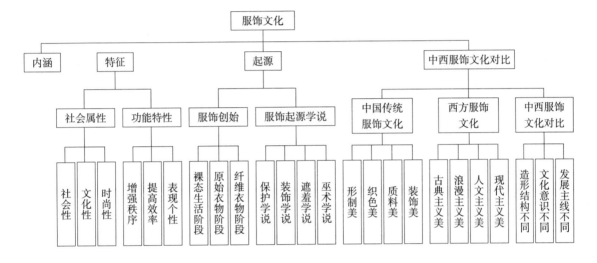

图 8.1 服饰文化框架图

8.1 服饰文化概念

服饰是人们生活中不可或缺的组成部分。冷暖寒暑，添衣减衫，是人们对服饰最基本的认识。除最基本需求之外，人们对服饰有着不同层面的认识，人们对红裙子洋溢出的热情、对白衣天使的尊敬、对橄榄绿军装的神圣向往，均是服装审美的表现。

简言之，文化是人类在社会实践中所创造的物质财富和精神财富的总和。服饰正是人类物质文明和精神文明的产物，前者是指服饰的设计、生产，需要以具体的物质材料为基础；后者则是以满足人们的精神需求为目的。物质和精神统一与服饰相辅相成，这就是所说的服饰文化。

8.2 服饰文化特征

服饰文化的范畴相当广泛，服饰作为人类物化的外壳，所着服饰各有不同，它不仅代表着装者不同国家、不同地域、不同人群、不同民族，同时也代表着装者的社会身份、阶级、职业、爱好等。服饰向人们展示了一幅复杂的文化类别与各种类别关系的组织框架图。

8.2.1 鲜明的社会特征

（1）社会性

服饰是社会的人造产物，社会形态不同，服饰也就不同。人们在互相交往中，总会将物质水平和精神面貌融注其中，构成群体、阶层等社会性文化特征。社会发生变革，服饰也随之更替，服饰忠实而形象地记录了社会的发展进程，是社会变迁的特殊载体。

改革开放以来，中国发生了翻天覆地的变化，尤其是在政治、经济、文化、思想、消费等方面，中国服饰在这40年发生的变化，直观、深刻地体现了社会的变革。

20世纪70年代，衣服基本是绿、蓝、黑、灰颜色。"远看一大堆，近看蓝绿灰"就是形容这一时期服装色调的（图8.2）。而且在改革开放初期，人民生活水平有限，穿衣的种类也比较少。

图8.2　20世纪70年代人们的着装面貌

80年代，经济开始复苏，人们的生活水平有了明显提高，蝙蝠衫、健美裤、红裙子开始流行起来（图8.3）。

90年代，是一个审美多元的年代。一步裙、踏脚裤、休闲装、超短裙、吊带裙、透视装等，女人们想穿什么就穿什么，妆容更加个性化，发型的选择更加多元化（图8.4）。

21世纪，人们的衣柜里五彩缤纷，很多人都不知道旧衣服该如何处理。40年前，大街上人们都穿一样的服装很常见，可是对于很多现代女性来说，最尴尬的事恐怕就是"撞衫"了。

图8.3　20世纪80年代初流行的红裙子

（2）文化性

文化性是因某些文化元素促成某一穿衣风格的流行。20世纪中叶，中华人民共和国成立，百废待兴，物质条件差，同时又遭到经济封锁，人们对着装的要求仅停留在以朴素为美，样式以"老三款"（中山装、人民装、军装）为主，取代了民国时期的长袍、马褂、旗袍。人们通过着装的形式表达出强烈的追求新生活的情怀。

（3）时尚性

服饰文化的时尚性形成于某一时段，受社会诸多因素影响，例如文艺、影视、体育等公共活动有一定的传播力，往往形成一股穿着风尚，受到广泛追捧、效仿。奥黛丽·赫本（Audrey Hepburn），英国电影

图8.4　20世纪90年代人们的着装面貌

和舞台剧女演员，1961 年，因成功主演电影《蒂凡尼的早餐》，使得小黑裙的人物形象家喻户晓，引起社会时尚人士对小黑裙的再度追捧，成就了时代风尚（图 8.5）。

8.2.2　有效的功能特征

随着社会的发展，文明程度的提高，服饰注重更高层次的文化潜质的发掘。增强秩序、提高效率、表现个性、塑造形象等功能，越来越成为人们衣着文化的主要追求。

（1）增强秩序

服装具有增强秩序的功能，中国古代有"垂衣裳而天下治"、昭名分、辨等威、品色服，这都是为了维护中国封建统治阶级的利益。辛亥革命后，在服装上所寄予的等级社稷意义被废除，取而代之的是新兴的维护秩序、增强社会稳定的服装，也就是制服。

警察、军人、医护人员等职业人士所穿的职业服装具有一定的职责和意义，如保护群众、维护社会秩序和国家安全等（图 8.6）。

图 8.5　奥黛丽·赫本着小黑裙的荧幕形象

（2）提高效率

人们从事的工作不同，所处的环境也有差异，所需的服装也各不相同，如服装的款式、材质、颜色等，为了提高工作效率，就必须使所着服装适应工作与环境。例如，运动员穿着合适的服装能够充分发挥运动水平；消防战士穿着消防服能够有效地投身到灭火、抢救生命和财产中去（图 8.7）。除了这些具有特殊功能的服装外，还有众多的职业服装的规划设计和不断的实施，是各行各业对服装功能文化的整体要求。

图 8.6　军服

（3）表现个性

俗话说，"穿衣戴帽，各有所好"。这里的"好"就是指个人的爱好、兴趣、习惯等，即个性特征。因为每个人的个性并不是抽象的，其情感和心理特征都会借助服装和配饰等明确体现，且都带有较强的个人特点。著名服装设计师克里斯汀·迪奥在总结自己设计女装经验时曾经描述过：每个妇女都赋予自己穿着衣服的个性，她们并不看中一件衬衣、一条短裙或者一款大衣是否好看、质地是否上乘，而是乐于按照自己的心愿去挑选、去搭配，来创造表现自己个性的服装（图 8.8）。可以说，着装凸显个性，是现代服装的一个整体趋势。

需要说明的是，个性在服装上的体现，并非单纯为展示个性而不变，还要受制于所处社会的大环境，即服从集团、团体的制约，也就是受到职业角色的制约，需要对个性进行重新"包装"。

图 8.7　消防战士穿着消防服进行消防演练　　　　图 8.8　迪奥"new look"服装

8.3　服饰的起源

服饰起源的问题，研究的是人类何时穿衣服与为什么穿衣服的问题。因为服饰起源的年代距今非常久远，根据考古的发现也只能推测上溯年限，却无法找到人类发展的源头，从而无法考证服饰真正的发源情况。

服饰的起源

8.3.1　服饰的始创

服饰的始创与人类的起源是紧密联系在一起的，达尔文在《物种起源》当中提出，人类是由类人猿逐渐发展而来的。类人猿经过一系列的进化环节后才进化成人类，从此开始了人类的历史，也就开始了服饰的历史。服饰的始创阶段大致经历了裸态生活阶段、原始衣物阶段、纤维织物阶段三个阶段。

8.3.2　服饰起源学说

关于服饰的起源，由于研究者的立场和出发点不同，得出的结论也不一样，致使服饰起源学说产生了许多理论，下面介绍几种有代表性的学说。

（1）保护学说

保护学说认为，服装的起源是人类为了适应气候变化，或为了使身体不受伤害，而从长年累月的裸态生活中逐渐进入到用自然或者人工的物体来遮盖和包裹身体的状态。这类学说不难找出支撑的观点和依据，例如，10 万~15 万年前，德国的尼安德特人就开始使用毛皮衣物，以适应第四冰河时期的寒冷，因此，保温御寒是服装的目的，又是服饰的起因。可同时也有学者发现，直至 21 世纪，现存的亚马孙河地域的印第安人通身裸体，但是在头上和腰上带着庞大的头饰和腰饰，可见，保护学说不能涵盖服饰起源的基本动机。

（2）装饰学说

达尔文曾经说过："世界上有不穿衣服的民族，但是没有不进行装饰的民族。"人类很早就有了个人饰物，用于增加吸引力，或者是区别于他人。装饰学说是隐藏着一定功利性的心理暗示。原始人在生活条件非常恶劣、生产物质几乎为零的情况下，想通过特殊饰物的佩戴达到某种生存目的（图 8.9）。不只是原始人，现在人也会通过特殊的饰物或装饰来表达美好愿望。例如，"23"在篮球场上是一个传奇的号码，因为迈克尔·乔丹身着 23 号球衣书写了一段又一段传奇。23 号球衣寄予托着乔丹和球员们的美好希望，具有心理暗示作用（图 8.10）。

图 8.9 巴布亚新几内亚人的绚丽头饰

图 8.10 乔丹和 23 号球衣

（3）遮羞学说

这一学说又称为精神保护学说，遮羞学说是指服饰起源于人类的道德感和羞耻感，这种说法历来没有太多人接受。

人们应该裸露或者遮掩哪些部位，不同文化背景和种族有着不同看法。一些残存部落的原始人，只穿戴腰带和臀带，或者通身裸体，只带有庞大的项饰或头饰，这仅仅是一种阶级标志或者族群标志。可见，道德感和羞耻感不是服饰产生的原因，而是服装产生后的结果。

（4）巫术学说

巫术学说也称为图腾学说，未开化的人类常常把一些毫无价值的东西，如细绳子、贝壳、羽毛等装饰在身上。不仅未开化人如此，现在的人也有这种现象，如在手腕上缠绕某种细绳以避邪或者防灾防病，脖子上佩戴项链作为护身符。这种源自原始的图腾崇拜或者巫术现象，实际上是一种心理上的防护，同时还具有装饰的目的。

关于服饰起源，要从不同的角度去科学地理解和看待。首先需要理解的是，服饰赖以起源的基础是人类的原始文明；其次，人类的进化与服饰的起源息息相关，如人脑演化、思维发展、人的体质改变等；最后，劳动使服饰成为可能，无论是直接采集贝壳，还是加工打磨石器，都是人类劳动的结果。

8.4 中国传统服饰文化

中国传统服饰经历了几千年的传承，各具特色，不同的时期都有代表性的服装款式。但是在服装形制、纹样、色彩等方面，仍有一定的规律可循。

8.4.1 形制美

中国传统服饰在形制上有两种基本样式，即上衣下裳分属制和上衣下裳连属制。

唐代著名画家阎立本创作的《历代帝王图》中，皇帝穿着的是最高级别的服装——冕服，即典型的上衣下裳分属制。冕服由上衣和下裳组成，绘有十二章纹样。《周易·系辞下》中描述："皇帝、尧、舜垂衣裳而天下治，盖取诸乾坤。"以庄严的叙述口吻，展示了中华服饰文化，从一开始就奠定了服饰的形制，即衣裳制。

从结构特征看，中国传统服饰采用传统的平面直线裁剪方式，袍、衫、襦、褂、袄等通常是以左袖端到右袖端的通袖线为水平线，前后衣片的中心线为垂直线，十字交叉平面展开，结构简单舒展。

8.4.2 织色美

上古时代，黑色被中国的先人认为是支配万物的天的颜色；夏、商、周时期，天子的冕服上衣为黑色；后来随着封建集权统治的发展，人们把对天的崇拜逐渐转为对地的崇拜，所以就形成了"黄为贵"的传统观念，黄色为帝王的专用色，体现统治阶级至高无上的地位（图 8.11）。

除此之外，中国传统的服色还受阴阳五行的影响，有"青、红、黑、白、黄"五色之说，这五色被视为正色，在大多朝代为上等社会专用，表示身份的尊贵，其余颜色均为间色。

同时，古人特别重视服色与季节的变换相适应，例如，根据一年四季的不同来变化服色，规定：春着青色，夏着赤色，秋着白色，冬着玄色。

图 8.11　龙袍（清）

8.4.3　质料美

中国是丝绸大国。种桑、养蚕、缫丝、织锦是我国古代重要的成就，也是对世界纺织技术一项极为重要的贡献。发展到殷商时期，就已经能够生产出品种繁多的丝织品，如纱、纨、罗、绮、绢、锦等品种。

1972 年在长沙马王堆辛追夫人墓出土的一件丝织文物，是一件用素纱织造的外套，身长 128cm，袖长 190cm，之所以叫"素纱禅衣"，因为它非常轻薄，可以用"薄如蝉翼，轻若烟雾"来形容，整件衣服加上缘饰总重量不足 50g。"素纱禅衣"充分体现出丝绸纺织技术在两千多年前的汉代已经非常精湛（图 8.12）。

8.12　素纱禅衣（汉）

发展到唐代，织造业已经达到了鼎盛，丝织品产地遍及全国，这为唐代服饰的新颖富丽提供了坚实的物质基础。蹙金绣就是唐代典型丝织品之一。蹙金绣半臂出土于陕西省扶风县法门寺地宫，半臂的袖长及肘，直领对襟，通身采用蹙金绣，为了凸显金线的装饰，底布为紫红色的罗，领饰同样用蹙金手法绣如意纹，衣身上蹙金绣折枝花纹样，每朵花的花蕊上还钉有一颗小红宝石，这是一件典型的唐代仕女外套（图 8.13）。缂丝工艺起源于唐代，发展到清代已成为皇家进行织造朝袍、龙袍、吉服等重要礼服的主要织造工艺。清代缂丝纹龙袍是故宫保存的众多珍贵衣物之一，

图 8.13　蹙金绣半臂（唐）

是以明黄色丝线缂织万字纹底，捻金线缂织金龙九条，彩线缂织海水江崖、出水八宝以及灵芝云纹等装饰。

汉代的素纱禅衣、唐代的蹙金半臂、清代的缂丝龙袍能够充分地体现中国传统服饰无论是在服装的质料、织造，还是在刺绣方面，都已经达到了古代服饰材料和工艺的最高境界。

8.4.4　装饰美

从装饰特点看，由于中国传统的服饰是采用平面十字形直线裁剪，表现二维效果，所以装饰也以二维效果为主，强调平面装饰。中国传统的装饰手法分镶、嵌、滚、盘、绣等几大工艺，这些工艺的巧妙运用使中国传统服饰虽然造型简单，但纹样色彩斑斓，美不胜收，其

中刺绣就是一个典型的代表。除了刺绣，滚镶
工艺在传统服饰上也运用得非常多。例如，清
代女装，从市井到宫廷，从汉民族女装到满族
女装，都在衣服的衣身和缘饰上进行滚镶装饰，
女装的衣缘越做越宽，从三镶五滚、五镶五滚，
一直发展到十八镶滚，繁复至极（图8.14）。

除此之外，在服饰配件当中，以头饰为例，
漂亮的掐丝、累丝、珐琅、点翠组成了既繁复
又绚丽的装饰文化。

图8.14　红纱底戳纱金玉满堂女氅衣（清）

8.5　西方服饰文化

西方服饰发展的历程，叙述了自古埃及以来，人类社会在服饰方式
上的发展变化的过程，它涵盖了各个时代不同的文明，这些文明为现代
社会的发展奠定了基础。

西方服饰文化

8.5.1　古典主义美——古代奴隶制社会时期服饰文化

古代奴隶制社会时期，以古希腊、古罗马服饰文化
为代表，体现出古典主义美的理念。希腊的服装是一块
布的艺术，服装穿着前不是预先根据人体形状进行量身
定制，而是通过披挂、缠裹方式把一块布穿在人体上，
之后简单利用一根腰带和数个别针，就能在人体上形成
优美的褶裥，这是最本质的、最自然的状态，有效地利
用和发挥了面料的特征，而且穿着这种衣服，人体也处
于自然的状态，可以说达到了人体与面料、主体与客体、
精神与形式高度的协调统一，这是希腊人的智慧和创造
（图8.15）。

8.5.2　浪漫主义美——中世纪服饰文化

在长达近千年的中世纪，服饰文化与其他文化一样，
受基督教文化的影响强烈。

从服装形态上来看，中世纪的服装是从古代南方宽
衣制向北方窄衣制过渡，甚至有研究者将中世纪称为是
西方服装发展的分水岭。这个时期的服装，在裁剪工艺

8.15　古希腊服饰

上出现了立体裁剪的"省"，尤其是将省道运用在女装的设计当中，形成了非常典型的窄衣
文化现象。整体来说，中世纪时期的服装具有浓厚的宗教色彩，例如，男子穿的尖尖的鞋与

女子正三角形的服装造型以及尖尖的帽子相呼应，体现出经典的宗教造型特色（图 8.16）。

8.16　中世纪的婚礼服饰

8.5.3　人文主义美——近世纪服饰文化

西方服装史上的近世纪，一般指从文艺复兴时期到路易王朝结束。这一时期，封建专制国家强大起来，资产阶级价值观念的张扬，要求肯定人性、世俗生活、个性价值、尊重理性。在这个时期，感性和理性两者在认识水平上是统一的，带来了古典主义的新生。从艺术风格上分为三个阶段，即文艺复兴时期、巴洛克时期和洛可可时期。

文艺复兴时期的服饰文化主要是以新生资产阶级经济成长为背景、以欧洲诸国王权为中心发展起来的服饰文化，特点是把衣服分成若干部件，各部件独立构成，然后组装在一起，如轮状皱领、紧身胸衣、裙撑、袖子等，甚至一对袖子、一条拉夫领、一件紧身胸衣等都是馈赠亲朋好友的最佳礼物。填充成为文艺复兴时期服饰的另一大特点，甚至文艺复兴时期的西班牙风时代，被称为"填充式"时代（图 8.17）。

17 世纪，巴洛克样式则是把这些服装的部件又完整地连在一起，形成了一种流动的统一基调，部件与部件之间的界限消失了，增强了整体感，表现出强有力的、跃动的外形特征，服装整体更具有男性力度。

图 8.17　亨利八世画像

18 世纪的洛可可时期，则是体现女性的纤细和优美。在富丽堂皇的、甜美的波旁王朝的贵族趣味中，窄衣文化在服饰的人工美方面达到了登峰造极的地步。弗朗索瓦·布歇于 1756 年所画的《蓬巴杜夫人》肖像，充分体现了波旁王朝时期女性烦琐的、人工装饰的服饰文化（图 8.18）。

洛可可时期的女人被称为"行走的花园"，在紧身胸衣和裙撑的基础上，再罩一层美丽的衬裙，衬裙外再罩一条外裙，外裙一般前开片，上面露出倒三角形的胸衣，胸衣自上而下，按大小顺序排列一排缎带蝴蝶结，外裙下面 A 字型打开，露出漂亮的衬裙，衬裙和外裙上也都会装饰弯弯曲曲的褶皱、飞边、蕾丝、缎带、蝴蝶结和人工造花，领口开得非常大，呈四角形，袖口处用层层叠叠的蕾丝花边作装饰。

8.5.4　现代主义美——近代服饰文化

西方服装史上所说的近代是指 1789 年法国大革命到

图 8.18　《蓬巴杜夫人》

1914 年第一次世界大战爆发为止的一个多世纪。

这个时期，以法国为舞台来看，无论是政治、经济还是各种文化现象，都发生了剧烈的变革，政治上出现了旧的波旁王朝和共和制拉锯式的反复变革。一般来说，社会的大变革时代都是男人的时代，男装肯定会发生独特的变化，如过去的古罗马时代、文艺复兴时代和巴洛克时代皆是如此，但 19 世纪的男装样式变化并不大。这是由于随着工业革命、法国大革命和资本主义社会的发展，男性投身于近代工业及商业领域的社会活动中，所以这种装饰过剩的衣服遭到男性摒弃，开始追求服装的合理性、运动性和机能性。

与男装相对，这个时期每一次剧烈的社会变革，都给女装带来了明显的样式变化，19 世纪被称为"流行的世纪"，其实这里主要指女装的流行。19 世纪同时也被称为"样式模仿的世纪"，女装的变迁几乎是按照顺序，周期性地重现过去曾经出现的样式。希腊风—16 世纪的西班牙风—洛可可风—巴斯尔样式等，在这一时期一一登场（图 8.19）。

图 8.19　19 世纪女装的流行

8.6　中西方服饰文化比较

8.6.1　造型结构不同

中国传统服装是平面的。从结构特征看，采用传统的平面直线裁剪方式，以左袖端到右袖端的通袖线为水平线，前后衣片的中心线为垂直线，十字交叉平面展开，结构简单舒展（图 8.20）。"十字型、整一性、平面化"这种原始朴素的结构，在中国几千年的历史中贯穿始终，一直延续至民国初年（图 8.21）。古人非常注重节俭，会最大限度地保持原材料的完整性，尽量不破坏其原生态面貌，形成了布幅决定结构形态的特质，此外，可以实现所用衣料最大化，并达到适体性和外观造型的平衡。

中西方服饰文化比较

西方服装的结构是立体的。自从中世纪有了"省"的出现，利用省道工艺，以立体裁剪为主，可以使柔软的纺织材料塑造出立体的人体形状（图 8.22）。服装非常适体，并凸显人的形体，强化性别，甚至夸张第二性特征（图 8.23）。造成中西方服装造型结构差异的最基本客观因素还是人们所生存的外部条件。西方服装立体裁剪的历史悠久、技术精湛，现代服装裁剪的基本技术就是西方传统技术的继承与发展。

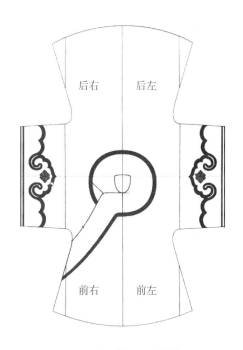

8.20　中国传统服装结构

图 8.21　20 世纪 30 年代的旗袍

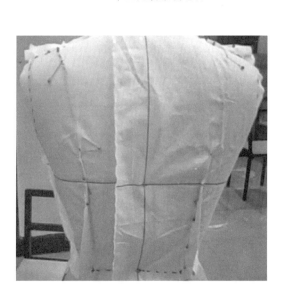

图 8.22　西方立体裁剪细节

图 8.23　洛可可时期的女装

8.6.2　文化意识不同

　　中国传统服饰文化发展之初，就深受儒家"礼"教观念的影响，"礼"的特点就是等级和制度。"礼"制下的服饰成为几千年中国统治阶级区别尊卑的工具，复杂的社会组织系统和礼仪教化最终演变成森严的等级制度。早在西周时期，中国古人就已经形成了六冕、四弁、六服等丰富的服饰礼仪文化。周代服装从制丝到最终穿着，要经过二十多道严格的管理程序。在经历汉代、唐代、宋代、明代的补充和丰富后，清代时中国服饰形成了一套缜密、繁复、严谨的礼仪体系。处于社会中的人被井然有序地安置于有冕旒、纹章、绶带制度交织而成的礼仪等级中，人们根据自己的身份和穿着的场合，选择与自身相对应的服饰。服饰体现出中国传统等级社会中复杂礼仪关系，体现了中国古人"唯礼是尚"的智慧和追求。

西方从一开始就将人看做是主宰服饰的主体，服饰作为客体是为人服务的，从而更加强调人的形体特征。西方古代服饰是以人性的表现为基本追求，强调服饰外形夸张与空间的占有，用以彰显人的性别特征。从 15 世纪中叶到 18 世纪末，西方服装文化经历了文艺复兴、巴洛克和洛可可三个发展时期。从外观上看，近世纪西方服装有一个共同特点，即强调服装外形的性别差异，甚至是极端的性别外观对比。男子通过夸张的上半身和紧贴肉体的下半身，形成上重下轻的倒三角形，富有动感的性别特征；女子则通过上半身胸口的袒露和紧身胸衣的使用，与下半身膨大的裙子形成对比，形成上轻下重的正三角形，呈现出稳定的性别美感。服装外形强调扩张感和凹凸变化，根本目的是为了彰显人的体态与性别特征。

文化意识的巨大差异，形成了中西方截然不同的服饰文化及服装样式（图 8.24）。

图 8.24　中西方典型的服装样式对比

8.6.3　发展主线不同

中国服饰是在一个相对固定的地理环境中发展的，东面和南面濒临太平洋，西北有漫漫戈壁和一望无际的大草原，西南耸立着世界屋脊青藏高原，这使得中国古代服饰远离其他服饰文化的影响，沿着自己的方向努力发展，随着文明的进展和朝代的更替而形成，属于个体发生性，自始至终都保持着与众不同的文化品位。所以，中国服饰文化的发展是以世世代代传承式发展的。

西方服装则是伴随着文明的发展，跨越亚、非、欧三大洲的疆界，最后落脚在西欧各国。服饰文化的形成属于系统发生性，其历史背景更加错综复杂，文化形态也极为丰富多样，因此，人们称其是"世界服装史"，尽管有点勉强，但也确实具有"世界性"。所以说，西方服饰文化主要是依靠传播来发展变迁的。

思考题

1. 试述人类文明与人类服饰发展的关系。

2. 服饰在现代社会中的功能是什么？

3. 分析中西服饰文化发展的差异。

4. 试述中国传统儒家思想对中国服饰文化的影响。

5. 西方近世纪服饰发展的特点是什么？

6. 宗教如何影响中世纪服饰文化？

7. 人类服饰始创经历了哪几个阶段？

8. 中国传统服饰文化特征有哪些？

9. 中国传统服饰文化是如何体现封建统治阶级性质的？

10. 如何理解中国传统服色中的正色与间色？

11. 分析中国和西方服饰结构的区别。

12. 什么是服饰文化？

13. 服饰文化的特点是什么？

14. 服饰文化对于社会的功能是什么？

参考文献

［1］黄士龙. 现代服饰文化概论［M］. 上海：东华大学出版社，2009.

［2］李当岐. 西洋服装史［M］. 北京：高等教育出版社，2015.

［3］余玉霞. 西方服装文化解读［M］. 北京：中国纺织出版社，2012.

［4］华梅，要彬. 中西服装史［M］. 北京：中国纺织出版社，2014.

［5］华梅. 中国服装史［M］. 北京：中国纺织出版社，2007.

［6］刘瑞璞，陈静洁. 中华民族服饰结构图考［M］. 北京：中国纺织出版社，2013.

［7］华梅. 东方服饰研究［M］. 北京：商务印书馆，2018.

［8］华梅. 服饰与个性［M］. 北京：中国时代经济出版社，2010.

［9］华梅. 服饰与演艺［M］. 北京：中国时代经济出版社，2010.

［10］华梅. 服饰与理想［M］. 北京：中国时代经济出版社，2010.

［11］故宫博物院. 天朝衣冠：故宫博物院藏清代宫廷服饰精品展［M］. 北京：紫禁城出版社，2009.

［12］贾玺增. 中外服装史［M］. 上海：东华大学出版社，2016.

［13］袁仄. 外国服装史［M］. 重庆：西南师范大学出版社，2012.

［14］华梅. 服饰与时尚［M］. 北京：中国时代经济出版社，2010.

［15］白云. 中国老旗袍［M］. 北京：光明日报出版社，2006.

第9章 服装色彩

自然界有许多迷人的色彩，如沙滩的金色、天空的蓝色、雪花的白色、枫叶的红色、银杏叶的黄色，色彩让宇宙万物充满情感，令人心旷神怡。"衣食住行"衣为首，绚丽缤纷的服装色彩为人们的生活增添了情趣。也许有人喜欢蓝色、白色或黑色，但是当他穿上这些颜色的服装时，才发现效果并不满意，因此，要正确地选择服装色彩，将不同色彩的服装搭配得协调美观，还需要掌握基本的色彩理论知识。本章将从服装色彩的形成机理、色彩的表示方法、色彩的搭配调和及色彩的流行等方面阐述服装色彩（图9.1）。

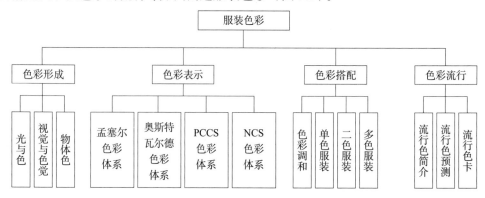

图9.1 服装色彩的框架图

9.1 服装色彩的形成机理

9.1.1 光与色

1672年，牛顿用三棱镜将白光折射出了红、橙、黄、绿、青、蓝、紫七种光谱色，为了证明三棱镜并非是创造色彩的元素，牛顿通过另一只三棱镜将光谱色重新汇聚成了白光，说明光本身才是产生色彩的因素。在色彩视觉过程中，光、物体、眼睛是三个不可缺少的因素，在黑暗中任何色彩都无法辨认。

色彩的形成机理

如图9.2所示，光是一种电磁波，包括 Γ 射线、X 射线、紫外线、可见光、红外线、无线电波等，它们具有不同的波长与振动频率。只有波长范围在 380～780nm 的可见光才能引起人的色彩感觉。波长小于 380nm 的电磁波叫紫外线，波长大于 780nm 的电磁波叫红外线，均为人眼看不到的电磁波。可见光部分波长最长的是红色光，最短的是紫色光，中间部分按波长由长到短的顺序分别呈现橙色、黄色、绿色、蓝色，绿色光为中等波长。

自身能发光的物体称为光源。不同的光源其光谱能量分布不同，会发出不同的色光。如果含短波长的光多，光源色会带点蓝；如果含长波长的光多，光源色则会带点红。从短波长到长波长的光基本均匀分布，则呈现白色，如日光。朝阳和夕阳的光中，600nm 以上长波长

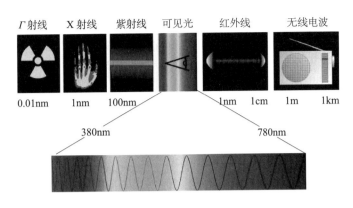

图 9.2　可见光及各种电磁波的波长

的光较多，因此呈现较强的红色；白炽灯的光中含 560nm 以上波长的光多，因此光色带点黄色。普通荧光灯所含蓝色波长的光较多而带点蓝，蜡烛所含长波长的光较多而呈现红色，公园夜间照明使用的水银灯蓝绿波段相对辐射能量较高呈蓝白色，隧道照明使用的钠灯呈现橙色。在纺织服装企业，进行验布时多安排在北窗，利用自然光，正是因为在自然日光下才能显示布的真实色彩。为了准确控制色彩，规定了标准光源。对色时，一般应在标准光源箱中进行。

9.1.2　视觉与色觉

要感知并准确辨认色彩，还需要健康的视觉生理条件。在人眼的视网膜上，含有感光的视杆细胞和视锥细胞。视杆细胞可以感觉暗淡的光，其分辨率比较低，不能分辨颜色。视锥细胞对亮光敏感，可以分辨颜色。因此人眼的色觉功能主要取决于视锥细胞的健康状况。视锥细胞分为三种，L 锥体细胞、M 锥体细胞和 S 锥体细胞，分别感知长波长的红、中波长的绿和短波长的蓝。三种锥体细胞都正常的人具有正常的色觉，即 3 色觉，大部分人是 3 色觉，但看到的颜色并不完全一样，依然存在个体差异。如果一种锥体细胞功能丧失，则不能感知对应的那种颜色，如 L 锥体细胞功能丧失，则不能感知红色，如 M 锥体细胞功能丧失，则不能感知绿色，均为 2 色觉，也就是通常所说的色盲。

9.1.3　物体色

自然界的物体对色光都具有选择性的吸收、反射、透射等现象。我们能看到物体的颜色，是因为可见光照射物体，再反射到眼中的结果。如白光照在苹果上，波长 380 ~ 600nm 的光几乎被果皮全部吸收，600nm 以上的光反射，由于苹果表面选择性地反射，人们看到的是红色的苹果。一张白纸是由于它反射了所有的色光而呈现白色；一块墨是因为它吸收了所有的色光而呈现黑色。

物体表面的肌理状态是影响它对色光的吸收、反射或透射等的重要因素。用同一种色染的丝绸和呢绒，丝绸因表面光滑细腻，对色光反射较强，看上去色彩鲜艳；呢绒因表面粗糙，对色光反射较弱，看起来色彩较灰暗。不同的服装材质，其色彩的呈现效果差异很大。

在生活中，相同的物体在不同的环境中呈现不同的颜色。一件白色的衬衫，在红光下呈红色，在绿光下呈绿色，在蓝光下呈蓝色。在商店里看到的服装颜色往往和实际的颜色有差异。因此，光源也是影响物体色的重要因素，通常以日光下呈现的色彩为准。

9.2　服装色彩的表示方法

服装设计的要素：
服装色彩

包豪斯色彩与设计教师约瑟夫·亚伯斯在《色彩互动》一书中写道：如果某个人说"红色"，那么 50 名听众的脑海中会浮现出 50 种红色，而且可以确定的是，这些红色都是各不相同的。人们试图更准确地描述色彩，因此产生了大量颜色词，如朱红、玫红、桃红、枣红；天蓝、湖蓝、水蓝；嫩绿、翠绿、墨绿等。这样的描述仍然不够精确，于是在现代色彩科学的研究中产生了色彩体系的客观表示方法，明确了色彩的三大属性，即色相、明度和彩度。

色相是色彩相貌的名称，也是色彩的最重要特征，也就是我们平时所使用的色名，如红、橙、黄、绿、青、蓝、紫等，由光的波长决定。明度指色彩的明亮程度，如浅蓝和深蓝，浅蓝较亮，深蓝较暗。明度由色彩光波的振幅决定，振幅大小不同形成了色彩的明暗区别。彩度指色彩的强度或鲜艳度，也指色彩的纯净程度，即色彩含有某种单色光的纯净程度，又称为纯度、饱和度、鲜艳度、含灰度等。比如灰蓝色，就是在纯净的蓝色中添加了灰色。

掌握色彩体系，将有助于我们进行科学的色彩搭配。本节将介绍几种主要的色彩体系。

9.2.1　孟塞尔色彩体系

孟塞尔色彩体系

孟塞尔色彩体系是最早的色彩体系，由美国画家、美术教育家孟塞尔（Albert H. Munsell，1858～1918 年）提出，并以他的名字命名。它是以色彩三属性的实际感觉为基础，将三属性分别置于三个维度的数值化表示物体色的体系。如图 9.3 所示（彩图见封二），孟塞尔色彩体系是一个凹凸不平的色立体，中心一根竖直的轴为明度轴，最上端为白色，最下端为黑色。围绕明度轴的是无数水平方向的色相环，无论是上面的还是下面的、里面的或是外

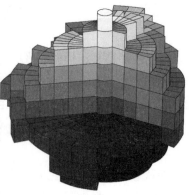

图 9.3　孟塞尔和孟塞尔色立体

面的色相环,都是按红、橙、黄、绿、青、蓝、紫的光谱色顺序围合而成。彩度的方向是圆周到圆心方向,如图所示的红色和绿色,在圆周上颜色非常鲜艳,由圆周向圆心逐渐变得灰暗,直至明度轴上的灰色。

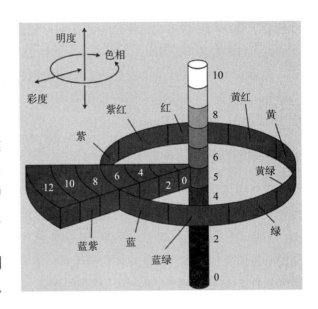

图 9.4(彩图见封二)是简化的孟塞尔色立体示意图,孟塞尔色彩体系的三属性表示方法一目了然。首先是色相,五种基本色红(red)、黄(yellow)、绿(green)、蓝(blue)、紫(purple)将色相环五等分,相邻两色之间插入等比混合的间色,分别是黄红(yellow-red)、黄绿(green-yellow)、蓝绿(blue-green)、蓝紫(purple-blue)、紫红(red-purple),这样就产生了十种色

图 9.4 孟塞尔色立体示意图

相,用颜色的大写英文首字母表示,即 R、YR、Y、GY、G、BG、B、PB、P、RP。其次是明度,明度轴的最上端是白色,明度值为 10,最下端是黑色,明度值为 0,中间均匀插入 9 种灰色,明度值为 0~10 之间的数字。最后是彩度,彩度也是用数字表示,中心明度轴上的颜色彩度最低,彩度值为 0,向圆周方向延伸的颜色彩度逐渐增加,越来越鲜艳,图中的蓝紫色彩度最大可达 12。红色、橙色、黄色的彩度值最大可达 14,但蓝色、蓝绿色的彩度值最大只能到 8。为了更加精确地描述,色相环被进一步细分。如图 9.5(彩图见封二)所示,每种色相再进行十等分,色相用字母结合数字的方式表示,如 5R、10R、5YR、10YR 等。

图 9.6(彩图见封二)是孟塞尔色彩体系的红色等色相面,由此可以直观地看到,红色色相在变化明度和彩度之后呈现的效果。最鲜艳的红色位于最外侧;明度最高的红色位于最上端,紧靠明度轴,已经非常接近白色,明度最低的红色位于最下端,非常接近黑色;从右向左看,

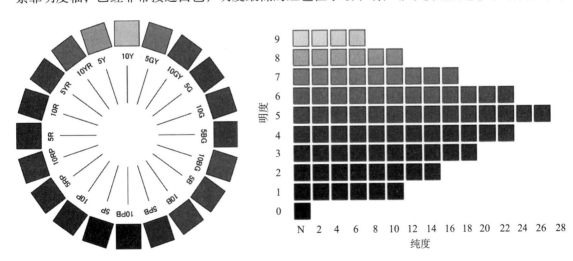

图 9.5 孟塞尔色相环细分图

图 9.6 孟塞尔色彩体系的红色等色相面

红色越来越灰暗。也可以这样认为，在同一竖直方向上的红色，上面的红色含白色较多，下面的红色含黑色较多；在同一水平方向上的红色，左侧的红色是右侧的红色混合了灰色的结果。

色彩三属性的表示分为有彩色和无彩色两种。无彩色由于没有色相，因此为中性的，取"neutral"的首字母"N"，同时也没有彩度，只加上明度。有彩色表示为：色相　明度 / 彩度（HV/C），如 5R　4/14；无彩色表示为：N 明度，如 N5.5。

9.2.2　奥斯特瓦尔德色彩体系

奥斯特瓦尔德（H. W. Ostwald，1853 ~ 1932 年）是德国化学家，也是诺贝尔化学奖获得者，他于 1920 年提出这一以他的名字命名的色彩体系。如图 9.7 所示（彩图见封二），奥斯特瓦尔德色立体形态非常规则，由两个相同的圆锥体叠加而成。从色立体的剖面可以看到，色彩三属性的空间关系和孟塞尔色立体完全相同。中心轴依然是明度轴，最上端为白色,最下端为黑色,色相环围绕明度轴水平分布，由中心向外周色彩的彩度越来越高，越来越鲜艳。除了形态不同以外，色彩三属性的表示方法也截然不同。

奥斯特瓦尔德色彩体系

奥斯特瓦尔德色相环由 24 个色相组成，如图 9.8 所示（彩图见封二）。首先由两对互补

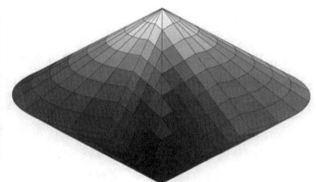

图 9.7　奥斯特瓦尔德和奥斯特瓦尔德色立体

色直交配置，即红（8）绿（20）、黄（2）蓝（14）将色相环四等分，相邻两色之间插入间色，即 5、11、17、23，得到 8 个基本色相，再对每个色相三等分，得到 24 种色相，分别用从 1 ~ 24 的数字表示。明度定为 8 级，分别以 a、c、e、g、i、l、n、p 表示，每个字母表示一定的白色量和黑色量，见表 9.1，其中 a 的白色量最高,p 的黑色量最高。色彩三属性的表示方法，有彩色表示为：色相号 + 白色量表示记号 + 黑色量表示记号，如 20gc，20 表示绿系的色，白色量的 g 表示 22，黑色量的 c 表示 44；无彩色仅用一个表示白色量或黑色量的字母表示即可。

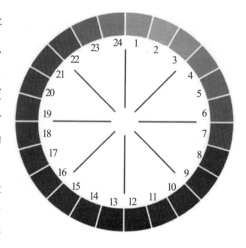

图 9.8　奥斯特瓦尔德色相环

图 9.9（彩图见插页）呈现的是奥斯特瓦尔德色彩体系的绿色等色相面，因形状是等腰三角形，也被称为色三角，其色彩规律与孟塞尔等色相面相似。如图 9.9（a）所示，用黄色标注的这组绿色与色三角的边 p-pa 平行，存在渐变的规律，它们的白色量相同，渐变的是黑色量，因此也称为等白系列；如图 9.9（b）所示，用蓝色标注的这组绿色与色三角的边 a-pa 平行，也存在渐变的规律，它们的黑色量相同，渐变的是白色量，因此称为等黑系列；如图 9.9（c）所示，用红色标注的这组绿色与明度轴平行，彩度相同，即纯色的量相同，称为等纯系列（表 9.1）。这

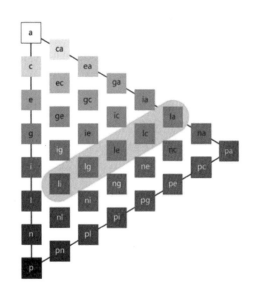

（a）等白系列

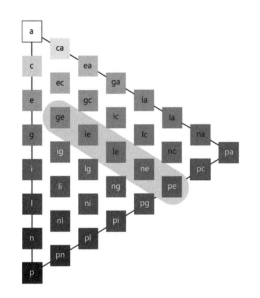

（b）等黑系列

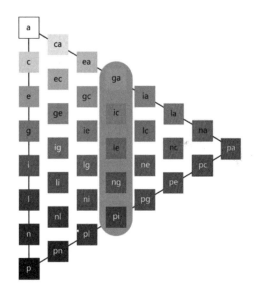

（c）等纯系列

图 9.9　奥斯特瓦尔德等色相面

些在体系中具有规则位置关系的色彩非常易于搭配，因此，奥斯特瓦尔德指出，具有规则位置关系的色彩搭配可获得协调美观的印象。

表 9.1　奥斯特瓦尔德色彩体系的明度

记号	a	c	e	g	i	l	n	p
白色量：W	89	56	35	22	14	8.9	5.6	3.5
黑色量：B	11	44	65	78	86	91.1	94.4	96.5

9.2.3 日本 PCCS 色彩体系

PCCS 是 practical color coordinate system 的简称，日本称为"色研配色体系"，是日本色彩研究所于 1964 年公开发表的色彩体系，以配色为主要目的。最初创建的目标就是应用，考虑了色彩企划、色彩调查、色彩传达、美术设计教育等多种配色调和问题，具有很强的实用性。日本色彩研究所对孟塞尔色彩体系和奥斯特瓦尔德色彩体系进行了大量深入研究，在充分吸纳两者优势的基础上，结合配色调和的需求，创建了 PCCS 色彩体系，在色彩教

日本 PCCS
色彩体系

育中得到了广泛应用。如图 9.10 所示（彩图见插页），PCCS 的色立体形态不规则，因此其等色相面也不是对称规则的。该色彩体系可以用二维的平面图来表示色彩三属性的空间位置，看起来更加直观。如图 9.11 所示（彩图见插页），左边为色相环，右边为明度和彩度结合的色调图。色相环包含 24 种色相，其中既有色光的三原色，为图中空心三角形指向的颜色，分别是 3、12、19 号色相；又有色材的三原色，为图中实心三角形指向的颜色，分别是 8、16、24 号色相。日常生活中我们用中文描述三原色的时候常常会混淆，色光的三原色为"红绿蓝"，色材的三原色为"红黄蓝"，由图 9.13 可知，这里的"红蓝"其实是不同的，如果用字母来表达就不会混乱。色光的三原色是 RGB，是计算机显色系统的三原色；色材的三原色是 CMY，也就是彩色打印机中三种彩色硒鼓的颜色。色相有两种表示方法，一种是用 1~24 的数字表示，另一种是用类似于孟塞尔色彩体系中的英文色彩名的首字母表示，见表 9.2。

表 9.2　PCCS 色相环中的 24 种色相表示及全称

1: pR	purplish red	2: R	red	3: yR	yellowish red	4: rO	reddish orange
5: O	orange	6: yO	yellowish orange	7: rY	reddish yellow	8: Y	yellow
9: gY	greenish yellow	10: YG	yellow green	11: yG	yellowish green	12: G	green
13: bG	bluish green	14: BG	blue green	15: BG	blue green	16: gB	greenish blue
17: B	blue	18: B	blue	19: pB	purplish blue	20: V	violet
21: bP	bluish purple	22: P	purple	23: rP	reddish purple	24: RP	red purple

色调是 PCCS 色彩体系的重要特色，是将明度和彩度复合的概念。如图 9.11 所示，PCCS 色彩体系共有 17 种色调，左侧明度轴包含五种无彩色色调，分别是白（W, white）、浅灰（ltGy, lightgray）、中灰（mGy, mediumgray）、深灰（dkGy, darkgray）、黑（Bk, black）；右侧有 12 种有彩色色调，分别是鲜艳的（v, vivid）、浅淡的（p, pale）、浅的（lt, light）、明亮的（b, bright）、暗灰的（dkg, dark grayish）、暗的（dk, dark）、深的（dp, deep）、浅灰的（ltg, light grayish）、带灰的（g, grayish）、柔和的（sf, soft）、暗淡的（d, dull）、强烈的（s, strong）。每种有彩色色调都有一个完整的色相环，根据它们的位置关系，可以看出不同的色调上色彩明度和彩度的变化，同时还有色彩感情的表现。如果想要突出服装的运动感，就可以在 V 色调、B 色调和 S 色调中来选择颜色；而婴儿的服装色彩要求看起来干净舒适，可以在 P 色调中来选择。

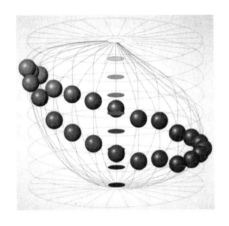 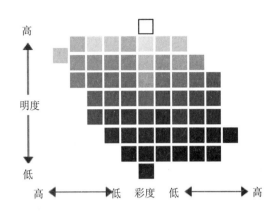

图 9.10 PCCS 色立体及等色相面

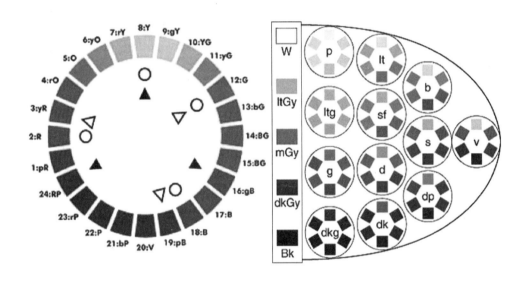

图 9.11 PCCS 色彩体系平面图

9.2.4 NCS 色彩体系

NCS 是 natural color system 的简称，是由瑞典开发并在欧洲广泛应用的自然色彩体系。图 9.12（彩图见插页）是 NCS 色彩体系的六种基础色，该体系以心理四原色黄（Y）、红（R）、蓝（B）、绿（G），加上黑（S）和白（W）这六种颜色为基础，其他所有颜色都是根据该色与六种基础色的类似度作出的。色立体也是非常规则的形态，类似于奥斯特瓦尔德色立体。

NCS 色彩体系

如图 9.13（a）（彩图见插页）所示，色相以红、绿、黄、蓝为基准，中间的两位数字表示与后面颜色相似度的百分数。比如，在黄和红中间的颜色为 Y50R，表示与黄（Y）的相似度为 50%，与红（R）的相似度也为 50%，也就是黄与红等比混合后得到的颜色。如果取 9 份的红，取 1 份的黄，混合后可得到颜色 Y90R。

图 9.12 NCS 色彩体系的 6 种基础色

如图 9.13（b）所示（彩图见插页），NCS 色彩体系的等色相面与奥斯特瓦尔德色彩体系类似，也是等腰三角形，但 NCS 的等色相面表示的是与白色的相似度（w）、与黑色的相似度（s）、与纯色的相似度（c）。色彩表示方法为连续记述与黑色的相似度、彩度、色相。如图 9.13（b）中的①号色，记为 4020-B10G，表示色相与 G 的相似度为 10%，与 B 的相似度为 90%，即取 1 份的 G 与 9 份的 B 混合可得到该色相；与黑色的相似度为 40%，与纯色的相似度为 20%。

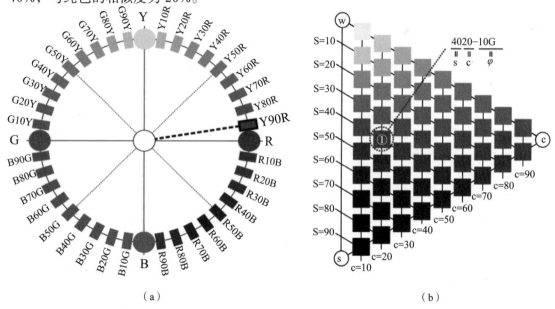

（a） （b）

图 9.13　NCS 色相环及等色相面

目前在企业中广泛用于色彩管理的是由国际照明委员会 CIE 色彩体系演变而来的 CIE-Lab 色彩体系，可以进行精准的色差控制。我国也建立了中国应用色彩体系，简称 CNCS 色彩体系，目前也推出了各种用途的色卡，在国家纺织品色彩信息管理、色彩流行趋势发布中都已开始应用。色彩体系不仅提供了客观表达色彩的工具，而且可以培养人们对色彩的感知，在配色实践及企业色彩管理中发挥了重要作用。

9.3　色彩调和与服装配色

9.3.1　色彩调和

色彩调和是指将两种以上的色彩进行搭配，产生令人愉悦的感觉的色彩组合关系。相同款式、面料的服装，由于色彩配合的不同，会产生朴素、典雅、华丽、热烈、清新等不同的感情效果。

色彩调和理论

在色彩调和的研究中，多位学者做出了卓著的贡献。法国化学家谢佛勒尔（Chevreul）发现，不同色彩组合时相邻色彩之间相互影响，导致图案的视觉效果发生变化，为此提出了色彩同时对比法则。他阐述了两大类色彩调和的形式：一种是共通性调和，另一种是对照性调和。共通性调和主要是指色彩三属性中有一个属性相同或类似就能达到和谐的效果，包括同一色相—不同明度彩度的搭配、类似色相—类似明度彩度的搭配、不同色相—相同明度彩度的搭配等，如深紫色与浅紫色、粉红色与淡黄色；对照性调和主要是指色彩三属性中有一个属性形成鲜明对比而达到和谐的效果，包括同一色相—对比明度或彩度的搭配、类似色相—对比明度或彩度的搭配、对比色相的搭配等，如黄色与紫色、白色与黑色、白色与红色。如图 9.14（彩图见插页）（a）所示，上下装为不同明度的蓝色色相，属于共通性调和；图 9.14（c）的上装采用红色、绿色等对照色相形成格纹，上装的彩色与下装的黑色构成彩度的对照，属于对照性调和；图 9.14（b）采用黑色与白色搭配，两种颜色都是无彩色，属于共通性调和，同时在明度上形成鲜明对比，又属于对照性调和。

（a）

（b）

（c）

图 9.14　共通性调和与对照性调和

　　美国色彩学家路德提出自然调和的理论，即符合自然界的色彩搭配规律，比如树干的深棕色与树叶的绿色相搭配。德国奥斯特瓦尔德基于他构建的规则色立体提出，色立体上具有规则位置关系的颜色搭配可以达到协调的效果，比如等色相面上的明暗不同的绿色。

　　美国色彩学家 Judd 于 1955 年综合前人的研究结果，归纳出四条色彩调和原理：秩序原理、熟悉原理、类似原理、明晰原理。这四条原理几乎成为目前色彩调和的最高法则。之后，瑞士的美术教育家、德国包豪斯的教授伊顿（Itten）对色彩调和也有详细的论述。他认为，色相环上能构成规则几何图形的色彩搭配是和谐的。例如，在两色搭配时，色相环上相对位置的两色是协调的；在三色搭配时，色相环上能构成等腰三角形或等边三角形的三色是协调的；在四色搭配时，色相环上能构成正方形的四色是协调的；在五色搭配时，色相环上能构成正五边形的五色或正三角形的三色加上黑白是协调的；六色搭配时，色相环上能构成正六边形的六色或正方形的四色加上黑白是协调的。

9.3.2 服装配色

"远看颜色近看花"。服装的颜色是首先引起视觉反应的服装元素，它的选择和搭配非常重要。生活中要处理的服装色彩问题简单来说有两类：第一类是单色服装的选择问题，第二类是服装配色的问题，在服装配色中又可分为二色配色和多色配色。下面将分别阐述这几个问题。

（1）单色服装

单色服装可以分为无彩色和有彩色服装。

无彩色即黑、白和各种灰，是人们最喜爱采用的服装色彩，是永恒的流行色。黑色晚礼服优雅、神秘、高贵，黑色西服庄重、大方等，体型胖的人穿黑色还有显瘦的效果。黑色服装以其高雅的格调，时而华贵时而质朴。白色在西方象征幸福、纯洁，被选作婚礼服的颜色，白色服装干净、素雅、百搭。

服装配色：单色

灰色有不同程度的灰，兼具黑和白的优点，高雅、稳重，适合多种场合、身份、年龄。黑、白、灰自古以来都深受人们喜爱，无论男女老少。

有彩色有冷色、暖色、中性色；有高明度、中明度、低明度；还有高彩度、中彩度、低彩度。缤纷多彩的服装可以调节情绪，愉悦心情。暖色给人温暖的、积极的、有活力的感觉，冷色则给人寒冷的、消极的、沉静的感觉；明度高的色彩给人开朗的感觉，明度低的色彩给人忧郁的感觉；彩度高的色彩给人新鲜感，彩度低的色彩给人沉着感。例如，高彩度的朱红色给人热烈的、激情的感觉；中彩度的粉红色给人可爱的、柔和的感觉；低彩度的茶色给人沉着感。红色易使人充满激情、兴奋，红色服装通过各种质地、肌理，可以传递柔美、热情、高贵、华丽等感性效果；黄色给人快活、明朗、有活力、健康的感觉，黄色服装轻盈、飘逸、华美、可爱；蓝色可使人镇静，给人深邃、沉静的感觉，蓝色服装内敛、深沉、稳重、端庄、清雅；绿色服装清爽、自然；紫色服装神秘、优雅、妩媚；粉色服装甜美、浪漫、年轻。有彩色更受女性青睐，女性可以选用各种色相、各种明度、各种彩度的颜色；而男性则不同，男性也可以选用有彩色，但是高彩度的颜色较少，以低明度、低彩度的颜色及冷色为主。

单色服装的选择需要考虑的因素很多，如人的体型、肤色、年龄、性别、穿着季节、场合、服装类别等。其中，年龄、性别和季节的色彩特点非常明显。婴儿服的颜色很浅淡，显得干净轻柔又舒适；儿童服装的颜色比较鲜艳，尤其是女童服装，显得活泼可爱；老年人的服装颜色很少有纯度高的鲜艳色。男装与女装相比，男装的颜色种类远没有女装丰富，且很少有鲜艳的彩色。走在街道旁，女装店的橱窗通常更有吸引力，因为有缤纷绚丽的色彩。每当夏季过去，服装店换上秋冬服装时，色彩明显深重起来；当冬季过去，服装店换上春夏服装时，也令我们眼前一亮，许多透着粉彩的、明亮的、鲜艳的颜色映入眼帘，顺应了冬去春来，万物复苏的季节特点。体型胖的人宜选择深色，因为明度低的颜色有收缩感。

在选购服装时，通常已经有了目标类别，也就是说，通常已经确定是买西服外套、大衣、风衣、衬衫、毛衣或是长裤等。对于西服、大衣、风衣这样更换频次不太高的外套类服装来说，一般选择深色，首选经典色或百搭色，如黑色、藏青色、深灰色；休闲类大衣、风衣还可以选择米色、卡其色、浅灰色等浅色。这些颜色属于无彩色或接近于无彩色。衬衫既可外穿也可内搭，如果外穿也是在气温较高的季节，洗涤频繁，更换频次很高，通常以高明度色为主，白色、浅蓝、浅灰都是非常经典的颜色；秋冬季可选择一些低明度色的衬衫，如黑色、深蓝色、咖啡色、深灰色、酒红色等。毛衣同样既可外穿也可内搭，但是因为穿着毛衣时的气温通常较低，且洗涤不宜很频繁，所以白色不多，颜色应深于衬衫，男性更明显地偏向深色。衬衫和毛衣大多作为内搭服装穿着，因此，均可选择有彩色，而且选择范围很广。长裤作为下装，一般来说颜色要比上装深一些，显得稳重，因此，以深色为主，黑色、深蓝色、棕色、深灰色都是经典用色。夏季的长裤颜色可以稍浅，休闲活泼风格的长裤可以浅于上装颜色。

（2）二色配色

在配色问题中，二色配色是最基础的也是最常用的。无论服装整体有多少种颜色，相邻的两色就是二色配色，如上装和下装、外套和内搭、服装和配件。根据前人提出的色彩调和理论，二色配色主要有两种情况，一是共通性配色，即两色之间的共性特征更明显；二是对照性配色，即两色之间的差异性更显著。下面分别从色相、明度、彩度的角度介绍配色方法。

服装配色：配色

第一是以色相为主的配色。以 24 种颜色的色相环为例，两色相的距离为 0～3 的均为共通性关系，两色相距离为 8～12 的为对照性关系。色相的距离为 0 的是同一色相，比如深红和浅红，是在红色中加了黑或白，只是明度改变，色相不变，就是同一色相。另外，有彩色与无彩色也是同一色相，因为无彩色没有色相，所有有彩色与无彩色的组合都是和谐的。同一色相配色效果单纯、柔和、高雅，是服装的重要配色方法。色相距离为 1 的是邻接色相，距离为 2、3 的是类似色相，搭配效果丰富、活泼、雅致、和谐。比如，浅蓝色的衬衫配深蓝色的长裤，深蓝色的外套配浅蓝色的衬衫，藏青色的大衣配浅蓝色的丝巾，这样的配色柔和、雅致、知性。色相距离为 8、9、10 的是对照色相，色相距离为 11、12 的是补色色相。比如，红色与绿色或蓝色，黄色与蓝色或紫色，都构成强烈的对比关系，配色效果热情、活泼、有力，具有强烈的视觉冲击力。

第二是以明度为主的配色。两色的明度差为 0～2 的是共通性关系，明度差大于 4 的是对照性关系。明度对比是服装配色中应用非常广泛的一种。明度配色还可分为高明度配色、中明度配色、低明度配色、高明度与中明度、中明度与低明度、高明度与低明度配色。高明度的两色配色（如浅淡的粉红色调）具有柔和、明快感；中明度的两色配色可获得高雅感、恬静感；低明度的两色配色具有庄重、文雅、知性的美感，一般知识分子和老年人常用。

第三是以彩度为主的配色，与明度配色方法类似。两色的彩度差为 0～3 的是共通性关系，彩度差大于 6 的是对照性关系。彩度配色也可分为高彩度配色、中彩度配色、低彩度配色、高彩度与中彩度、中彩度与低彩度、高彩度与低彩度配色。

在二色配色中，外套和内搭的配色主要体现在领子部位，通常采用互相衬托的手法。明度对比最为重要，外深则内浅，外浅则内深，色相与彩度也应有适当的反差。如果有花色面料的内外衣搭配，多采用内花色外单色，也可以内单色外花色。如果内外都花则会产生混乱的感觉，效果不好。

　　上下装的配色一般采用上浅下深,有稳定感,如需要表现运动感或时髦感,也可上深下浅。与内外衣的搭配不同的是,上下装的色彩同时显露于外表,因此要特别注意上下色彩的面积比例。上下装的色相对比不宜过于刺激,如黄色与紫色、红色与绿色等,如果使用,也一定要拉开明度或彩度的差距。如果选用花色面料,则采用上花下单或上单下花,如果都用花色,最好选择同一花型面料。

　　服装配件的色彩选择也是二色配色问题,如果组合得当,则可起到锦上添花、画龙点睛的效果,如果搭配不当,则会喧宾夺主、画蛇添足。例如,帽子,色彩应尽量和上装相同或更浅;鞋子,应选含灰色或黑、白色,尽量和下装色彩融合;手套,由于手经常在活动,宜选用浅淡的含灰色,不要过于鲜艳;袜子的色彩以接近肤色的含灰色为宜,不要太深、太花、太艳。围巾与腰带在整套服装配色中至关重要,它们可以缓和服装色彩不太协调的矛盾,也能产生活跃气氛的效果。围巾可以补充、加强色彩面积以突出主色调。腰带的作用有两方面,一是衔接上下装色彩,二是当上下装色彩对比过强或过弱时,发挥缓冲、隔离的作用。含灰色和服装同色的腰带可避免暴露较粗的腰身,金、银色腰带能更好地衬托服装色彩。包、袋的色彩一般应避免过于突出,最好与其他配件同色,如围巾、鞋等,也可选用含灰色和无彩色,以便与各种服装色彩相配合。

　　在二色配色中,可以兼顾使用共通性和对照性关系,比如,深蓝色外套和浅蓝色衬衫的搭配,既有色相的共通性关系,又有明度的对照性关系,因此也是很经典的搭配。

　　(3)多色配色

　　一套服装常常有两种以上的颜色,比如冬季穿着的大衣、毛衣、围巾、裤子、鞋子、背包等。因此为使颜色能取得协调统一的效果,在多色配色时,通常要确定一个颜色为主色,一般取面积最大的颜色;其次应该有协调色,一般是面积中等的颜色;另外可能还有强调色,通常是面积较小的颜色。同时应该把多色配色拆成多组二色配色,相邻的或是关系密切的两种颜色要搭配。对于件数较多的冬季服装而言,大衣或外套色应是主色,裤子、毛衣是协调色,围巾、背包可以是协调色,也可以是强调色,鞋子一般也是协调色。大衣与毛衣、大衣与背包可以是共通性配色,也可以是对照性配色;大衣与围巾、毛衣与围巾通常是对照性配色;大衣与裤子、裤子与鞋子、鞋子与背包通常是共通性配色。

9.4　服装色彩的流行

9.4.1　流行色简介

服装色彩的流行

　　流行色是指在一定的时期和地区内,产品中特别受消费者普遍欢迎的几种或几组色彩和色调,成为风靡一时的主销色。它存在于纺织、轻工、食品、家具、城市建筑、室内装饰等各方面产品中,但是,对流行色反应最为敏感的则首推纺织产品和服装,它们的流行周期最短,变化也最快。流行色有着周而复始的周期变化规律,但绝不是简单的重复,比如红色,若干年后再度流行时,就会在明度或彩度上有所变化。每次发布的流行色都被冠以动听而富有诗意的名称，如海洋湖泊色、水色天空、蓝色鸢尾花、探戈橘、祖母绿、兰花紫、玛萨拉红、宁静蓝、蔷薇石英粉、草木绿、紫外光等。

流行色的产生与变化，不由个别消费者主观愿望所决定，也不是少数专家、机构凭空想象出来的，它的变化受社会经济、科技进步、消费心理、色彩规律等多种因素的影响与制约。根据国内外流行色演变的实际情况分析，流行色的变化周期包括四个阶段，一般分为：始发期、上升期、高潮期和消退期。整个周期历经 5 ~ 7 年，其中高潮期内的黄金销售期为 1 ~ 2 年。周期时间的长短，因经济发展水平不同、社会购买力和对色彩的审美要求不同而有差异。通常发达地区的变化周期短，有些贫困落后地区甚至没有明显的变化。色彩周期在经济不景气的大环境下变化速度就会相对缓慢。现今，媒体基础设施和社交网络已经发展到了四通八达的程度，所以色彩周期的更迭速度也越来越快。

流行色的变化首先表现在色相的周期性变化，因为在色彩三属性中，色相最易引起人们的注意。一般消费者比较敏感与关心的是正在流行红色还是紫色。必须在长期记录、积累每个时期的流行资料的基础上，进行综合分析，才能找到其变化轨迹。除了色相的周期性变化外，明度与彩度也有一定的变化规律。一般来说，在流行色的明度、彩度高低的转化过程中，会出现中明度、中彩度的过渡期，即低明度、低纯度→中明度、中纯度→高明度、高纯度这样的变化规律。

9.4.2　流行色预测

色彩预测是指在销售季的 18 ~ 24 个月前预测可能出现的色彩与趋势方向的过程。为了更好地把握消费市场，许多研究机构着力研究色彩流行的规律，进行流行色预测。其中，国际流行色委员会是国际上具有权威性的研究纺织品及服装流行色的专门机构，全称为"国际时装与纺织品流行色委员会"，英文简称"InterColor"。于 1963 年由法国、瑞士、日本发起而成立，总部设立在法国巴黎。中国于 1983 年 2 月以中国丝绸流行色协会的名义正式加入该组织。色彩预测机构除了国际流行色委员会外，还有《国际色彩权威》、国际纤维协会、国际羊毛局、国际棉业协会、德国法兰克福英特斯道夫国际衣料博览会等。

国际流行色委员会每年 6 月和 12 月"春夏"和"秋冬"两次召开国际会议，来自各个会员国的色彩专家代表，会根据各国的国情并结合市场和产品，在分析探讨各会员国提交的色彩提案的基础上，经过综合整理研究预测 24 个月以后国际的色彩趋势走向，制定全球性总的色彩流行趋势。

中国流行色协会每年派代表参加"春夏"与"秋冬"的两次国际会议，并且提交并展示中国色彩趋势提案。国际会议结束后，中国流行色协会将每次国际会议上各会员国研究制订的本国未来 24 个月的色彩趋势提案和国际会议最终研究预测的未来 24 个月的国际色彩流行趋势定案等最新色彩趋势资料汇编为《国际色彩趋势报告》，为企业产品色彩创新设计提供权威的色彩趋势参考。《国际色彩趋势报告》分成色彩趋势各国定案和色彩趋势国际定案两部分内容，两大部分的每个主题可单独抽取，方便携带。

9.4.3　流行色卡的识别和使用

流行色的发布和宣传都是为了应用，服装设计及纺织品图案设计工作者都应重视并努力尝试运用流行色进行创新设计。前面说过，国内外各种流行色研究、预测机构每年有 1~2 次流行色发布，并以色卡的形式广泛传播。粗看这些色卡，一般都有二三十种色彩，红、绿、黄、蓝、黑、白、灰，似乎什么色彩都有，使人一时难以识别，不知所措。其实，每种色卡大致都可分成若干色组。

① 时髦色组：包括即将流行的色彩，也称为"始发色"；正在流行的色彩，也称为"高潮色"；即将过时的色彩，也称为"消退色"。

② 点缀色组：一般都比较鲜艳，而且往往是时髦色的补充。

③ 基础、常用色组：以无彩色及各种色彩倾向的含灰色为主，加上少量常用色彩。

另外，使用者应该仔细阅读、体会色卡的文字说明，有助于对未来流行色的把握。

按照流行色卡所提供的色彩进行配色，实际上是一个定色变调的课题，可以进行很多变化，应用时在面积分配上应注意以下几点。

① 组配服装色彩时，面积占优势的主调色要选用始发色或高潮色，若用花色面料，应选择地色或主花为流行色的面料。

② 作为与流行色互补的点缀色，只能少量地加以运用。

③ 为使整体配色效果富有层次感，应有选择地适当使用无彩色或含灰色作为调和的辅助色彩。

思考题

1. 色彩是如何形成的？人们看到的服装色彩受哪些因素影响？

2. 孟塞尔色彩体系、奥斯特瓦尔德色彩体系、日本 PCCS 色彩体系、瑞典 NCS 色彩体系之间有何异同？

3. 两色或多色搭配时，可以按照哪些规律进行搭配？

4. 色彩的流行受哪些因素影响？应该如何应用流行色？

参考文献

［1］ https：//baike. baidu. com/.

［2］ http：//shows. vogue. com. cn/Christian-Dior/2019-aw-RTW/runway/.

［3］ http：//shows. vogue. com. cn/Giorgio-Armani/2018-aw-CTR/hothit/.

［4］黄元庆. 服装色彩学 ［M］. 北京：中国纺织出版社，2014.

［5］日本色彩学会. 色彩科学手册 ［M］. 东京：东京大学出版社，1998.

第10章 服装设计概述

服装设计是以服装材料为素材，以服装为对象，借助审美法则，运用设计语言，按照设计流程，对目标人群或某一个体的整体形象的从创意构思到服装实物实现的整个过程（图10.1）。本章就服装分类、服装设计要素及设计过程三部分进行概述。

服的界定　　　服的功能特性

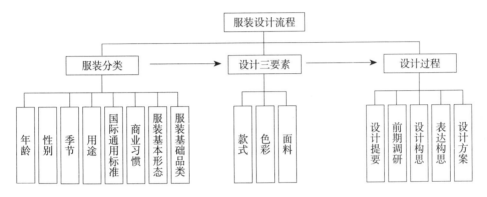

图 10.1　服装设计流程简图

10.1 服装的分类

服装的种类繁多，其基本形态、品种、用途、制作方法、原材料各不相同。常见的服装分类是按大众熟悉的、在服装的一般流通领域易被接受的角度进行分类的，这些服装名称出现的频率高，便于在现实生活中被大众所认识和接受。

服装的分类

10.1.1 根据年龄分类

（1）婴儿期童装

婴儿期童装是0~1岁的儿童使用的服装。婴儿期童装是以不同月份的婴儿的典型体型作为婴儿期童装尺码的。婴儿服的尺码范围为：新生儿服装尺码52，1~3个月婴儿服装尺码59，3~6个月婴儿服装尺码66，6~9个月婴儿服装尺码70，9~12个月婴儿服装尺码73，12~18个月婴儿服装尺码80，18~24个月婴儿服装尺码90。婴儿期服装基础品类包括连体服/哈衣、T恤/外衣、开裆裤、围嘴、外套等。

（2）幼儿期童装

幼儿期童装是2~5岁的儿童使用的服装。幼儿期是儿童的学龄前时期，这个时期的童装尺码范围为：2~3岁童装尺码90，3~4岁童装尺码100，4~5岁童装尺码110。幼儿期的服装基础品类为：上衣以T恤、背心、无领翻领上衣、罩衫、衬衫为主；裙装有半裙、A型裙、背心裙、围裙；外套有短款外套、中长外套、风衣、棉服、羽绒服等；裤装有连身裤、背带裤、松紧腰短裤、长裤。

（3）大童装

大童装是6~11岁的儿童使用的服装。这个时期是儿童小学阶段，童装尺码范围为：6~7岁120，7~8岁130，8~9岁140，9~10岁150，10~11岁160。大童装基础品类为：上衣以T恤、背心、衬衫、卫衣、外套、毛衫为主；裙装以连衣裙、半裙、背带裙为主；外套有短款外套、中长外套、风衣、棉服、羽绒服等；裤装有松紧腰短裤、长裤、短裤等。

（4）少年装

少年装是12~17岁的少年使用的服装。该时期对应的服装尺码范围为150~180，服装基础品类与成年装基础品类无差异。

（5）青年装

青年装是18~30岁的青年使用的服装。该时期对应的服装尺码范围为150~180，服装基础品类与成年装基础品类无差异。

（6）成年装

成年装是31~50岁的成年人使用的服装。

（7）中老年装

中老年装是51岁以上的中老年人使用的服装。

10.1.2　根据性别分类

（1）男装

所有的男子使用的服装。

（2）女装

所有的女子使用的服装。

（3）中性服装

男女可以共用的服装，多见于休闲类服装。

10.1.3　根据季节分类

（1）春秋装

春秋装是指在春季节穿着的服装，如套装、单衣等。

（2）夏装

夏装是指在夏季穿着的服装，如裙装、短袖上衣、短裤等。

（3）冬装

冬装是指在冬季穿着的服装，如滑雪服、羽绒服、大衣、皮草等。

10.1.4　根据用途分类

（1）社交服装

社交服装是指在比较正式的场合所穿着的服装，如晚礼服、出访服、宴会服、正餐服、便礼服。

（2）仪式服装

仪式服装是指在特别仪式场合所穿着的服装，如结婚礼服、演说服、访问服、司仪服、丧礼服（一般用黑色或深藏青色无花衣料制成，我国用白色麻布或纱布做孝服）。

（3）日常服装

日常服装指在日常生活、学习、工作和休闲场合穿着的服装，如家居服、学生服、运动服、休闲服、旅游服等。

（4）职业服装

职业服装是指有统一着装要求的工作环境中穿着的服装，又称工作服或制服，如各类标识服装、酒店服、校服、医护服装。

（5）运动服装

运动服装是指进行体育运动时而穿着的服装，如各类田径运动用服、各类球类运动用服、游泳衣、滑雪服、登山服、飞行服、骑马服、赛车服、狩猎服、击剑服、教练服等。

（6）家庭用服装

家庭用服装有室内便装、烹饪用衣、外罩衫、园艺用衣、围裙、浴衣、睡衣、休闲类服装等。

（7）特殊用服装

在特殊环境或时期，具有特殊功能作用的服装，如孕妇装、剧装、舞台用装、防火服、防毒服、防辐射服、宇宙服、潜水服、极地服等。

10.1.5　根据国际通用标准分类

（1）高级定制（haute couture）

19 世纪中叶，英国设计师沃斯（Charles Federick Worth）（图 10.2）在法国开创了以上流社会贵妇人为特定顾客的高级女装业，高级定制由此诞生。高级定制强调的是度身手工定制，其设计注重艺术性，选料奢华，工艺考究、昂贵，四五次试穿，工序繁多（图 10.3）。服装品牌要成为高级定制品牌，需达到法国高级女装协会所规定的条件，目前全世界高级定制品牌只有不到二十个，高级定制是现代时尚奢侈业最古老的种类。高定品牌的顾客群多是上流社会人士、名人、明星等。现代高级定制服装标示着最高水平的时装设计、服装结构和

图 10.2　沃斯　　　　　图 10.3　19 世纪高级定制

缝制工艺（图 10.4）。

（2）高级成衣（couture ready to wear）

20 世纪中期，在社会形态结构改变，经济迅猛发展的条件下，高级成衣应运而生。高级成衣延续了高级时装的某些传统，并实现了工业化批量化生产，是艺术性、实用性兼备的服装。高级成衣设计风格多样、由著名的设计师团队完成，工艺精良，面料专门设计，如图 10.5、图 10.6 所示。

（3）大众成衣（ready to wear）

20 世纪随着工业化大生产模式的出现，大众成衣应运而生，是工业化、批量化生产

图 10.4　2019 Giorgio Armani/Elie Saab
春夏高级定制

的、标准号型的、面对大众市场的中档或中、低档目标市场的服装。大众成衣品牌是由一般的服装设计公司创立的成衣品牌，成名较早的有美国品牌 GAP（图 10.7）、LEVI'S（图 10.8），西班牙的 MNG 后来居上。大众成衣的设计强调实用，成本较低廉，工序简单，价格适中。

图 10.5　GUCCI 2019　　图 10.6　Max Mara 2019　　图 10.7　GAP 2019　　图 10.8　LEVI'S 2019
秋冬高级成衣　　　　　　秋冬高级成衣　　　　　　秋季成衣　　　　　　年秋冬成衣

10.1.6　根据商业习惯分类

随着消费升级，城市商业形态中服装的分类呈现多元化态势，下面是根据城市综合体内的服装零售渠道进行的大致的服装分类。

（1）童装

0～12 岁儿童穿着的服装，品牌有小猪班纳、E-LAND KIDS、GUESS KIDS、KAMINEY 等。

（2）少女装

20 岁左右年轻女性穿着的服装，品牌有淑女屋、歌莉娅、欧时力、太平鸟等。

（3）成熟女装

成熟女性穿着的服装，成熟女性的设定较宽泛，在商业形态里，这个定位的女装还会有少淑、大淑、职业、礼服等品类的细分，品牌有例外、EIN、玛丝菲尔、班晓雪、EP 等。

（4）男装

男士的服装，品牌有 JACK & JONES、Cabbeen、G-Star Raw 等。

（5）运动装

体育运动服装，品牌有 NIKE、adidas、李宁、安踏等。

（6）户外装

户外活动的服装，品牌有 The NORTH FACE、Columbia、骆驼等。

（7）家居服

家庭内日常穿着的服装，包括起居服、内衣等，品牌有爱慕、曼妮芬、三枪、美标、伊维斯。

（8）休闲时尚。

如 Calvin Klein、LACOSTE、ARMANI JEANS 等。

（9）快时尚

如 ZARA、H&M、C&A 等。

10.1.7　根据服装的基本形态分类

依据服装的基本形态与造型结构，可以将服装归纳为体形型、样式型、混合型三种。

（1）体形型

体形型服装是符合人体形状、结构的服装。这类服装的一般穿着形式分为上装与下装两部分。上装与人体胸围、项颈、手臂、腿的形态相适应；下装则符合于腰、臀、腿的形状，以裤型、裙型为主。体形型服装的剪裁、缝制较为严谨，注重服装的轮廓造型和主体效果，如西服类多为体形型，如图 10.9 所示。

图 10.9　体形型：合体正装

（2）样式型

样式型服装是以宽松、舒展的形式将衣料覆盖在人体上，这种服装不拘泥于人体的形态，较为自由随意，裁剪与缝制工艺以简单的平面效果为主，如图 10.10 所示。

（3）混合型

混合型服装是寒带体型和热带样式型综合、混合的形式，兼有两者的特点，剪裁采用简单的平面结构，但以人体为中心，基本形态为长方形，如中国旗袍、日本和服等，如图 10.11 所示。

图 10.10　样式型：宽松休闲服　　　　　图 10.11　混合型：和服与旗袍

10.1.8　根据服装的基础品类构成分类

（1）上装

上装是遮盖上身用的服装，品类丰富，基本可以分为内衣、单衣、外套。上装品类包括肌体衣、衬衣、T恤、马甲、外套、夹克衫、风衣、大衣、棉服、羽绒服等。

（2）裙

裙有半裙和连衣裙。根据长度不同，可分为超短裙、短裙、中裙、长裙、超长裙；根据廓型及结构不同，可分为直身裙、宽摆裙、约克裙、拼接（4片、6片、8片）喇叭裙、塔裙、围裹式裙、裙裤。

（3）下装

根据裤装的廓型及结构的不同，可分为以下几种类型。

直线型：西装裤、筒裤、短裤；锥形：腰围到臀围宽松，裤腿越往下越细，裤脚处开缝钉纽扣等，面料弹性大；紧身裤：裤子纬度小、直裆短、贴身（牛仔，臀围、裤腿较小，直裆短，后幅以育克代替省道，裤子以粗线作绲缝线，配金属扣）；喇叭裤：大腿附近向裤脚散开；灯笼裤：裤上用碎褶或固定褶收口，使腿部具有蓬松感；马裤：膝盖以上放松，膝盖以下到踝骨收紧。

10.2　服装设计的要素

服装设计的三要素是指服装设计涉及的主要内容：款式、色彩、面料。款式设计涉及的内容有外形线、内结构线、部件、细节、披挂方式、图案纹样等；色彩设计涉及的内容有单套服装配色、系列服装配色、服装流行色等；面料设计涉及的内容有面辅料搭配、组织肌理、装饰工艺等。

服装设计的概念

10.2.1　服装的物态构成要素

服装的物态构成要素如图 10.12 所示。

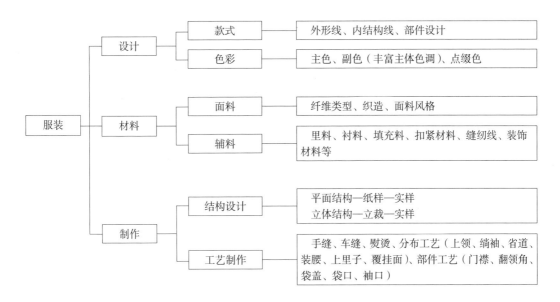

图 10.12　服装的物态构成要素

10.2.2　款式设计

款式即服装的内、外部结构造型。款式设计包括服装外形线设计、内结构线设计、部件设计三个部分。

（1）外形线设计

外形线就是服装的轮廓线，也称为服装廓型，其简洁、直观、明确地反映出服装外部造型的特征。外形线是服装设计的关键，服装外形线基于人体，修正或修饰着人的形体，其反映服装造型的形态特征，传达着服装形体设计的美感，其变化反映出时代的特点和流行的风格。

服装设计的要素：
款式设计

从 20 世纪 60 年代开始用字母来概括服装的基础廓型，廓型传递着服装的风格。最基本的外形线可概括为 A 型、H 型、T 型、X 型、O 型及 S 型，其中能够体现女性柔美性感特征的服装廓型是 S 型和 X 型，体现率性、刚毅、大气的服装廓型是 H 型、T 型、V 型和 A 型，体现自然、闲适的服装廓型为 O 型。

① H 型外形线。H 型外形也称矩形、箱型或直筒型。不夸张肩部，不收紧腰部，不扩张下摆，形成相似直筒的外形，形似字母 H。H 型线条简洁、流畅，在男女套装外型中常被采用，如图 10.13 所示。

② A 型外形线。A 型外形也称正三角形，上小下大，底摆张开。由迪奥首创，A 型线条具有活泼、潇洒、富有青春活力的特点，也被称为年轻的外型。广泛用于大衣、连衣裙等，如图 10.14 所示。

③ T 型外形线。T 型外形也称倒梯形，倒三角形。夸张肩部，收敛下摆，形成上宽下窄的效果，是具男性体态特征的外形线，形似字母 T。T 型线条由于对肩部的夸张，使整个线条充满大方、洒脱的气氛，如图 10.15 所示。

图 10.13　H 型服装　　　　　　　　　　　　　图 10.14　A 型服装

④ X 型外形线。X 型外形是根据女性体型的自然曲线所形成的腰部收紧、肩部和底摆有造型的扩张感，以稍宽的肩部，紧收的腰部、自然的臀部形成优美曲线，因而成为女性服装的基本形，是自然美的造型风格，也称为葫芦形。这种外形易于突出身材，优美、典雅，因此在礼服中常常采用，如图 10.16 所示。

图 10.15　T 型服装　　　　　　　　图 10.16　X 型服装

⑤ O 型外形线。O 型外形又称椭圆形，一般在肩、腰、下摆等处无明显的棱角和大幅度的变化，丰满圆润、丰厚、休闲，给人以亲切柔和的自然感觉。夹克衫、运动衣、T 恤衫、休闲类服装常采用这类外形，如图 10.17 所示。

通常服装廓型可以是基于人体的塑造，也可以是超出人体的塑造。基于人体的服装廓型，设计时要考虑廓型变化的几个主要部位，把人体的肩、腰、臀作为支点，进行长度维度上的变化，基于人体塑造服装廓型的

图 10.17　O 型服装

核心在于修饰人体形，塑造人体形的美感。而超越人体塑造服装外形，则需要特殊材料在人体外围建立新的支撑点，在塑造夸张的廓型时，要考虑人体运动及空间因素。基于服装基础廓型，运用联合、覆盖、透叠等设计方法，可以创造出丰富的形态，组合成新廓型。

（2）服装的内结构线设计

轮廓是外形，结构是具体的服装塑造方法，任何的型需要通过结构的手段才可以实现，服装的内结构线是指服装的各个拼接部位，构成服装内在形态的关键线条，主要包括分割线、省道线、剪接线、褶裥线等。结构线为结构所需，平面布料要塑造出所需的立体形必须有合适的结构支撑，最终以线的形式存在于服装中，故也要有装饰、美观的作用。

① 省道。一块平面的布要符合人体，以满足立体形，就必须去掉多余部分，因此产生了省道。一般省道向内折隐蔽暗缝，在衣服表面只留一条暗缝线，也有有意在省道部位做装饰性线条，或是省道向外折，作为设计点并加以强调。省道从功能上说，就是为使服装达到合体的目的，尤其是表现女性人体的胸、腰、臀的厚度，收掉面料的余量，使腰肢纤细、胸腰臀曲线优美。省道的始点是人体的几个突出点：胸高点、肩点、盆骨点和臀高点，始于这几点，可呈放射状向任何方向取省道，终点可结束在肩、侧缝、腰节、领口和袖窿等处。人体各个部位的省道分别称：胸省、腰省、臀位省、后背省、腹省、肘省等，其中，胸省、腰省是女装设计最为关键的。省道在基本形式基础上通过移位、展开、拉伸、切割等手法，从而产生多种形式，在衣身上，省道可取纵向的、横向的、平直的、弯曲的以及倾斜的方向。

② 分割线（开刀线、装饰线）。分割线是从结构出发，利用省道的功用及考虑装饰美，把衣裙分割、剪缉。其作用是从造型美出发，把衣服分割成几部分，然后缝制成衣以求适体美观。分割线首先是为达到丰满而优美的造型轮廓，美化起伏变化的人体曲线而产生的；公主线是女装中常见的分割线形式，但它是三个省道与分割线连用的典范，这是一种常用的垂直分割内结构线，如图 10.18 所示，它从肩省开始，通过胸高点连接腰省、腰腹省，直至下摆，公主线将直线、曲线结合，产生流畅的美感，是女装中的经典线条。

分割线有六种形式。如图 10.19 所示，垂直分割，有修长之感；水平分割，产生柔和、平衡的感觉，并加以滚边、嵌条以及缀蕾丝、缉明线等方法；斜线分割，能打破形体的呆板；曲线分割，能强化女性的柔美和曲线；不对称分割，可增加动感、个性活力。

图 10.18　公主线　　　　　　　　　　　图 10.19　分割线

③褶裥。褶裥是服装内结构线的又一重要形式，它是将布料折叠、缝制，在衣身上形成不同形状的规律或不规律排列的线条。褶裥是明折明缝，具有一定的放松度，易于人体活动；褶裥线的排列组织可以干扰视觉，以此利用视错来矫正人体体形的缺点和不足；褶裥的曲直起着积极的装饰作用，能调整服装材料潜能和格调，极大地丰富了立体空间。

褶裥的形式多样，有熨烫褶、细褶和堆砌褶、抽褶、自然褶等。褶裥把面料叠成有规律和方向的褶，通过整烫定型后，形成褶裥，如百褶裙。这类褶整齐、端庄、大方，因此常用于职业套装及一些较正式的服装中。

a. 熨烫褶。可以选用化纤类易定型的面料，在面料的花色选用中，选择纯色的面料会更加突出熨烫褶的立体效果，如图10.20所示。

b. 细褶和堆砌褶。这类褶的立体感极强，有多种变化的褶裥，在立体设计的晚装中较常见，一般采用光滑、轻柔、有光泽感的面料，手工缝扎成各种有形的立体图案和花卉。堆砌褶是对服装材料表面机理的第二次创造，这类褶裥的处理更加突出褶裥的装饰趣味和塑形变化的效果，如图10.21所示。

c. 抽褶。这类褶裥用手针小针脚绗缝或缝纫机大针脚在面料上缝好后，将缝线抽紧，使面料形成抽褶，或将松紧带按穿着者觉得合适的限度拉开，缝合在面料上，使之形成天然的抽褶，抽褶线条自然活泼。抽褶在女装、童装中运用较多，如泡泡袖、灯笼裤、不同形式的荷叶边，如图10.22所示。

d. 自然褶和波浪褶。利用面料经纬交错的斜度丝缕，使之产生自然的、悬垂感较强的波

图 10.20 熨烫褶

图 10.21 细褶和堆砌褶

图 10.22 抽褶

浪褶，如图 10.23 所示，服装衣片斜裁产生的自然褶自然大方。

（3）服装部件

服装部件包括衣领、门襟、衣袖、口袋、裤子等。

① 衣领设计。领子是全身首先吸引人注意的服饰部位，因为最靠近面部,故它的形态及装饰都是设计的重点。领子以颈后中点、颈窝点、肩端点（肩和臂的转折点）、肩颈点，这几个关键点为基础变化，形成后宽前窄、后高前低的领部造型特点。领子的结构由领围线、领座、领面构成。领型外观式样主要取决于领围线形态、领座的高度、翻折线的结构、领轮廓线的造型、领尖的修饰、领面的宽度、领面的装饰等因素。领型根据结构特征,可分为无领型领、立领、翻领和驳领。

图 10.23 自然褶和波浪褶

a.无领型领。无领型领是以丰富的领围线造型为主的领型，领围线的变化基础是基本领围线。基本领围线是通过肩颈点、前后颈中点，能够满足颈围和颈部活动尺寸需要的脖子与衣身相交的一圈。在基本领围线的基础上，开口深度和宽度以及领围线形态的变化，由此产生了圆领、一字领、V 领、鸡心领、方型领、船型领、U 领等。各种无领型领适用于 T 恤、内衣、无领套装、连衣裙等。如图 10.24 所示，无领型领除了丰富的领围线形态变化外，也可进行装饰变化和不同的工艺处理。

b.立领。立领是以领座为主体的领子,立领大体分两类,如图 10.25 所示的竖直式和倾斜式,包括领口向颈部倾斜的，一般是中式立领；另外有领口向外倾斜的，还有与衣片相连的连立领，并延伸出卷领，卷领是立领中最具柔和感的领型。立领的开口除了中开、侧开，还有后开、旁开等，并且开口有长有短，领形线有方有圆、有宽有窄、有高有低，领围线也可高低深浅不同，还可以与材料结合，从保暖、舒适角度考虑。

图 10.24 无领型领　　　　　　　　　　　　　　　图 10.25 立领

c.翻领。翻领是领面向外翻摊的一种领型，有在领座上外翻领面，也有直接在领围线上外翻领面的结构。翻领设计重点部位是领面形态,这是翻领款式变化的关键,如图 10.26 所示。衬衫领基本造型以领座上外翻领面的翻领结构为主，可以分为以下几种：标准式领型，领型张开角度 75°；短领式领型，领尖较短，张开角度约 80°，给人平和稳定的感觉；长领式领型，领尖长而狭窄，给人简洁、干练、圆滑的感觉；扣结式领型，领子简化为仅有领座部分，领端系有小扣，给人轻松无拘束的感觉，可内衬 T 恤；饰针式领型，将两个领端用装饰别针固定，礼服性质；敞角式领型，领子角度在 120°～180° 的领子；圆领式领型，领面轮廓线是圆弧线，领型具有优雅的风格和细致柔情的一面。平领也叫摊领，是领面平摊肩背部及前胸贴身展开的领款，一般领座较低，不高于 1cm，根据不同的款式需要变化领形线及领角。平领设计时，可以加领边条状边饰即领前饰。

d. 驳领。驳领是一种衣领和驳头相连，并一起向外翻折的领型。它由领座、翻折形状和驳头三部分组成。驳头是指衣片上向外翻折出的部分。由于驳领的结构比较复杂，且要求驳头和翻领的前半部分平坦地帖服在左右锁骨部位，因此是领型工艺造型中最难的一部分。西装中的领型都属于驳领类，其中平驳领、枪驳领和青果领是西装中最基本的领型，如图 10.27 所示。

图 10.26　翻领　　　　　　　　　　　图 10.27　驳领

②门襟设计。门襟的设计与衣领的相互衬托十分重要。为了穿脱方便，领线小的衣服就必须留出开口，其开合的部位则称为门襟。门襟的长度可根据款式的需要分为半开、通半，而门襟的位置也是根据设计创意的需要分为正开、偏开、斜开、弧线开襟，以式样又可分为对襟、叠门襟、斜门襟、暗门襟等。半开襟常用于连衣裙、短袖、套头式样中，与不同衣领组合后，产生轻松效果。门襟设计上可装饰花边、扉边、加牙、缉明线等，门襟的开合可以用各式纽扣或拉链、系带、搭袢等加以固定，两襟搭在一起的重合部分叫叠门，如图 10.28 所示。

图 10.28　叠门襟和斜门襟

③衣袖设计。衣袖设计的变化部位在袖山，袖窿、袖肥和袖口。按衣袖裁片数目可划分为单片袖、两片袖、三片袖及多片袖；按袖长分为长袖、七分袖、半袖、短袖和无袖；按袖子

的形态特点可分为圆袖、泡泡袖、蝙蝠袖、灯笼袖、马蹄袖等；按服装种类可划分为大衣袖、

西装袖、衬衫袖、T 恤袖等。通常对于袖型
的分类是按照衣袖的装接法划分的，可分为
装袖、插肩袖、连袖和组合袖等。袖子的造型、
结构多种多样，设计时要考虑胳膊的活动性。

　　a. 装袖。为符合人体动作的需要，因此，
根据人体肩部及手臂的结构进行自然造型，
衣片和袖片分别剪裁，按照袖窿与袖山的对
应进行装接缝合，缝合线一般刚好位于肩端
点上。一般袖片大于袖窿弧线，才能达到装
袖时的合适参数。这种袖型适用于正规服装，
如西服、中山装等，如图 10.29 所示。

图 10.29　装袖

　　b. 插肩袖。插肩袖的袖窿较深，袖山一
直连插到领围线，肩部甚至全被袖子覆盖，形成流畅舒展的结构线。插肩袖的装拼线可根据
造型需要而变化，并且可以在袖山弧线和袖窿处收裥、加花边等装饰性变化。改变单一的袖
山线、曲线、花形线、折线等，但要考虑肩、臂部运动需要，为了适用于较大的运动量，也
可以在腋下加角或加片来满足运动服、夹克衫、大衣等的要求。

　　c. 连袖。连袖如图 10.30 所示，又称中式袖、和服袖等。衣身和袖片连成一体裁制而成，
呈平面形态的袖型。中式棉袄、蝙蝠袖都是采用这种袖型，但不适应手臂需太大幅度上扬的
场合。

　　④口袋设计。根据设计需要，考虑口袋的实用功能和装饰功能。口袋分为贴袋（图
10.31）、挖袋（暗袋，衣身上开袋口，袋布在衣身下，在袋口处接缝固定）和插袋（接缝上
留出的挖袋）。口袋设计多是在造型上变化。

图 10.30　连袖　　　　　　　　　　　　　　　　图 10.31　贴袋

　　⑤裤子局部设计。

　　a. 裆部。裆部位于臀部及两腿交叉的复杂部位，其恰当的造型要能够使双腿自由活动。

横裆与立裆的尺寸决定着裤子的外观感觉。浅裆紧身裤的前裆已经缩到 7.62cm，后裆则到了臀沟以下。中规中矩的裆深为 27cm，普通裤子的前裆加后裆宽为 15cm。HIP-HOP 式裆：根据款式需要加大裆长，这种超长的裤裆来自 20 世纪 80 年代黑人社区。

b.裤脚设计。裤脚位于全身服饰底端，它的状态体现着与脚面、地面、腿部的关系。从而影响到整个着装姿态的展示效果。裤脚处的装饰起点缀呼应的效果。

10.2.3 服装色彩

服装色彩狭义上是指服装及配饰的色彩，广义上讲包括人、衣服、服饰品的色彩。在服装单品设计或是系列设计时，选择颜色是在设计最早做出的决定之一。进行服装色彩设计时，设计师需对色彩的属性、色彩感觉、配色规律、服装面料、服装季节、服装场合、服装风格等进行综合考虑。

（1）服装色彩的形式美。服装色彩的形式美主要是指服装色彩搭配过程中，色彩的比例、平衡、节奏、对比、调和之间的关系，其之间相互搭配要形成具有审美价值的配色，就需要遵循形式美的规律，使得变化多端的色彩形成统一和谐的整体。

① 色彩的比例美。服装色彩的比例是服装色彩搭配中各个色彩面积的比值，通过对服装色彩的比例、位置进行调整能够改变服装的外观效果。服装色彩设计中色彩与色彩间的面积关系和比例的分配，是服装色彩设计的重要内容。在美学中，最经典的比例就是"黄金分割"，"黄金分割"是指把一条线段分为两部分，较大部分与全长的比值等于较小部分与较大部分的比值，比率关系是 1∶0.618 或 5∶8，其比值近似为 0.62，这个比例被公认为是最能获得美感的比例。除了黄金分割还有费波那奇数列比例、根矩比例等。在服装设计色彩搭配过程中，可以灵活运用这些美的比例关系。可以看到，人体黄金比例是以肚脐为界，上下身比例为 5∶8，上下装色彩的搭配比例一般为 2∶3、3∶5、5∶8 等，内外衣的色彩搭配也可按照秩序美比例关系来进行色彩搭配，以使得服装获得整体的美感（图 10.32，彩图见插页）。因色彩与色彩属性有差异，色感也不同，同一样色彩及面积出现在服装中的位置不同，整体色彩感受也会不同，所以比例美规律的运用要结合实际，要考虑色彩的特性及位置因素。在整体形象色彩设计中，要结合皮肤和头发的色及面积来进行设计。

② 色彩的平衡美。服装色彩的平衡是指整体服装色彩搭配给人带来的心理上的平衡与稳定。在服装色彩设计中，在实现色彩平衡方面可以有两种形式，一种是色彩关系绝对对称产生的平衡；另一种是色彩要素的量感相当而产生的均衡。无论哪种形式，色彩的平衡、色彩的均衡都会给人以稳定感，整体色彩感觉更加活泼（图 10.33，彩图见插页）。在进行服装色彩

图 10.32　上下装色彩比例

图 10.33　平衡、均衡的色彩美

设计搭配中，色彩的明暗、强弱、面积、位置都与色彩的平衡感有着密切的联系，要获得色彩平稳，就需要考虑色彩分割布局上的合理性与均衡性（图 10.34，彩图见插页）。

③色彩的对比美。服装色彩中的对比关系有强有弱，色相对比相对明度、纯度对比（图 10.35，彩图见插页），是较为强烈的色彩对比关系。在色相对比中，补色对比则是更为强烈的一种对比效果，强烈的对比给人以活力、热烈奔放、力量的感觉（图 10.36，彩图见插页）；

图 10.34　均衡色彩关系

图 10.35　色相、明度、纯度对比　　　　　　　　　　图 10.36　补色对比

在色彩对比中，色彩的面积大小对比强弱起决定性作用，因此，在强对比色彩关系中，经常增大对比色的面积差，来达到协调色彩对比的作用；也可在几种对比色之间添加无彩色、金色、银色或中间色，这种分割使得对比色对比过渡，从而达到色彩对比调和的作用（图 10.37，彩图见插页）。

④ 色彩的调和美。色彩调和是指将两种以上的色彩进行搭配，产生具有和谐美感的色彩组合。色彩调和的形式有共通性调和和对照性调和。共通性调和是指某一色彩属性相同或类似就能达到和谐的效果，即色相相同或类似、明度相同或类似、纯度相同或类似的和谐色调，

图 10.37　色彩对比中调整色彩面积、色彩分割手法

如橙色与泛黄的橙色、黄色和绿色、紫色和泛红的紫色（图 10.38，彩图见插页）、淡黄色与淡粉色、灰绿色与灰紫色等（图 10.39，彩图见插页）。当色相相似而明度纯度也近似时，色调接近，配色沉稳、大方，但也容易产生单调感，故常见增加点缀色、图案的方法来丰富色彩关系、增加色调节奏感和层次感（图 10.40，彩图见插页）。对照性调和是指色彩三属性中有一个属性形成鲜明对比而达到和谐的效果。中差色搭配、对比色搭配以及互补色搭配都属对照性调和，其对比鲜明。加大色彩某一属性差异进行的搭配，容易产生浮夸感和躁动感，因此，可以通过调整色彩面积、色彩明度、色彩纯度的方式来调和视觉效果，以达到明快、热情、华丽、雍容等的美感。例如，淡紫色和紫色，这种同色相、高明度差搭配会给人以利落雅致的美感，再搭配亮粉绿色，产生明度上的过渡，则整体色彩层次丰富、明度对比更加调和（图 10.41，彩图见插页）。另外，如对比美中所述，还可以采用在对比色之间增加无彩色、间色的方式来进行调和。例如，绛红和湖蓝色间配鹅黄色，高纯度色彩间隔黑色，形式对比过渡，从而整体色彩对比更加协调（图 10.42，彩图见插页）。

图 10.38　共通性调和——色相相似

图 10.39　共通性调和——明度相似、纯度相似

图 10.40　共通性调和——点缀色、图案运用

图 10.41　对比色调和——调整对比
色明度、纯度和面积

图 10.42　对比色调和——间色 / 无彩色分割

⑤ 色彩的协调美。各色彩间的相互关联、呼应、衬托，使整体色彩关系即有秩序、统一又富于变化。协调美的色彩关系就是变化与统一的完美结合。可从以下三个角度来看协调的形式：色彩要素类似、色彩要素对比、色调风格协调。色彩要素类似，即色相、明度或纯度类似时，加入小面积的间色或对比色作为点缀色，获得即统一又有变化的协调美；色彩为强对比关系时，色彩个性强，可通过第三种单色或配色，削弱强对比，获得即变化又统一的和谐美（图 10.43，彩图见插页）；色调风格与整体服装造型风格匹配时，整体风格统一的色调协调美（图 10.44，彩图见插页）。

⑥ 色彩的节奏美。色彩节奏是指服装色彩设计中利用色彩的形状、面积、位置等变化构成有规律的、重复性的、具有秩序感的视觉变化。色彩要素具有一定规律的反复变化，由此形成色彩间隔。色彩间隔大，则产生的节奏律动感强；色彩间隔小，则产生的节奏柔和。有规律的色彩节奏形式是色彩要素重复、色彩渐变；无规律的色彩节奏形式是各种色彩要素反复多次出现，但没有内在规律。单色重复、多色重复都具有稳定的秩序感，色彩渐变具有变化的秩序感，其中色相渐变可获得五彩斑斓的秩序感，明度、纯度渐变可获得柔美感的秩序

图 10.43　色彩协调——关联、呼应、衬托

图 10.44　色彩协调——色调风格协调

图 10.45　色彩渐变

感（图 10.45，彩图见封三）。通过色彩渐变的方式还可以构成视觉错觉，以弥补人的形体缺陷，使人体能够与服装融为一体（图 10.46，彩图见封三）。此外，规律的图案产生的是典型的色彩规律性节奏，如常见的条格纹服装和千鸟纹服装（图 10.47，彩图见封三）。无规律的色彩

图 10.46　色彩渐变构成视觉错觉　　　　　图 10.47　色彩图案节奏

设计中，色彩元素无规律地反复出现，在视觉上可以表现为抑扬顿挫、强弱并重，使得服装看上去更加活泼靓丽（图 10.48，彩图见封三）。

（2）服装色彩设计程序。进行服装色彩设计，首先要确定主色和主色调，主色与主色调应该是围绕整体设计风格和意图的色调。在服装整体配色中，主色调面积占绝对优势，起到主导的作用。然后选择辅助色，辅助色的整体面积小于主色，能够丰富主题色调，陪衬主题

图 10.48　无规律色彩节奏

213

色调，突出主色的表现力。最后是搭配点缀色，点缀色占整体色调的面积最小，是活跃单调感、丰富色调层次与调动整体配色节奏感的色，如图 10.49 所示。

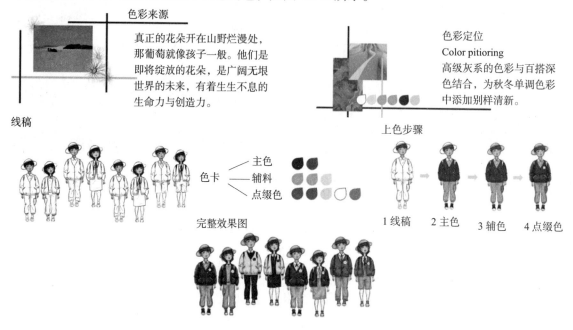

图 10.49　服装色彩设计程序（设计师：田桔子）

10.2.4　服装面料

　　面料是服装款式和色彩的载体，它的性能特征和外观感受，可以给予设计师许多创作的灵感。根据国际流行趋势的规律，流行花色发布在先，随后是流行纱线和面料发布，最后是流行款式发布。因此，在服装公司、企业从事成衣设计的人员，大多采用根据时尚面料进行服装设计的方法。另一种方法是先进行服装设计，再对面料进行实际选择。此种方法较多地为创意、先锋派设计师以及服装专业的师生们所用，比较适合个性化、创意性强的设计。从纤维到纱线，织造和后整理，有各种各样的设计和工艺环节，使面料呈现出不同的外观风格和特性，有的表现为柔滑细腻，有的则是挺爽粗矿，有的表现为轻薄飘逸，有的则是厚重沉稳，有的表现为华贵富丽，有的则是古朴素雅等，如图 10.50 所示。

　　多样的面料一方面丰富了服装创作语言，另一方面则是对设计师驾驭面料能力的考验。作为服装设计师，必须具有良好的面料方面的素养，这包括对纤维类型、面料基本特性、总体风格、档次价位和流行趋势等方面的把握。

　　在进行服装设计时，注意要把握好服装风格与面料风格的统一，这是服装面料选配的关键。在选择面料时，要同时考虑以下几点：面料的表面感受（温暖、凉爽、干燥、柔软、滑溜等）、面料个性（弹性、牢固性、平整性、光泽度、挺括性、悬垂度、透度、经纬是否正、染色是否匀称、是否容易起球等）和纤维含量（醋酸纤维、聚氨酯纤维、聚酰胺纤维、聚酯纤维、氨纶等），了解纤维含量可以帮助设计师判别织物的弹性大小、是否易起皱、是否结实、悬垂性好坏等。

图 10.50　不同面料外观服装

10.3　服装设计过程

服装是一门综合性的艺术，重视人、款式、色彩、面料、结构和制作工艺等多方面的整体美。一项完整的服装设计任务的运作完成，设计师需要经过好几个阶段，不同的设计任务、设计目标决定了设计的流程及过程中需要考虑的因素不同。

服装设计大致可以分为以下过程：分析设计提要—调研—设计构思—表达构思—设计调整—制作。

10.3.1　设计提要

设计提要包括设计任务、设计期限、工作量、市场信息、设计内容、设计表现形式等。设计者首先接收设计任务，对设计要求进行分析。设计任务基本可以分为以下几种类型：教师的指定作业、设计大赛、自定义设计、公司专案项目以及公司服装产品开发。这些任务的标题、宗旨及目标在任务发

服装设计的过程

布时会有明确的指示。教师指定作业，通常要求完成研究与灵感、设计以及编辑、剪裁样板、样品面料与制作样衣、制作原型与精确化以及展示。设计大赛，是由服装公司或外部行业组织所设立的，会有明确的设计主题以及大赛的各项具体要求。公司专案项目，通常是服装公司与和学校合作的产品开发项目。品牌公司成衣设计师则是开发服装商品，在设计过程中需考虑目标市场、产品类型配比、季节、消费者和零售商等因素。在设计开始前，应分析并明确设计对象的定位、目标市场、服装所需的场合与季节、设计的数量、品类要求、材料和面料工艺的限制、主题要求、流行要求、成本。设计工作通常是一个有着时间限制而又持续开展的工作，在设计提要阶段，列出所有限制因素和明确设计的具体任务信息，对整个后续调研及设计的进程起到引导的作用。

10.3.2　前期调研

调研包括灵感来源、市场调研、流行趋势等。

服装的流行趋势

① 灵感来源。设计师在日常的生活工作中，需要始终保持眼睛及耳朵的开放，观察吸收发生在周边微妙而渐进式的审美变化，关注时装时尚展、博物馆、姊妹艺术、艺术风格流派，将新颖的、有趣的东西、图片、速写和一些小样混合在一起，传达着反应个人风格与时尚态度的灵感主题。这些平时的积累是专业知识与经验融合的产物，是设计师设计的灵感来源。

② 市场调研。收集反应市场情况的准确资料和大量数据，调研方法要科学，调研的数据、实例、图片等要真实有效，分析要客观，这些对后续服装产品开发有指导参考价值。

③ 流行趋势。流行趋势是设计师广泛关注的内容，通过辨认流行趋势、外形轮廓、流行色和热销款式等，可以获得对设计有价值的信息。

10.3.3 设计构思

通过了解设计要求、进行调研，理清设计思路，归纳整理想法。处理这些信息，资料重构，整合再重构，直至提取出设计中需要使用的设计元素。这里说的设计元素涉及设计的方方面面，包括服装的整体造型和色彩、合适的面料辅料、搭配方式、对应的结构与工艺、细节、色彩构想、面料肌理、工艺方案和图案等，设想最终的穿着效果，在头脑中完成一件服装生成所需的步骤。

10.3.4 表达构思

将前期的想法素材，通过草图或者是拼贴图的方式展示出来，反复调整，最大限度地符合设计要求。设计延伸，细节继续调整，从单品到系列，设计要越来越完整，直到单品细节准确，系列服装的品类构成合理，色彩协调，并具备有节奏美感。

10.3.5 设计方案

设计主题说明、色彩说明，明确主色调、辅助色、点缀色。使用效果图展现着装效果，款式图规范表达设计细节，正背面及设计细节的说明如图 10.51 所示。面料辅料方案包括用料信息、面料实物展示。

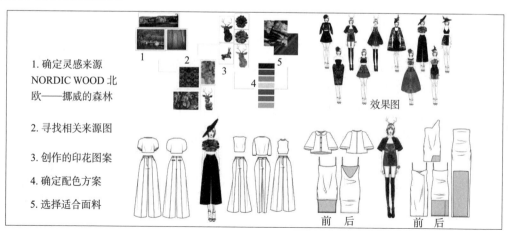

图 10.51 汪晓昕设计作品《挪威的森林》

10.3.6 制作

包括白胚布打样，结构调整、修版，制作样衣、原布制版，成品制作，最后成品展示。

思考题

1.高级定制与高级成衣有什么联系与区别？对当代高级成衣设计加以分析。

2.服装廓型变化的影响因素有哪些？请举例说明服装廓型是如何修饰人体型的。

参考文献

［1］evelsj. 服装分类大全. 2018.

［2］刘晓刚. 服装设计概论［M］. 上海：东华大学出版社，2012.

［3］［美］莎伦·李·塔特. 服装·产业·设计师［M］. 苏洁，范艺，译. 北京：中国纺织出版社，2008.

［4］陈莹. 服装设计师手册［M］. 北京：中国纺织出版社，2018.

图片来源

时尚网 www.vogue.com.

学生作品照片。

第11章 服装号型与结构设计

服装结构设计是服装从设计到生产的中间环节，俗称打板。要绘制服装样板，需先了解人体体型特征，掌握人体测量的方法，理解服装号型与人体体型数据的关系，进一步了解服装尺码的标识方法。同时，了解服装各部位名称及服装造型结构类别，理解并掌握服装结构设计原理和方法，结构设计师便可根据号型或体型数据，设计服装结构、完成样板的绘制工作。本章节则围绕以上内容展开，图11.1为内容结构关系图。

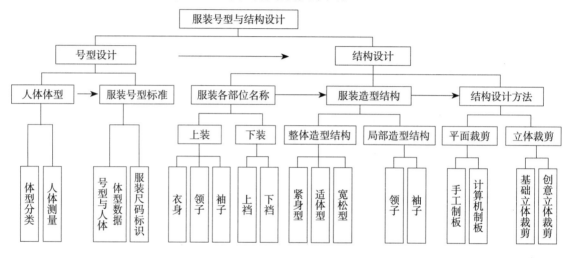

图 11.1　服装号型与结构设计内容结构关系图

11.1　人体体型与服装号型

11.1.1　人体体型

人体体型受地域、种族、遗传、生长环境、年龄、职业、健康情况等多种因素的影响，千差万别，没有两个人的体型是完全一致的，即使胸围尺寸相同，腰围和臀围也几乎不可能相同。

（1）体型分类

人体体型可以从总体形态及各个组成部位进行分类。人体的高矮胖瘦一目了然，从总体形态可以分为肥胖体、标准体以及瘦型体，如图11.2所示，肥胖体和瘦型体在人体躯干的厚度上有显著差异。

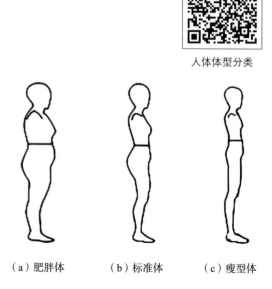

人体体型分类

（a）肥胖体　　（b）标准体　　（c）瘦型体

图 11.2　肥胖体、标准体和瘦型体

以人体组成部分进行分类，可以分别从颈部、躯干以及四肢等部位进行分析。从肩颈部形态可将体型分为溜肩体、耸肩体和不同肩，如图 11.3 所示。溜肩体颈部较细、肩膀下垂、肩部斜度较大。耸肩体则颈部较为粗短、肩部耸起、肩部斜度较小。不同肩即为高低肩，左右肩的肩斜度有一定差异。

以人体胸前部、胸背部、腰臀前部、后臀部倾斜度构成的躯干外轮廓曲度进行分类，躯干部位的体型还可分为屈身体、标准体和反身体，如图 11.4 所示。屈身体腰臀部位前倾；反身体则身体后挺，腰部曲率增大。

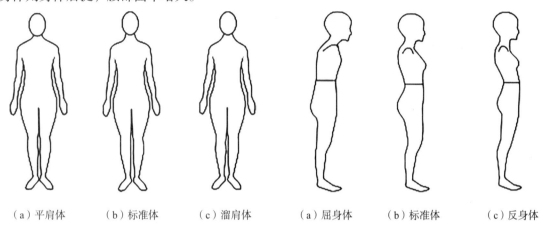

| （a）平肩体 | （b）标准体 | （c）溜肩体 | （a）屈身体 | （b）标准体 | （c）反身体 |

图 11.3　平肩体、标准体和溜肩体　　　　　图 11.4　反身体和屈身体

体型分类角度较多。根据背部的弯曲程度将人体体型细分为平背和猫背；以乳房大小可将体型分为胸部饱满型和胸部扁平型；以腿部的形态特征可分为 O 型腿、X 型腿及标准腿型。根据人体各部位体型特征，可通过设计服装款式、调整服装结构来弥补体型不足，达到扬长避短、美化人体的作用。

（2）不同性别、不同年龄的体型特征

不同性别、不同年龄层的人体体型特征差异较大。如图 11.5 所示，男性肩部较宽较平、胸部宽阔，呈现倒梯形的体型特征；女性体型肩部较窄、腰部较细、臀部较宽，呈现 X 型的体型特征。

相比年轻人，老年人肌肉相对松弛，体型多呈现腹部下坠、背部微驼的状态。而儿童体型随年龄增长变化最为显著，在 1～5 岁的学龄前期，儿童的胸部小于腹部，胸部较

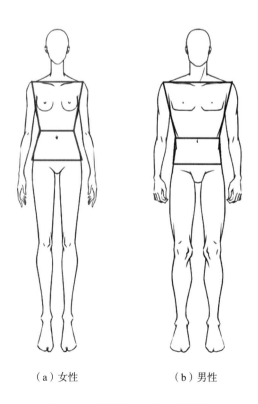

（a）女性　　　　　　（b）男性

图 11.5　男性与女性的体型特征

短、腹部较浑圆、背部偏平、没有中腰。在6～12岁的学龄期，身高长得较快、腰围变化较慢、胸围和臀围变化较快；女孩开始出现胸腰差，腰围相对较小。在13～16岁的少年期，是逐渐向青春期转变的时期，女子胸部开始丰满，臀部脂肪开始增多，已经形成人体的曲线；男子的肩部变平变宽，身高、胸围、体重也明显增加。在服装结构设计时，需充分把握体型特征，做出适合不同年龄段的服装造型结构。

（3）人体体型比例

随着年龄的增长，人的身高逐渐增长，人体的比例也在不断变化。以头高来划分人体比例，1～2岁的孩子通常有四个头高，5～6岁时达到五个头高，14～15岁达到六个头高，在16岁以后接近成人，25岁才达到成人的七个头或七个半头高（图11.6）。从比例变化可以看出，随着年龄增长，下肢在全身的比例逐渐加大。结构设计师可根据头高比例，设计不同年龄段服装的上下装比例关系。

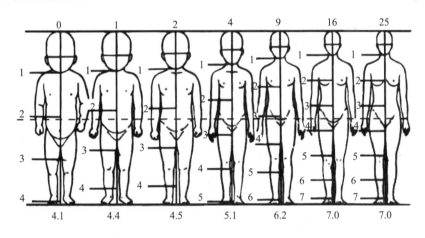

图 11.6　不同年龄的身高比例

11.1.2　人体测量

为了进一步掌握人体体型，客观、正确、数字化地定量研究是准确把握人体体型特征的必要手段。"量体裁衣"充分体现了人体测量的重要性。掌握了人体有关部位数据，进行结构设计时才能使各部位的尺寸有可靠的依据，确保服装适合人体的体型特征。

人体测量

11.1.2.1　测量工具

人体测量可以通过人工测量，或者用现代化的测量工具来完成。皮尺是最常用的手工测量工具；随着科技的发展，三维人体扫描仪（图11.7）可以迅速地获取人体几十个部位的体型数据，这项工具和技术的革新，大大提高了测量的效率，为服装及其他工业提供了研究依据。

11.1.2.2　测体注意事项

测量人体数据时，以静立状态下的计测值为准。静立时，头部的耳、眼保持水平，脚后跟并拢呈自然站立姿势，手臂自然下垂，手掌朝向身体一侧。人体站立的姿势需正确反映体型状态。在使用三维人体扫描仪时，需以两腿分开、手臂微抬的姿势站立，避免无法测至腋下及裆下等部位，确保测体的数据全面且准确。

测体时，需注意被测者的穿着状况，考虑内穿衣物的厚度。根据测量数据的使用目的，选择不同的着装状态。如果为了获取人体本身的净体尺寸数据，最好为裸态测量。如果仅用于服装类的计测，可穿着文胸、内裤等贴身内衣。

测量时，可在被测者腰部最细处系一个腰带，以便找寻相应的关键部位。测量者一般站立在被测者的左前方或右前方。注意观察被测者的体型特征，并随时记录。

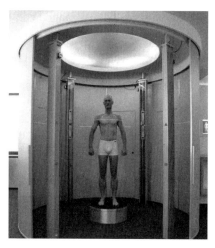

图 11.7　三维人体扫描仪测量人体数据

11.1.2.3　测量基准点和基准线

人体测量需要经过人体的一些基准点和基准线，这些点或线通常为人体各方位的特征突出点、体表分界线及其设定点、最大围长部位的对应点及线以及服装各支撑部位的点和线。常用的基准点和基准线如图 11.8 所示。

（1）人体测定基准点。

① 头顶点：头顶部的最高点，位于人体中心线上。

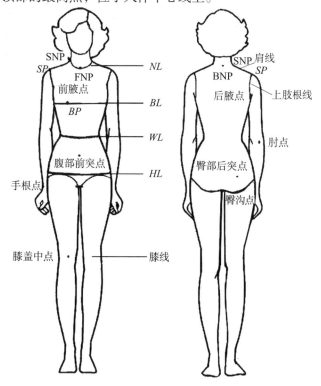

图 11.8　人体测量常用基准点和基准线

②颈椎点（BNP，back neck point）：又称颈后中点，颈后第七颈椎棘凸点。当头向前低时，在颈后突起的点。

③颈侧点（SNP，side neck point）：又称肩颈点，从人体侧面观察，位于颈根部宽度的中心略偏后的位置。该基准点并非骨骼的端点，测量时略抬手臂，感觉颈侧有一根筋在跳的点即为颈侧点。

④前颈中点（FNP，front neck point）：颈根线的前中心处，前领窝的中点，在锁骨形成的三角窝部位。

⑤肩端点（SP，side point）：又称肩峰点，是肩胛骨肩峰上缘最向外突出的点。该点为手臂与肩的转折点，是测量人体肩宽和服装袖长的基准点。

⑥前腋点：腋窝断面的最前点。在手臂的根部，放下手臂时，手臂与躯干部在腋下结合处的起点，用于测量胸宽。

⑦后腋点：腋窝断面的后面最突的点。

⑧手根点：手腕关节处，用于测量袖长。

⑨肘点：上肢弯曲时肘部外侧最突出的点。

⑩胸点（BP，bust point）：胸部最高点，乳头的中心。

⑪腹部前突点：腹部中心线上最向前突出的点。

⑫臀部后突点：臀部向后最突出的点。

⑬臀沟点：臀大肌与下肢结合的凹沟。

⑭膝盖中点：膝盖骨的中心。

（2）人体基准线。

①颈根线（NL，neck line）：该线是人体躯干与颈部的分界线。该基准线前部通过锁骨内侧端点上缘，侧面通过颈侧点，后面通过颈椎点。

②上肢根线：该线是人体躯干与上肢的分界线。

③肩线：肩端点与颈侧点的连线。

④胸围线（BL，bust line）：经过胸点水平沿胸廓围绕一周的线。

⑤腰围线（WL，waist line）：经过人体腰部最细部位水平围绕一周的线。

⑥臀围线（HL，hip line）：经过人体臀部最丰满部位水平围绕一周的线。

⑦膝线（KL，knee line）：通过膝盖中点的水平线。

11.1.2.4　测量部位

（1）长度方向测量（图11.9）。

①身高：从体后中心线计测，头顶点至脚跟的距离。

②颈椎点高（总长）：从颈椎点，经过背部，在腰围线上轻压皮尺，贴合于体型至臀围线附近，再顺量至地板。

③背长：从颈椎点量至后正中腰围线的长度，可在后背加放垫板，包含左右肩胛骨的突出量。

④前腰节长（中腰高）：由颈侧点经胸点量至腰围线的长度。

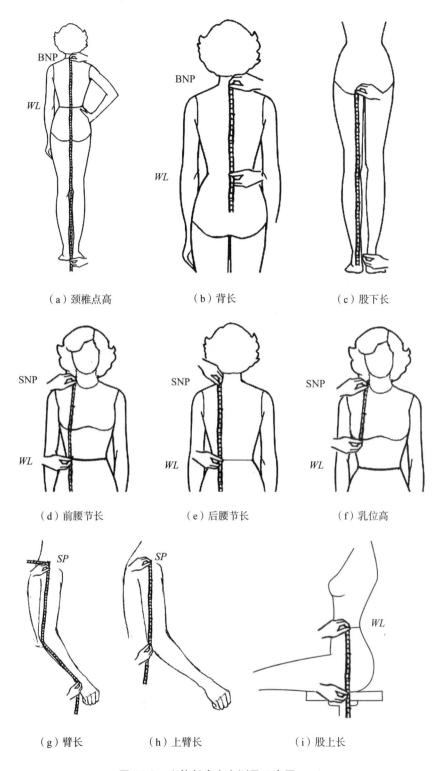

（a）颈椎点高　　　　　　（b）背长　　　　　　（c）股下长

（d）前腰节长　　　　　　（e）后腰节长　　　　　（f）乳位高

（g）臂长　　　　　　　（h）上臂长　　　　　（i）股上长

图 11.9　人体长度方向测量示意图

⑤ 后腰节长：由颈侧点经肩胛骨量至腰围线的长度。

⑥ 乳位高（胸高）：由颈侧点量至胸点的长度。

⑦ 臂长：由肩端点量至手腕的长度。

⑧ 上臂肘长：肩端点至肘点的距离。

⑨ 股上长：被测者坐姿，由腰节侧面中央量至椅面的距离。

⑩ 股下长：从臀沟量至地面，可自裤长减去股上长，即为股下长。

（2）围度方向测量（图 11.10）。

① 胸围：经过胸点水平环绕胸部一周的长度。

② 腰围：在腰部最细处水平围量一周的长度，可沿着量体时所系的腰带测量。

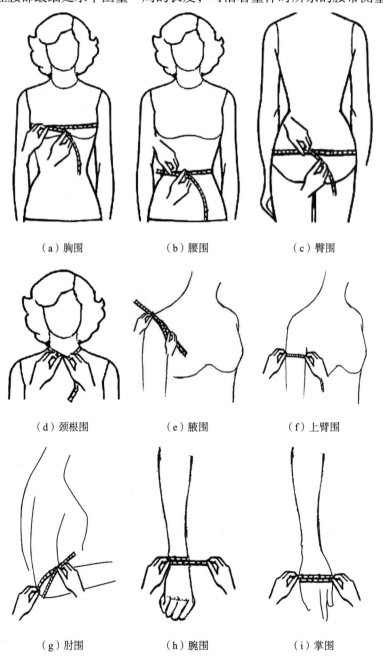

（a）胸围　　　　　　（b）腰围　　　　　　（c）臀围

（d）颈根围　　　　　（e）腋围　　　　　　（f）上臂围

（g）肘围　　　　　　（h）腕围　　　　　　（i）掌围

图 11.10　人体围度方向测量示意图

③ 臀围：在臀部最丰满处水平围量一周的长度。

④ 颈根围：竖起皮尺经前颈中点、颈侧点、颈椎点绕颈一周的长度。

⑤ 腋围：沿腋窝一周测量的长度。

⑥ 上臂围：在上臂最丰满部位水平围量一周的长度。

⑦ 肘围：在弯曲的手臂肘关节明显突出的部位围量一圈，这是制作窄袖时所需的必要尺寸。

⑧ 腕围：在手腕的关节上略微放松地围量一周，这是制作窄袖口时所需的必要尺寸。

⑨ 手掌围：将拇指轻贴于手掌侧，在其最宽部位围量一周。

（3）宽度方向测量（图 11.11 所示）。

① 肩宽：测量左右两肩端点之间的长度，需通过颈椎点弧线形测量。

② 背宽：测量后背两后腋点之间的长度。

③ 胸宽：胸部左右两前腋点之间的长度。

④ 乳间距：左右两胸点之间的长度。为避免触碰到被测者胸部，测量时可用皮尺的 10cm 位置对准左胸点，再量取左右胸点之间的长度。

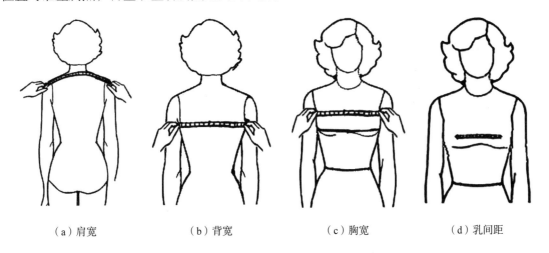

（a）肩宽　　　　　　（b）背宽　　　　　　（c）胸宽　　　　　　（d）乳间距

图 11.11　人体宽度方向测量示意图

11.1.3　服装号型

11.1.3.1　号型与人体体型数据

服装工业生产中所采用的体型数据，主要依据国家服装号型标准来确定。服装号型标准的制定是建立在大量的人体测量基础上，通过人体普查的方式，分地域采集人体数据，再对数据进行科学的统计分析研究而获得。

服装号型

服装号型中的号，指高度，表示人体的身高，以厘米为单位，是设计服装长度的依据。型指围度，表示人体的净体胸围或净体腰围，以厘米为单位，是设计服装围度的依据。净体指人体的实际尺寸。

例如，国家号型标准 GB/T 1335 中 160/84A，其中 160 为号，指人体的身高，84 为型，指人体的胸围，A 则指人体的体型。我国将人体分为 Y、A、B、C 四种体型，根据人体的胸腰差来确定体型类别，胸腰差为净体胸围减去净体腰围的差值。表 11.1 为体型分类表，表中显示了各体型之间的胸腰差，如某女子胸腰差在 14～18cm，那么该女子属于 A 体型。

表 11.1　体型分类

体型分类代号	男子：胸围—腰围	女子：胸围—腰围
Y	17～22	19～24
A	12～16	14～18
B	7～11	9～13
C	2～6	4～8

服装号型中的号和型分别统辖长度和围度方面的各个部位，体型代号 Y、A、B、C 则控制体型特征。人群中 A 体型和 B 体型的人较多，其次是 Y 体型，C 体型相对较少。但具体到某个区域，体型的比例则有所不同。从全国范围内来说，男子 A 体型约占 39.21%，女子 A 体型约占 44.13%，也就是说，男性胸腰差在 12～16cm，女性胸腰差在 14～18cm 的人占的比例相对较多。根据体型的覆盖率，服装企业可以有效地组织生产，产品也能够适合大多数人的穿着。

将人体的号和型进行有规律地分档排列，可设计出服装号型系列。在设计时，需根据体型覆盖率的高低，设置中间体，使中间体尽可能位于所设置号型的中间位置。为了使号型标准便于推广应用，标准中的控制部位数值，需通过设置中间体的系列分档数值（跳档系数）的方法来确定。号型系列以各体型中间体为中心，向两边依次递增或递减组成。例如，男子 A 体型，以 170/88 为中间体，身高以 5cm 分档，胸围以 4cm 分档，腰围以 2cm 分档，可以构成服装号型的 5·4 系列和 5·2 系列。表 11.2 为男子 A 体型的 5·4 和 5·2 号型系列，身高以 170cm 为中间体，以 5cm 进行跳档，则表示身高的号有 155、160、165、170、175、180、185 等多个号；而表示胸围的型则以 4cm 跳档，有 72、76、80、84、88、92、96、100 等多个型；对应腰围尺寸以 2cm 进行跳档，则有更多的体型数据与身高、胸围相对应（表 11.2）。服装企业可根据 5·4 或 5·2 号型系列，设计服装控制部位的相关数据并组织生产。

表 11.2　5·4 和 5·2A 号型系列腰围尺寸（男子）　　单位：cm

| 胸围 | 身高 | | | | | | | | | | | | | | | | | | | | |
---	155			160			165			170			175			180			185		
72				56	58	60	56	58	60												
76	60	62	64	60	62	64	60	62	64	60	62	64									
80	64	66	68	64	66	68	64	66	68	64	66	68	64	66	68						
84	68	70	72	68	70	72	68	70	72	68	70	72	68	70	72	68	70	72			
88	72	74	76	72	74	76	72	74	76	72	74	76	72	74	76	72	74	76	72	74	76
92				76	78	80	76	78	80	76	78	80	76	78	80	76	78	80	76	78	80
96							80	82	84	80	82	84	80	82	84	80	82	84	80	82	84
100										84	86	88	84	86	88	84	86	88	84	86	88

号型系列的划分，为生产企业提供了数据参考，也为消费者购买服装提供了依据。例如，170/88A 的男子上装，适合身高 168～172cm、胸围在 86～89cm、胸腰差在 12～16cm 的人穿着。从这些体型数据的覆盖面来看，根据服装号型系列中的人体数据所制成的服装，适应性很高，适合较大比例的人群穿着。

11.1.3.2 基于号型标准的服装尺码标识

消费者在选购服装时，能够从服装吊牌的诸多信息中找到尺码标识。例如，某女装的吊牌上标出"160/84A S"字样（图 11.12），表示这款服装适合身高在 158～162cm、胸围在 82～85cm、胸腰差在 14～18cm 的女性穿着。在该品牌中 160/84A 为 S 码，165/88A 为 M 码，170/92A 为 L 码。

服装的大、中、小号可以用 L、M、S 进行标识，企业必须根据自己客户群体的体型特征来设计大小码。此外，服装尺码标识的方法还可与服装品类相对应。比如，男衬衣的尺码标准以领围为主，分为 38、39、40、41 等；表 11.3 为某品牌男衬衫的尺码表，表中的胸围尺寸以 4cm 为一档进行跳档，与号型标准相对应。

```
合格证
商标：
品名：连衣裙
标准：FZ／T 81004—2012
设计：法国
产地：印度
等级：合格品
安全类别：GB 18401—2010
B 类
检验：08
货号：DY13109082
颜色：635
号型：160／84A S
面料成份：100% 黏胶纤维
里料成份：100% 聚酯纤维
装饰物除外
注：请单独洗涤
```

图 11.12 某品牌尺码标识

表 11.3 某品牌男衬衫尺码表 单位：cm

号型	165/84A	170/88A	175/92A	175/96A	180/100A	185/108A	185/112A	185/112A
领围	38	39	40	41	42	43	44	45
肩宽	46	47.2	48.4	49.6	50.8	52	53.2	54.4
胸围	104	108	112	116	120	124	128	132
平摆长	72	72	74	75	76	77	78	78
袖长	58.5	58.5	60	60	61.5	61.5	63	63

裤装的尺码有时也会按照净体臀围或腰围尺寸进行标识，通常女裤用臀围标识，男裤用腰围标识。

文胸的尺码由人体下胸围尺寸以及胸围和下胸围的围度差来确定。如表 11.4 所示，文胸罩杯 A、B、C、D 等以 2.5cm 为档差进行跳档，上下胸围差的差值在 10cm 左右为 A 罩杯，在 12.5cm 左右为 B 罩杯，以此类推。例如，文胸标识为 75B，则适合下胸围为 73～77cm，上下胸围差在 12.5cm 左右的女性穿着。

表 11.4 文胸尺码对照表

下胸围/cm	68～72				73～77				78～82				83～87			
文胸罩杯	A	B	C	D	A	B	C	D	A	B	C	D	A	B	C	D
国际尺码	70A	70B	70C	70D	75A	75B	75C	75D	80A	80B	80C	80D	85A	85B	85C	85D
英式尺码	32A	32B	32C	32D	34A	34B	34C	34D	36A	36B	36C	36D	38A	38B	38C	38D

童装往往只有号型，没有体型分类。幼儿身高为 52～80cm，身高是以 7cm 进行分档，胸围以 4cm 进行分档，腰围以 3cm 进行分档，这样分别构成 7·4 系列和 7·3 系列，见表 11.5 和表 11.6。

表11.5 童装7·4系列尺码

号	型		
52	40		
59	40	44	
66	40	44	48
73		44	48
80			48

表11.6 童装7·3系列尺码

号	型		
52	41		
59	41	44	
66	41	44	47
73		44	47
80			47

由于儿童身高变化迅速，针对身高80cm以上的儿童，童装以10cm进行跳档。父母只需要根据孩子的身高，参考胸围、腰围来选择服装。到135cm以上，则以5cm为一档进行分档，但仍有童装企业以10cm进行分档。表11.7中则显示了某企业的童装尺码情况。在诸多童装品牌中，企业还会根据儿童的年龄和身高将服装分为幼童、小童、中童、大童等多个类别，既方便企业设计服装号型，又方便消费者选购。

表11.7 某品牌童装尺码对照表

尺码	对照年龄	对照身高/cm	对照胸围/cm	对照腰围/cm
50	0～0.3	52～59	40	40
65	0.3～0.6	59～73	44	33
75	0.6～1	73～80	48	48
80	1～2	75～85	50	49
90	2～3	85～95	52	50
100	3～4	95～105	54	51
110	4～5	105～115	57	52
120	6～7	115～125	60	54
130	8～9	125～135	64	57
140	10～11	135～145	68	61
150	12～13	145～155	72	64
160	14～15	155～165	76	66

中老年服装的尺码多以XL、2XL、3XL等进行标识，各品牌根据自己客户群年龄段的体

型数据，通常会自主调整服装的尺码，各品牌之间所对应的尺码也可能不同。表 11.8 为某中老年品牌短袖的尺码表。

表 11.8　某中老年品牌短袖尺码表

单位：cm

尺码	胸围	袖长	肩宽	下摆围	袖口	后中长
XL	100	19	39	101	19	64
2XL	106.5	19.9	40.9	107.5	19.9	66
3XL	113	21.1	42.8	114	20.8	68
4XL	119.5	21.7	44.7	120.5	21.7	70

随着服装进出口贸易的不断发展，需要了解其他国家的服装尺码标识方法。表 11.9 为女装上衣各国尺码对照表，服装尺码标识有国际、欧洲、美国、法国、意大利、韩国、中国等标准。

表 11.9　各国尺码对照表

标准	国际	欧洲	美国	法国	意大利	韩国（尺码/胸围）	中国	胸围/cm	腰围/cm	肩宽/cm	适合身高/cm
尺码明细	XXXS	30 ~ 32	0	34	38	22/75	145/73A	74 ~ 76	58 ~ 60	34	147 ~ 150
	XXS	32 ~ 34	0	36	40	33/80	150/76A	76 ~ 78	60 ~ 62	35	150 ~ 153
	XS	34	2	38	42	44/85	155/80A	78 ~ 81	62 ~ 66	36	153 ~ 157
	S	34 ~ 36	4 ~ 6	40	44	55/90	160/84A	82 ~ 85	67 ~ 70	38	158 ~ 162
	M	38 ~ 40	8 ~ 10	42	46	66/95	165/88A	86 ~ 89	71 ~ 74	40	163 ~ 167
	L	42	12 ~ 14	44	48	77/100	170/92A	90 ~ 93	75 ~ 79	42	168 ~ 172
	XL	44	16 ~ 18	46	50	88/105	175/96A	94 ~ 97	80 ~ 84	44	173 ~ 177
	XXL	46	20 ~ 22	48	52	99/110	180/100A	98 ~ 102	85 ~ 89	46	177 ~ 180

11.2　服装结构设计

服装结构是服装内部为了实现某种功能结构、形态转折等而设计的分割与组合关系，即服装各部件的几何形状及相互组合的关系。包括服装各部位外部轮廓线、内部的结构线及各层服装材料之间的组合关系。服装结构由服装的造型和功能所决定。

11.2.1　服装的各部位名称

了解服装的构成和各部位名称是服装技术交流的前提。服装款式图中的各个线条，与服装结构图中的各部位相对应。图 11.13 和图 11.14 将款式图和结构图相结合，介绍服装各部位的名称。

以图 11.13 为例，图 11.13（a）为女衬衣的款式图，从其构成部件可以分为衣身、领子和袖子三个部分；衣领为翻折领，可分为领座、翻领、领尖

服装各部位名称

等部位；袖子主要分为袖山、袖身和袖口等部位。

因常规服装左右对称，结构图通常以右半体为主进行绘制。图11.13（b）为女衬衣衣身结构图，衣身分前后两片，每片轮廓线均包括领窝弧线、肩线、袖窿弧线、侧缝线、下摆线及中心线。以衣片中的横胸省和腰省为例，在图11.13（a）中呈现为一条线段，在图11.13（b）中分别呈现锥形和橄榄形的省道结构形态。将省道两边缝合后，前片将形成腰部凹进、胸部凸起、腹部微凸的立体状态；后片腰省缝合后，将形成腰部凹进、背部隆起、臀部凸起的立体状态，符合人体体型，达到适体的功能性要求。

图11.13（c）为衣领结构图，衣领的领座（底领部分）和翻领由同一片布组成。将底领

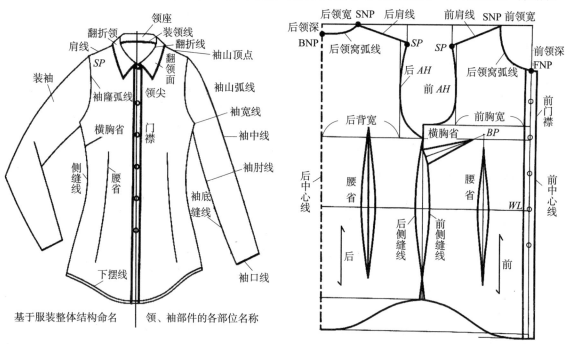

（a）款式图　　　　　　　　　　　　　　（b）衣身结构图

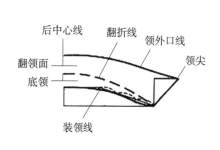

（c）衣领结构图

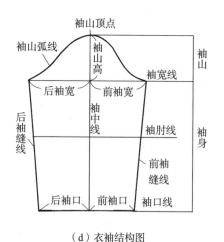

（d）衣袖结构图

图11.13　女衬衣款式图及衣身、衣领、衣袖结构图

部分沿颈部立起来，由颈后向前中环绕，在布料中间沿翻折线将领子上部翻折下来形成领面，装领线与前后衣身的领窝弧线相连，即构成衣领形态。

图 11.13（d）中衣袖结构主要分为袖山、袖身、袖口等部位，是袖子造型设计的主体。前、后袖缝线缝合后，衣袖形成筒状结构，袖片上的袖山顶点与衣片中的肩端点（SP）对合，袖山弧线与衣身的袖窿弧线相连，形成装袖。

裤子可分为腰头、上裆、下裆等部位，如图 11.14 所示。结构图以右半体进行绘制。前、后片腰缝线上呈锥形的腰省，处理腰臀之间的差量，使裤子在腰腹和腰臀部位更符合体型，上裆部分重点处理裤子在躯干部位的合体程度；下裆部分的中裆及脚口部位尺寸决定裤腿的形状。例如，日常生活中的喇叭裤，设计时使中裆尺寸小于脚口，形成喇叭形态。

11.2.2　服装造型结构

11.2.2.1　整体造型结构

服装整体造型结构根据廓型可分为 H 型、A 型、X 型、O 型、T 型等，服装结构设计需要解决服装整体造型及适体性等功能问题。根据衣身的合体程度，通常将服装分为紧身型、合体型及宽松型等。

在结构设计中，主要针对款式所呈现的廓型和合体程度绘制衣身结构图，在不考虑面料

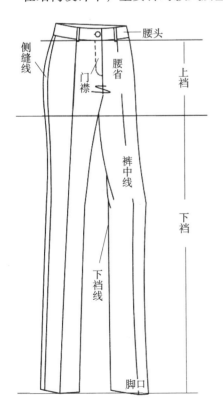

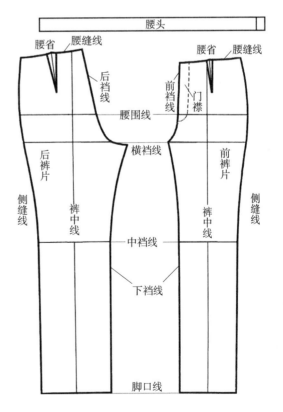

（a）款式图　　　　　　　　　　　（b）裤片结构图

图 11.14　女裤款式图与结构图中的各部位名称

弹性的情况下，如服装的成品胸围尺寸在人体净体胸围基础上增加 4～6cm，该服装的合体程度则为紧身型；增加 6～8cm 的服装为贴体型，增加 8～12cm 的为合体型，增加 12cm 以上的则为较宽松型，增加 20cm 以上的为宽松型服装。服装的宽松或紧身的程度与穿着者的年龄、着装习惯和穿着感受息息相关，以上数据为经验值，仅供参考。

图 11.15 所示为不同廓型的服装造型，以 H 型、A 型、X 型为例，从服装整体的造型结构及着装状态，可以分析服装与人体之间的关系，判定其合体程度。

H 型上下均衡，肩部较宽，人体肩斜角度明显减小，可使用垫肩加宽加高肩部；用加宽的肩部来支撑服装廓型，可在胸围处留出大量的松份，因此，H 型造型多属于较宽松或宽松型的造型结构。

A 型上窄下宽，肩宽往往会沿着肩线向内收进，产生肩缩量。为满足肩部及手臂的活动，常搭配泡泡袖、插肩袖或半插肩袖等袖型结构。A 型从肩部向下逐渐放松，肩部和胸部多为贴体状态。

X 型腰部收进明显，肩部常使用垫肩，在视觉上形成从肩部斜向内收的效果，突出细腰造型；X 型胸部松量适当，多为合体型造型结构。

H 型　　　　A 型　　　　X 型　　　　O 型　　　　T 型

V 型　　　　　　　　　　其他特殊廓型

图 11.15　不同廓型的造型结构

图片来源：www.vogue.com.cn.

O 型及 V 型等造型,下摆相对较窄,下摆尺寸需满足步幅大小,避免行走不便。结构设计时,应注意人体静态及动态状态下的生理舒适量和形态舒适量等,满足服装功能和造型的需要。

11.2.2.2　局部造型结构

（1）领子造型结构

① 无领。无领是在衣身结构基础上,沿着颈部作出的各种形态的领窝造型,通常有圆领、V 领、一字领等多种形态。不同领型对人体颈部的修饰作用不同,例如,V 领造型适合于耸肩体体型,可修饰脸型,并有拉长颈部比例的作用。

无领通过调整衣片中的领深和领宽而获得。如图 11.16（b）所示,将衣身前后片沿肩线对合,根据领型比例,在衣身前片沿前中心线降低领深,沿肩线增大领宽;后片领宽与前片位置一致,领深据款式而定。若领型如图 11.16（c）所示为不对称款式,可将前片沿中心线左右对称复制,画出整个前片,再按照款式造型比例直接画出领型结构。

② 立领

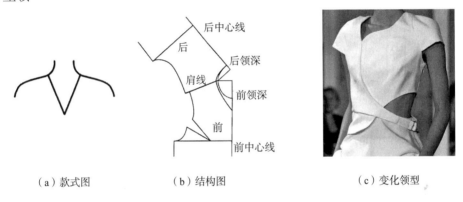

（a）款式图　　　　　（b）结构图　　　　　　（c）变化领型

图 11.16　无领

图片来源：www.vogue.com.cn.

a. 单立领。立领的领身分领座和翻领两部分,这两部分是分离的,通过缝制连接在一起。单立领包裹颈部,仅包含领座,其结构形态与领宽、装领线、上领口弧线形态及衣片的前领深有密切关系。

图 11.17 中单立领上领口弧线长度明显小于下面的装领线长度,领子样板形成向上弯曲的形态,与颈部贴合程度较好,为适体型立领。图 11.17（c）中立领的装领线呈折线状态,其对应衣身的领窝弧线也为折线状,立领形态会随之改变。

b. 翻立领。翻立领是领座和翻领缝合成一体的立领结构。常见的翻立领为男式衬衫领（图 11.18）,领座的设计方法与单立领相同,领座部分制作时需熨烫硬衬,保证领子笔挺。翻领的领尖形态可尖可圆,属于造型设计的范畴。

翻立领的领座比单立领略低,翻折线作为分割线会提高领子与颈部的贴合程度,翻领面翻下来后需盖住领座,防止装领线外露。图 11.18（c）为三层领面的交错层叠设计,增加了领部形态的层次变化。

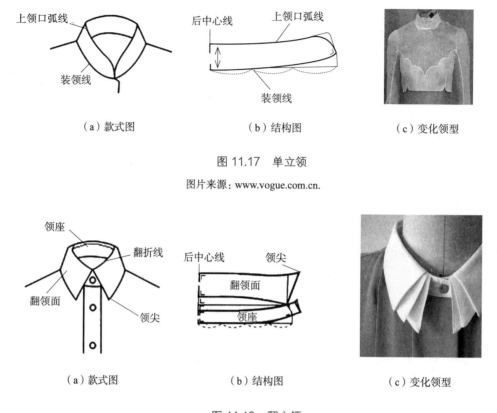

（a）款式图　　　　　　（b）结构图　　　　　　（c）变化领型

图 11.17　单立领

图片来源：www.vogue.com.cn.

（a）款式图　　　　　　（b）结构图　　　　　　（c）变化领型

图 11.18　翻立领

图片来源：www.vogue.com.cn.

③翻折领。翻折领领座（底领部分）和翻领由一块面料构成，女式衬衫领常采用翻折领（图11.19）。根据翻折线在前衣身的形状，可将翻折领分为直线形、曲线形或部分直部分圆弧形的造型。翻领面形态及领尖造型是设计重点，图11.19（c）中不对称的领尖设计成为整个造型的视觉焦点。

若将翻折领领面扩大，底领降低，则可变为平翻领。最常见的平翻领为海军领，底领量很小，平铺在肩部。领外口线的形态和长度可根据款式而变化，造型丰富。

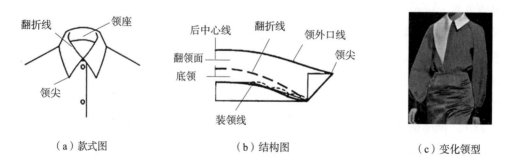

（a）款式图　　　　　　（b）结构图　　　　　　（c）变化领型

图 11.19　翻折领

图片来源：www.vogue.com.cn.

④ 驳领。驳领即西服领，领型结构由驳头、翻领组成。如图 11.20 所示，从款式图（a）转化为结构图（b），即以（b）图中翻折线为对称轴，将驳头形状对称复制。

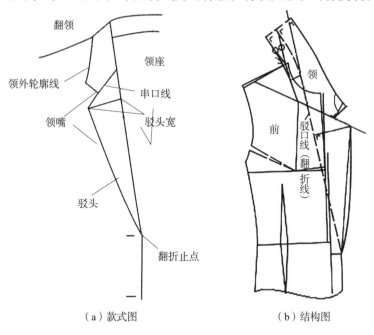

（a）款式图　　　　　　　　　（b）结构图

图 11.20　驳领

影响驳领造型结构的因素有：翻领宽度、翻折止点的位置、驳头宽度、领嘴的形态、串口线的倾斜度等。处理驳领结构时，可根据款式造型调整这些影响因素。例如，升高或降低翻折止点的位置可调节领子开深，制成四粒扣或一粒扣的西服。翻折止点较高的四粒扣西服显得严谨矜持；而翻折止点较低的一粒扣西服则显得轻松洒脱。同样，调节西服驳头的宽度也会影响服装造型风格，宽驳头西装往往更显大气，窄驳头则更显严谨精致（图 11.21）。因此，应结合审美来完成服装造型结构，可对服装各部位的结构参数进行适当的比例调节，使其达到想要的服装风格。

图 11.21　驳领造型风格对比

图片来源：www.vogue.com.cn.

（2）袖子造型结构

衣袖的造型结构变化是服装款式变化的重要标志。从结构角度，根据袖子与衣身的连接状态，可分为圆装袖、连袖以及分割袖等，如图 11.22 所示。

以圆装袖为例，其袖山形状为弧线形，与衣身上的袖窿缝合。袖子的基本结构可分为袖山、袖身、袖口。

在基础袖型上添加抽褶、波浪等造型可形成袖子的变化结构。如图 11.23 所示，喇叭袖在袖身及袖口部位展开，增加了面料用量，形成波浪造型；羊腿袖在袖山上增加了大量的抽褶造型，形成球状的造型结构；褶裥袖则在袖山及袖口都有变化，袖口变化较为显著。以喇叭袖的造型结构方法为例，如图 11.24 所示，从基础袖型的袖口向上均匀切展，可以得到喇叭形态所需要的用量，形成 A 型的袖型。

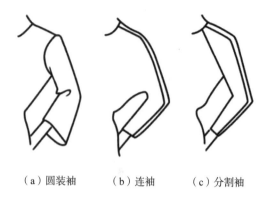

（a）圆装袖　　（b）连袖　　（c）分割袖

图 11.22　根据与衣身的连接状态分类

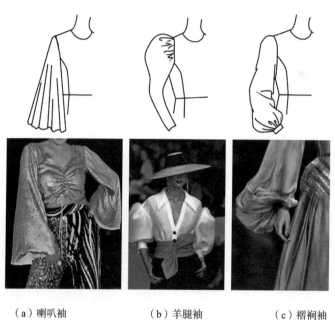

（a）喇叭袖　　　　（b）羊腿袖　　　　（c）褶裥袖

图 11.23　常见的变化袖型

图片来源：www.vogue.com.cn.

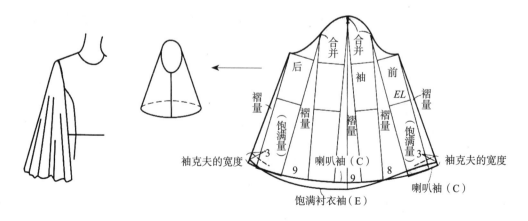

图 11.24　喇叭袖结构

11.2.3　服装结构设计方法

服装结构设计方法通常可分为两种：平面裁剪法和立体裁剪法。平面裁剪法多用于解决相对简单和常规的款式；立体裁剪法适合解决相对复杂、平面裁剪法难以分解的不对称、多褶皱的复杂造型。两种方法各有优劣，又互为补充，相辅相成，可采用两者相结合的方式完成服装结构设计。

11.2.3.1　平面裁剪法

（1）基于原型、经验及公式的平面裁剪技术

平面裁剪法在纸上直接画出服装结构，故又称纸样设计，俗称打板。常用的平面裁剪方法为原型法和比例法，各种方法均有可参考的公式、数据及制图经验。

平面裁剪方法

以原型法为例，原型为服装的基本型，并不是最终服装样板。图 11.25 所示为日本文化式原型，其前、后片合在一起绘制，仅需背长、胸围、腰围三个尺寸，根据公式和一定制图步骤完成样板绘制。前、后片中各有三个省道，可消除平面衣片在人体上产生的浮余量，塑造复杂曲面状态。

日本文化式原型的长度仅到腰围线，胸围在净体基础上整体增加了 12cm 的松量，属于较宽松型造型结构。根据图 11.26 中款式进行原型应用，该款式为较宽松的直身造型，先根据比例增加衣长至所需长度，宽度方向不增加也不减少，腰部可不收省实现直身造型；前片添加门襟，加大前领深，将袖窿弧线上的省道转移至肩线，做出与款式图相对应的肩省；后片根据合体度适当缩短后衣长尺寸。这样，便在原型基础上，快速完成样板绘制。原型法基础稳定，适合人体体型；同时易于变化，应用灵活，在许多国家应用广泛。

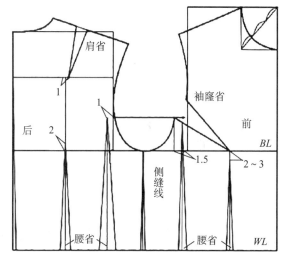

图 11.25　日本文化式原型

（2）基于形状的创意平面裁剪方法

原型等服装平面裁剪方法可以做出贴近人体立体形态的诸多服饰，技术成熟稳定。但仍有部分设计师在尝试服装的多种可能性，设计出了初学者也能轻松掌握的裁剪方法。

例如，日本设计师滨田明日香将圆形、方形、五边形等完全不同于服装造型的形状应用于服装，做出了许多日常可穿又兼具创意的服装造型，如图 11.27 ~ 图 11.29 所示。其中形状的尺寸、领袖和下摆的开口位置以及布料的性能决定了服装的穿着效果。

以形状完成创意造型的设计并不少见，图 11.30 为美国设计师 Isabel Toledo 在 20 世纪 90 年代的作品，简单的圆形或椭圆形，结合领、袖及下摆的开洞位置，可实现具有 O 型特征的

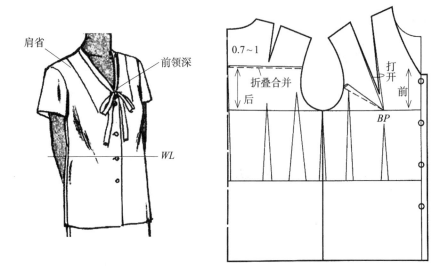

图 11.26　原型法绘制服装样板

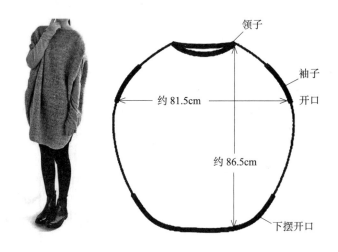

图 11.27　基于圆形的服装造型结构

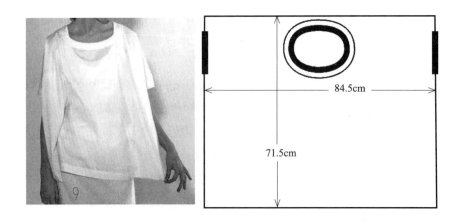

图 11.28　基于方形的服装造型结构

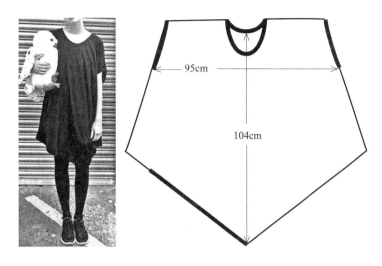

图 11.29　基于五边形的服装造型结构

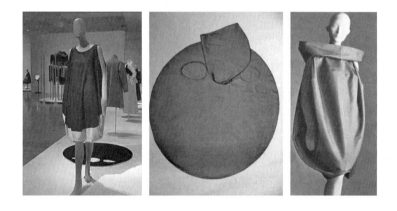

图 11.30　Isabel Toledo 设计作品

图片来源：www.vogue.com.cn.

创意款式造型。

日本设计师中道友子和著名设计大师三宅一生都有类似的造型设计，如图 11.31、图 11.32 所示。以形状为主的造型结构设计方法，突破了以人体体型为依据的裁剪方式，将复杂

图 11.31　中道友子设计作品

图 11.32　三宅一生设计作品

图片来源：isseymiyake.com.

的立体形态转化为常见的几何形状，运用简单的缝合技术就可以达到特殊的造型效果。

立体裁剪方法

11.2.3.2　立体裁剪法

立体裁剪法是直接将布料覆合在人体或人体模型（人台）上，一边用剪刀裁剪布料，并用大头针固定，一边观察布料的走向和整体平衡，一边获得服装造型的设计表现方式。

从教学内容及立裁手法角度，可将立体裁剪法分为基础立裁和创意立裁两大类别。图 11.33（a）为用基础立裁手法完成的常规大衣款式，将立裁所得布样通过平面整理、试穿后，可将布样复制成纸样，作为技术资料留存。这些基础款的裁剪训练，有利于初学者掌握立体裁剪技法、理解人体与服装的关系，以及服装结构设计的原理。图 11.33（b）为蝴蝶结设计元素应用于袖子造型的案例，手法区别于常规服装，有扭转、穿插等复杂技法。图 11.33（c）

（a）基础立裁手法完成的常规款式造型　　（b）蝴蝶结元素的创意袖型　　（c）分割重组的创意造型

图 11.33　基础立裁与创意立裁造型

为对圆形进行分割重组后产生的创意服装造型，其造型手法灵活多变，在立体中可产生丰富多样的造型效果。

立体裁剪法的操作成本较高，对操作者的技术水平和艺术素养要求也较高；但其同时具有直观、灵活、实用和易学的优点。立体裁剪法既是一门技术，又是一种设计方式，在立体中反复琢磨并塑造服装造型，能够培养设计师对服装结构的深度认知与整体造型意识，不断拓宽并挖掘设计创意的广度和深度。

11.2.4　计算机辅助设计

一位熟练的服装结构设计师（常称为板师），可以在面料上直接裁剪出服装样板，这种人工制板方法即使再熟练，仍然会耗费较多的人力和时间。在工业生产中，可以通过计算机辅助制板软件（服装 CAD）来完成。

服装 CAD 是将人和计算机有机地结合起来，在软件中使用制板工具直接绘制服装样板。

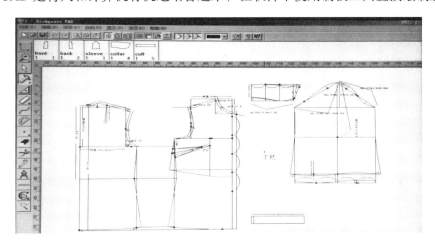

图 11.34　服装 CAD 制板软接界面

采用服装 CAD 后，一般可节省人力 2/3；面料的利用率可提高 2%～3%。图 11.34 为服装CAD 制板软件的界面。

在服装 CAD 软件中，可以设计并保存服装的基础板型，这些基础板型可以随时调用，结构设计师只需要根据款式随时调取基础样板进行再次设计。计算机制出服装样板后，还可直接完成推板工作，制成大、中、小号等多个规格系列样板；还可对所有样板进行自动排板，将服装的大、中、小码样板在一个界面上进行套排，完成服装样板排料的工作。软件中的排料图可直接用来裁剪服装，使工作效率大大提高。

计算机辅助制板技术发展至今，可将软件中的二维衣片进行虚拟缝合，还可以模拟出穿衣的动态效果，图 11.35 所示为某服装 CAD 三维虚拟试衣系统。相信随着计算机技术的不断创新发展，服装制板及相关技术将使服装结构设计工作变得更加快捷、准确和高效。

图 11.35　服装 CAD 三维虚拟试衣系统

思考题

1. 论述人体体型对服装款式及结构设计的影响。

2. 阐述平面裁剪法和立体裁剪法的优劣，能否将其结合来完成服装结构设计。

参考文献

［1］三吉满智子. 服装造型学: 理论篇［M］. 郑嵘，等译. 北京: 中国纺织出版社，2006.

［2］戴鸿. 服装号型标准及应用［M］. 北京: 中国纺织出版社，2009.

［3］张文斌. 服装结构设计［M］. 北京: 中国纺织出版社，2010.

［4］刘瑞璞. 服装设计原理与应用: 女装篇［M］. 北京: 中国纺织出版社，2008.

［5］张文斌. 服装立体裁剪［M］. 北京: 中国纺织出版社，2012.

［6］滨田明日香. 廓形手作服［M］. 史海媛，译. 北京: 化学工业出版社，2017.

［7］中道友子. Pattern Magic［M］. Laurence King Publishing.

［8］邱佩娜. 创意立裁［M］. 北京: 中国纺织出版社，2014.

第12章 服饰品牌

19世纪末期,受工业革命的影响,西方诞生了众多世界知名品牌。伴随着这些现代意义上的品牌诞生和激烈竞争,消费者成为链条上重要的一环。在消费欲望不断得到满足的同时,消费者还需要了解服饰品牌运作的原理、构成要素、发展脉络及级别(图12.1)。

在服装行业的发展进程中,服饰品牌的作用功不可没。但是,品牌在不断创造和满足人们衣、食、住、行等生活各方面需求的同时,也在不断挑战和刷新人们的欲望。如何甄别真正的需求和欲望,如何在品牌竞争中保持理智的思考与态度,如何学习成熟品牌的运作,从而创造更成功的品牌,提供更优质的产品和服务,打造中国原创的知名品牌,这是本章的核心意义。

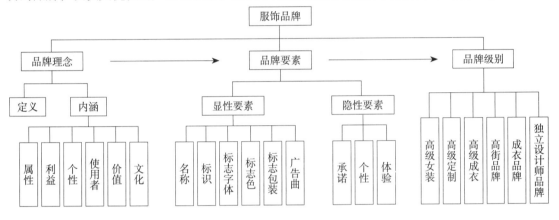

图 12.1 服饰品牌的构成

12.1 品牌的定义与内涵

20世纪50年代,美国"广告教父"大卫·奥格威第一次提出了"品牌"的概念,至今不过半个多世纪,"品牌"已经成为人们生活中不可或缺的部分。21世纪,市场竞争日趋激烈,产品同质化现象严重,越来越多的企业开始认识到,品牌是竞争制胜的法宝。

生活中充斥着各种各样的品牌,人们衣、食、住、行的方方面面,都被大大小小、林林总总的品牌包围着。如百事可乐、雪碧、肯德基、麦当劳、阿迪达斯、宜家家居、宝马汽车、吉利汽车等(图12.2)。国内的服饰品牌还有例外、玛丝菲尔及其高端品牌ZhuChongYun(朱崇恽)、江南布衣、速写等(图12.3)。

（a）百事可乐　　　（b）雪碧　　　　　（c）肯德基　　　　（d）麦当劳

图 12.2

（e）阿迪达斯

（f）宜家家居

（g）宝马

（h）吉利汽车

图 12.2　世界知名品牌

（a）例外

（b）玛丝菲尔

（c）ZHU CHONG YUN

（d）江南布衣

（e）江南布衣童装

（f）速写

图 12.3　国内服饰品牌

　　每个品牌都经历了从无到有、从弱小逐渐壮大的过程，都具有自己的品牌历史和品牌故事。读懂这些品牌背后的故事，学习每个品牌成功的经验，而非一味地追求名牌和醒目的LOGO，才是学习服饰品牌的根本目的。

12.1.1　品牌的定义

　　品牌（brand）一词源于古挪威文"brandr"，意为"烧"，原本是指中世纪在马、牛、羊等家畜身上烙烧印记，用来表明家畜的主人。渐渐地，这种以特殊标记表明物品所有权的方法广泛用于区分各种私有物品，如各种牲畜、器物，乃至奴隶制社会中的奴隶。

品牌的定义

　　私有制社会的出现与社会分工专业化的发展，人们逐渐由自给自足转向生产一种或几种商品，并通过交换来满足自身需求。

　　产业革命使各种生产力水平得到爆炸性提高，商品数量、种类空前丰富。很多世界知名品牌都起源于这个时期，见表 12.1。

表 12.1　产业革命后出现的世界知名品牌

品牌	创立时间	品牌	创立时间
可口可乐	1886	花花公子（Playboy）	1953
百事可乐	1898	索尼　（Sony）	1955
登喜路（Dunhill）	1893	芭比　（Barbie）	1959
阿迪达斯（adidas）	1949	雪碧　（Sprite）	1961
万宝路	1908	贝纳通（Benetton）	1965
麦当劳（McDonald's）	1955	耐克　（NIKE）	1972
雀巢	1867	斯沃琪（Swatch）	1985

　　表 12.1 中可口可乐和百事可乐的诞生相差 12 年，但是自从并存以来，就不断以可口可乐的红色阵营和百事可乐的蓝色阵营相互竞争、相互成长。现代社会中，品牌不仅起到区分生产者的作用，更多地蕴涵着某种价值取向、情感追求或成为某种品位的代表。

　　1960 年，美国市场营销协会（American Marketing Association，简称 AMA）为品牌做出如下定义：品牌是一个名称、标记、名词、符号或设计，或是它们的组合，其目的是识别某个销售者或某群销售者的产品或劳务，并使之同竞争对手的产品和劳务区分开来。

　　1998 年，英国学者德·彻纳车尼和麦克唐纳将品牌定义为：一个成功的品牌是一个可辨认的产品、服务、个人或场所，以某种方式增加自身的意义，使得买方或用户觉察到相关的、独特的、可持续的附加价值，这些附加价值最可能满足他们的需要。

　　由这个定义可以看出，品牌最初的含义首先是区分产品，其次是通过特定的口号在消费者心中留下烙印。现代意义上的品牌，是指消费者与产品之间的全部体验。由精神层面的体验和物质层面的体验组成。随着产品同质化现象日趋严重，消费者更换品牌越来越取决于精神感受，而非物质方面。

　　产品是冰冷的，而品牌是有血、有肉、有情感的；产品会过时，会被模仿，而品牌是独一无二的。品牌一方面可以为消费者提供高质量的服务和不断增长的附加价值；另一方面可以为企业提供吸引忠诚顾客的机会，提升品牌推广与宣传的效果。

12.1.2　品牌的内涵

　　品牌是一种识别标志、一种精神象征、一种价值理念，也从根本上体现了产品质量的差异。品牌就好比一种无形资产，它可以通过建立自身形象，与同类竞争对手的产品功能和服务区别开来，从而形成自己的优势。只有消费者高度接受的品牌，才能在激烈的市场竞争中脱颖而出。

品牌的内涵

12.1.2.1　品牌属性

品牌属性是指可描述的产品或者服务的特性。品牌首先使人们想到某种特定的属性。梅赛德斯·奔驰汽车（图12.4）意味着昂贵、做工精湛、马力强大、高贵、速度快等。可可·夏奈尔（Coco Chanel）品牌除了意味着经典、高雅、女性化、高贵和做工精良，还因为夏奈尔女士对于世俗眼光"把女性看作花瓶"的看法的鄙视，在品牌精神中颇具反叛意识的执拗态度，在产品设计中创造出独立平等的女性形象（图12.5）。

12.1.2.2　品牌利益

品牌利益属性需要转换成功能利益或情感利益。例如，购买汽车，需要满足代步功能且"耐用"，"我可以几年不买车了"，这些属性就可以转化为功能利益；但是购买什么品牌的车，是购买"昂贵、彰显身份"的车，还是购买"平价、经济适用"的车，这些属性可以转化为情感利益。例如，"这车能体现出我的重要性和令人向往"则属于情感利益。

图 12.4　梅赛德斯·奔驰

图 12.5　可可·夏奈尔（Coco Chanel）

12.1.2.3　品牌个性

在价值观多元化的社会，人们不再像20世纪60～70年代那样，穿同样的服装，唱同一首歌，崇拜同一个偶像，人们有各种各样的主张，许许多多的选择，可以按照自己的喜好和个性选择喜欢的品牌。这就创造了一个需求：不同个性的品牌。

从某种意义上说，品牌之所以成为品牌，一定具有极其鲜明的"个性"，这种独特的"个性"，牢牢地吸引消费者，使人过目不忘，印象深刻。这就是为什么消费者会喜欢某一个品牌而不喜欢另一个品牌的原因。一个成功的品牌应该是品牌个性和消费者个性的完美统一。

12.1.2.4　品牌使用者

品牌体现了购买或使用这种产品的是哪一种消费者，暗示购买或使用产品的消费者类型。

Hello Kitty 品牌（图 12.6）是日本三丽鸥公司若干卡通形象中的一个，也是三丽鸥公司最成功的一个卡通形象。从最早印在塑料钱包上的卡通形象，逐渐成为广受世界各地人们喜爱的卡通形象，通过品牌授权，这个可爱的卡通形象出现在二万二千多种不同类别的产品中，小到笔、本、贴纸，大到跑步机、汽车、酒店和飞机，它被印在各种各样的产品上，行销世界四十多个国家。品牌的使用者，也从几岁的孩童到青春靓丽的少女，从成熟沉稳的中青年到白发苍苍的老者。Kitty 猫对消费者似乎有多面向的影响力，对儿童来说，她是一个可爱的玩具；对成熟女性而言，Kitty 猫号召怀旧情结，令人回想起童年的纯真；对父亲而言，满足孩子的购买愿望可以体现父爱。也就是说，相同的产品，吸引的却是不同年纪、不同品味、不同风格、不同愿望的人群，使不同年龄层的人都纷纷喜爱这个品牌。

12.1.2.5　品牌价值

经营品牌的意义首先在于它能够创造附加价值，从而使产品增值。产品的高附加价值是成功品牌所具有的共同特征。

例如，1993 年，可口可乐品牌资产是 327.14 亿美元，2003 年达到 704.5 亿美元，2007 年达到 870.98 亿美元。其中，可口可乐商标的无形价值为 653.24 亿美元，占可口可乐公司总

图 12.6　Hello Kitty 品牌

资产的 75%，远远大于公司有形资产的总和（图 12.7）。

品牌还体现了制造商的某些价值感。一个成功的品牌本身就是一笔可观的财富，无论它出现在哪里，都代表着高品质、高信誉度。梅塞德斯体现了安全性能、安全和威望。人们常常通过购买高价商品来满足一种归属上流社会的需要，是一种展示心理的体现。因此，一个品牌能够让顾客获得产品实用功能以外的心理满足感，从而使他们愿意认同并追求这种附加价值，这是实现品牌价值的前提。

12.1.2.6　品牌文化

品牌是一种文化，而且是一种极富经济内涵的文化。品牌文化可以定义为企业在长期的经济活动中所创造出来的物质形态与精神成果，是它们所代表的利益认知、情感属性、文化传统和个性形象等价值观念的总和。文化与品牌是灵与肉的结合。

图 12.7　可口可乐品牌的商标和波浪造型的瓶身设计

美国当代营销学家韦勒提出"韦勒原理"：不要卖牛排，要卖烧烤牛排的嗞嗞声。

（1）品牌文化的构成

品牌文化包含精神文化系统、物质文化系统和行为文化系统，如图 12.8 所示。

品牌的文化

（2）精神文化系统

精神文化系统主要包含企业精神价值文化、社会文化、民族文化三部分内容。

① 企业精神价值文化。企业精神价值文化包含了企业整体的价值观和企业精神。梅赛德斯代表了德国文化——高度组织、高效率和高质量；无印良品代表了日本传统民族文化精神——侘寂，追求质朴、简约、纯净、可持续的环保理念（图 12.9）；我国海尔品牌成功的秘诀之一就是"真诚到永远"（图 12.10）；百年老店同仁堂，始终坚持以治病救人为宗旨，药品品种齐全，质量上乘，价格合理，因此在消费者心目中成为金字招牌（图 12.11）。

② 社会文化。品牌代表了一种文化传统，是在一定的社会环境中形成的，在一定程度上依赖并反映其上层建筑。同时，不同的社会、民众的文化心理不同，也会对品牌文化产生影响。

美国耐克就从篮球中发现了自己的内在价值：征服与超越，一种从胜利走向胜利的精神。在光荣与梦想中，耐克被诠释为当今美国文化的象征之一（图 12.12）。

③ 民族文化。每个地区或国家的民族文化都有自身的历史渊源和特殊个性。民族文化的

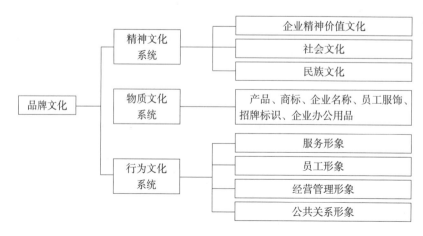

图 12.8　品牌文化的构成

图 12.9　无印良品品牌

图 12.10　海尔品牌　　　　　图 12.11　同仁堂品牌

特殊个性表现为不同的民族气质、心理、感情和习俗，这也是一个民族区别于其他民族的重要标志。

在这里，民族文化的第一层含义是指品牌在诞生之初就不可避免地打上了所在地的民族文化的烙印。例如，名闻遐迩的北京"全聚德"烤鸭店、上海的"永久"自行车、广东的"健力宝"饮料等，都体现出强烈的民族文化气息，具有美好的寓意和发音（图12.13）。

民族文化的第二层含义是指品牌在推广到另一个地域时，会受到当地民族文化的影响。

图 12.12　耐克品牌

永久牌第一个　1951 年使用的　1980 年起使用的
商标　　　　　商标　　　　　商标

（a）全聚德　　　　　（b）健力宝　　　　　（c）永久

图 12.13　民族品牌

案例 1

可口可乐是一个具有百年历史的老品牌，在某种程度上，被看做是美国人的"精神乳汁"，创造了美国人文化精神史上一个不可战胜的神话。尽管具有如此悠久的历史，贩卖美国文化，仍然还需要注意与当地文化的融合。从图12.14可以看出，为了迎接2008年在中国举办的奥运会，2007年，可口可乐商家在西安钟楼下沉广场进行了大型的推广促销活动，巨大的可口可乐瓶子与大雁塔和谐地融为一体，在瓶身上装饰有代表不同运动项目的浮雕人体。用城墙造型装饰可乐瓶的四周，这种以当地人喜闻乐见的方式进行推广宣传，人们接受度提高，品牌的推广效果也更明显。

图 12.14　可口可乐品牌的
本土化策略

案例 2

近几年，越来越多的品牌在尝试取悦于中国市场，但是由于对中国文化的认知仍然处于表象且肤浅的理解，致使很多品牌在中国春节前后推出生肖纪念款的产品，不仅未能彰显中国文化，还降低了产品的美感（图12.15）。

（a）Calvin Klein 品牌推出　（b）MCM 品牌推出的　（c）龙骧品牌推出的生肖　（d）耐克品牌2016年春夏推出绣有
的生肖鸡年纪念款内裤　　生肖鸡年纪念款背包　　鸡年纪念款挎包　　　"发"和倒"福"的鞋

图 12.15　国外品牌对中国文化的表面解读

其实，早在20世纪70～80年代，很多国家的品牌就已经把目光转向了中国市场。20世纪90年代，伊夫·圣罗兰（Yves Saint Laurent）、亚历山大·麦昆（Alexander McQueen）、克里斯汀·迪奥（Christian Dior）、夏奈尔（Chanel）、阿玛尼（Amarni）、高田贤三（Kenzo）等品牌不断推出以中国文化为灵感的服饰产品设计。经典的青花瓷纹样、祥龙云纹及水墨竹子都表达出国外品牌对中国文化的浓厚兴趣（图12.16）。

1993年，美国版《VOGUE》杂志的摄影团队深入上海和桂林拍摄的一系列精彩时尚作品是中国风时尚的正确打开方式。由超模琳达·伊万杰利斯塔（Linda Evangelista）演绎，图片恰到好处地表现出来自远方的客人"入乡随俗"，带着懵懂而好奇的眼光探索中国文化的独特视角（图12.17）。

（a）伊夫·圣罗兰 1997　　（b）亚历山大·麦昆 1997　　（c）克里斯汀·迪奥 1997　　（d）夏奈尔 1984

图 12.16　国外知名设计师以中国文化为灵感的产品设计

图 12.17　美国版《VOGUE》杂志拍摄的中国风

12.2　品牌的构成要素

一个完整的品牌不仅只是一个名称，它包含许多信息，只有将这些信息最大程度地整合起来，品牌才是完整的。品牌的构成要素主要有显性要素和隐性要素。

12.2.1　显性要素

显性要素是指品牌外在的、表象的东西，可以直接给予消费者较强的视觉冲击。

品牌包括品牌名称（naming）和品牌标志（logo）。品牌名称是品牌中可以用言语称呼的部分，其基本功能是把不同的产品区分开来，防止发生混

品牌的显性要素

251

消，便于消费者选购。品牌标志是品牌中易于识别但不能用口语称呼的部分，包括字体形式（logotype）和标志徽记（symbol mark），如符号、颜色、图案等，如夏奈尔品牌的"双 C"图案。除了这些，还包含标志字、标志色、标志包装、广告曲等。

如图 12.18 所示，品牌名称、字体形式、标志徽记可以体现国家和文化、个性与生活方式、名人和名声、目标消费者、竞争品牌与竞争业者、零售店和流通渠道、着用的场合、商品的主张、商品的档次、商品特性、价格或相对价格、顾客的利益等。

如图 12.19 所示，路易·威登和爱马仕都是法国顶级时尚奢侈品品牌，品牌的名称、标志徽记、字体及色彩都彰显出华丽高贵、精致典雅和历史悠久的感觉；H&M、ZARA、

图 12.18　品牌的显性要素

（a）爱玛仕

（b）路易·威登

（c）优衣库

（d）H&M

（e）ZARA

（f）FOREVER 21

（g）MANGO

图 12.19　奢侈品品牌和高街品牌

FOREVER 21、MANGO、GAP、优衣库等，则是适合中低端消费市场的高街品牌，品牌设计简洁、一目了然、易于识别和记忆，使它们与奢侈品品牌区别开来。

下面以路易·威登为例进行介绍。作为世界顶级的奢侈品品牌，路易·威登品牌自 1854 年创立以来，一直都是通过传统的米咖色和字母交织组合的图案来彰显其卓越的品质、杰出的创意和精湛的工艺。但是，色彩和字母组合的经典形象更多地面向原有的客户群，如果想拓展新的年轻消费者，就需要在原有的色彩和字母组合的经典图案基础上，融入时尚潮流的元素。

案例

路易·威登品牌和诸多艺术家都有过精彩的合作。如图 12.20 所示，左边是路易·威登的前任设计总监马克·雅可布（Marc Jacobs），右边是日本漫画家村上隆，2003 年两位艺术家展开了初次合作。通过合作，在原有的标识字体和标识色组成的图案中，融入了村上隆的经典元素——眼睛以及靓丽的色彩，为品牌赋予了全新的风貌。

图 12.20 马克·雅可布和村上隆的合作

2001 年，与美国涂鸦大师斯蒂芬·斯波昂斯（Stephen Sprouse）合作设计了涂鸦（Graffti）系列作品，遗憾的是，斯蒂芬·斯波昂斯于 2004 年去世，2009 年正值他去世五周年之际，路易·威登当时的设计总监马克·雅可布为纪念斯蒂芬·斯波昂斯，将他的涂鸦系列复活并发扬光大，为品牌带来了全新的 2009 春夏系列产品。有别于 2001 年的褐色、杏色、白色为基调的中性配色手袋，新作的字母涂鸦以荧光桃红、草绿和橙色绘在品牌最热卖的手袋上，配上斯蒂芬·斯波昂斯巅峰时期的抽象玫瑰花图案以及相应的男女装及配饰小物。新系列既保留了两人初次合作的轮廓，又具有强烈的 20 世纪 80 年代炫目风韵。新系列浓缩了斯蒂芬·斯波昂斯艺术巅峰期的创作精华，不仅是对他本人的致敬，也展示了路易·威登与一位时尚殿堂级偶像留给世人的审美哲学。路易·威登品牌与斯蒂芬·斯波昂斯的合作，业界从怀疑到热卖，再到视为珍藏，奠定了 21 世纪以来奢华时装、街头艺术、朋克灵魂相结合的颠覆性、反传统潮流。现在回想起来，斯蒂芬·斯波昂斯和马克·雅可布合作的路易·威登"涂鸦"系列作品的成功，与其说是意外，不如说在马克·雅可布的带领下，路易·威登品牌走出了一段"自我发现的旅程"，掀开了新世纪的篇章（图 12.21）。

图 12.21　马克·雅可布与斯蒂芬·斯波昂斯合作设计的涂鸦系列作品

12.2.2　隐性要素

品牌的隐形要素存在于品牌的整个形成过程中，是品牌的精神和核心，包括品牌承诺、品牌个性与品牌体验。

品牌的隐性要素

（1）品牌承诺

品牌承诺指的是生产企业灌注在产品中的稳定的经营理念、价值观和文化观。国外一些知名品牌的风衣专卖店里仍然会有七八十岁的顾客拿着 20 世纪 40～50 年代的风衣前来维修。这样的品牌无疑是消费者心中的最信赖的品牌。

（2）品牌个性

品牌个性是品牌给消费者的印象和总体感觉，也可以看作是品牌的 DNA，是区别于其他品牌的核心要素。因此，可以说，品牌的灵魂是个性，一个没有个性的品牌，就如同一个没有灵魂的躯壳，不可能具有持久的生命力。

案例

江南布衣（JNBY）的品牌理念随着品牌的成长越来越丰富、饱满和准确。在品牌标志中，不仅改变了原有的红绿对比配色，还改变了比较老套俗气的印章形式，转而采用体现自然环保的咖色和米色，字体也变为手写字体，体现出回归自然、古朴淡然的基调（图 12.22）。

除了从视觉表达上凸显风格和个性，江南布衣还从品牌文化与品牌理念角度进行修正，使其更加完美，接近其真谛，这个过程包含以下三个阶段的演变。

① 第一个阶段，只是江南布衣的拼音，Jiang Nan Bu Yi。品牌从国内转向国外推广宣传时，

图 12.22　江南布衣品牌早期和现在的标识对比

就会遇到较大的问题，无法将品牌精神准确地予以传达。

②第二个阶段，Joyful Naturally Beauteous Yourself，即欢悦、自然、美丽、自我。显得略微复杂，难于记忆。

③第三个阶段，Just Naturally Be Yourself，即自然、自我，自然洒脱。这样的品牌个性的诠释，更简洁明了、简单直接，与服装整体风格的转变也保持了一致。

（3）品牌体验

消费者是品牌的最后拥有者，品牌是消费者经验的总和。消费者对品牌的信任、满意、肯定等正面情感，能够使品牌历久不衰；消费者对品牌的厌恶、怀疑、拒绝等负面感情，必然会使品牌受挫。因此，品牌能改变人们使用产品的真实情感，这些往往会形成一种无形的价值。传统意义上的"口口相传"，也是品牌从体验到传播推广的根本方法。

12.3　服饰品牌的产生与发展

12.3.1　国外服饰品牌的产生与发展

（1）法国高级女装之父查理斯·弗瑞德里克·沃斯（Charles Frederick Worth）

服饰品牌的
产生与发展

查理斯·弗瑞德里克·沃斯（1826～1895年）是英国人，他作为宫廷御用缝纫师，先后为奥地利大使夫人、欧仁尼皇后等定制过服装，但是他却最终成为西方服装历史上第一个敢于向宫廷服装提出挑战的人。19世纪之前，裁缝只是按照主顾的要求裁制礼服，而沃斯将设计的观念引入时装界。他将自己的名字缝制在衣服上，服装品牌的雏形就此产生。"在欧仁尼皇后的号召下，全欧洲最时髦的女人从此再也不穿毕恭毕敬的裁缝制作的衣裙，而改穿带有个人标签的设计师作品，一种新行业由此诞生了"。

沃斯在巴黎开设欧洲第一家高级女时装屋，把时装的意识引入广大市民中，让时装走出宫廷。他是高级女装的鼻祖，开创了高级女装时代（图12.23）。

（2）克里斯汀·迪奥（Christian Dior）

克里斯汀·迪奥出生于1905年1月21日，他是第一个注册商标、确立品牌概念，并把法国高级女装从传统的家庭式作业引向现代企业化操作的服装设计师。他以品牌为旗帜，以法国式的高雅品位为准则，坚持华贵、优质的品牌路线（图12.24）。

（3）伊夫·圣·洛朗（Yves Saint Laurent）和皮尔·卡丹（Pierre Cardin）

伊夫·圣·洛朗和皮尔·卡丹将高级女装的设计特征与成衣的生产特性相结合，创造出高级成衣，与高级女装相竞争，带动了成衣业的迅猛发展（图12.25）。

伊夫·圣·洛朗是20世纪60年代风靡一时的顶级设计师，他非常擅长将很多艺术家的作品融入自己的设计中，如从凡高、毕加索等画家的作品中汲取灵感进行创作。其次，他大胆尝试服装中性化的设计风格。

皮尔·卡丹也是20世纪60年代的知名设计师，他的设计受到未来主义的影响，擅长在

图 12.23　查理斯·弗瑞德里克·沃斯和他的作品

图 12.24　克里斯汀·迪奥　　　　　图 12.25　伊夫·圣·洛朗和皮尔·卡丹的作品
　　　1947 年的"新风貌"

服装中使用几何线条和造型，不仅大胆新颖，而且简洁时尚。

　　他们都为高级女装与成衣的融合——高级成衣品牌的创立起到了重要的作用，不仅具有高级女装的完美创意和精湛工艺，同时还适合工业化加工和小批量生产，既可满足大多数人追求品牌的愿望，还可兼顾大多数人追求个性的需求。

12.3.2　国内服饰品牌的产生与发展

　　在中国五千年的文明中，品牌的雏形早在商周时期就已经出现；春秋战国时期，随着商业从生产劳动中分离出来，物物交换使得人们可以根据口口相传的品牌信誉来确定交换的对象。当时已经出现了招牌和幌子。汉代，实物招牌逐渐开始流行，能工巧匠逐渐为品牌赋予更多价值。唐宋时期，随着商业贸易的鼎盛与繁华，已经出现了招牌广告，可谓是国内品牌的启蒙。进入明清时期，出现资本主义萌芽，形成了具有一定影响力的品牌。

明嘉靖九年，京城酱菜铺的老板请当朝宰相严嵩为其品牌"六必居"题名，以此防止自家酱菜被他人假冒。这是自品牌现象出现后，国内第一个有明显品牌保护意识的注册防伪行为。清朝颁布了《商标注册试办章程》，这是中国历史上第一部保障企业权益的法规。从此，品牌的注册管理纳入了法制轨道，品牌开始成为具有法律效应并受到法律保护的商业行为。

"鸦片战争"以后，随着中国与西方国家日益频繁的经济和文化交流，逐渐形成了很多具有中国特色的老字号。人们发起了"用国货最光荣"的保护民族品牌运动，品牌第一次和中国的政治命运结合在一起，并正式成为社会生活和国力象征的一部分。

中华人民共和国成立初期，由于受计划经济体制的制约，品牌没有引起人们的足够重视，发展十分缓慢。20 世纪 90 年代，随着市场经济体制的建立以及国外品牌的大量涌入，真正意义上的品牌才在中国悄然兴起。

（1）流传于民间的"老字号"

老字号是数百年商业和手工业竞争中留下的极品，都各自经历了艰苦奋斗的发家史，最终统领一行。其品牌也是人们公认的质量的同义语。现在经济的发展，使"老字号"显得有些失落，但它们仍以自己的特色独树一帜。近年来，随着"中国风"潮流的回潮，人们越来越重视、保护和传扬"老字号"，如红都、瑞蚨祥、恒源祥等逐渐被越来越多的年轻人所认知（图 12.26）。

图 12.26　传统的老字号

（2）20 世纪 80 年代：品牌发展的萌动期

改革开放之初，以计划经济下的卖方市场为主，人们几乎没有任何品牌意识；随着改革开放力度的加大，很多新鲜事物涌入，人们开始不太满足于市场上提供的一模一样的产品。

（3）20 世纪 90 年代初期：品牌发展的觉醒期

在市场经济环境下，逐渐由卖方市场转向买方市场，以营销手段促进销售为主要方式。虽然有很多企业仍然在走贴牌生产（original equipment manufactory，简称 OEM），但是也有不少企业在摸索着建立自己的品牌。

（4）20 世纪 90 年代中后期：品牌发展的成熟期

各地服装企业经营从原来单一的、大批量的产品模式过渡到多品种、小批量的产品阶段。

（5）21 世纪以来：品牌发展的完善期

以品牌为核心的商品企划似乎成为品牌成功与否的关键。有眼光、有远见的企业管理者在进行结构调整后，采用高新技术和新型经营理念的竞争来扩大市场份额。

表 12.2 中所列为我国近三四十年来崛起的本土品牌，我国本土品牌的成长与发展，也反映了我国改革开放以来，人们对于品牌风格的追求逐渐趋于个性化和多元化。

表 12.2　国内崛起的本土品牌

品牌类别	品牌名称	设计师	成立时间
高级定制女装	东北虎 Ne-Tiger	张志峰	1992 年
	Botao	薄 涛	1993 年
	玫瑰坊	郭 培	1997 年
	兰 玉	兰 玉	2005 年
	楚和听香	楚 艳	2011 年
	盖娅传说	熊 英	2013 年
时尚女装	淑女屋		1991 年
	天意	梁 子	1994 年
	江南布衣		1994 年
	例外		1997 年
	播（Broadcast）		1997 年
	素然（zuczug）		2001 年
商务男装	雅戈尔		1979 年
	利郎		1987 年
	报喜鸟		1996 年
休闲装	美特斯邦威		1994 年
	马克华菲		2001 年
	GXG		2007 年
运动装	李宁		1990 年
	安踏		1991 年

12.4　服饰品牌的级别

根据目标消费群体的定位，服饰品牌可以分为以下几个级别。

服饰品牌的级别

12.4.1　高级女装品牌

高级女装被认为是服装中的极品，是原创、唯美的设计，有着卓越的裁剪技术和高超的缝纫技艺。在法国，高级女装品牌受到法律保护，不能任意采用，且不是任意一件量身定做的衣服都能成为高级女装，某一品牌要成为高级女装必须向法国工业部下属的高级女装协会递交正式申请并符合如下条件。

①在巴黎有工作室。

②参加高级女装协会于每年1月、7月最后一个星期举行的两次女装展示。

③每次展示要有75款以上，由首席设计师完成的作品。不过近年来，为了保护和挽救法国的国宝高级女装，高级女装工会也不得不放宽加入高级女装的条件，该数量一再修改，时至今日，已经从75款降至50款，在1992年，修订为每次发布作品不小于35套，包括日

装和晚礼服。这一申请标准在 1992 年进行修订后，一直沿用至今。

④ 至少雇佣 20 名专职人员（现在已经降为 15 人）。

⑤ 常年雇佣 3 名专职模特。

⑥ 每年服装款式件数极少且具有专利性。

⑦ 服装要量体制作，99% 以上为立体裁剪和手工缝制。

⑧ 每年至少要为客户组织 45 次不对外的新装展示。

经过这样复杂的审定，合格后才能获得高级女装称号，并且还不是终身制，每两年申报一次，否则取消资格。

20 世纪 90 年代，高级女装公会为了挽救急速衰退的高级女装产业，开启了特邀会员制，这个制度是指受正式会员资助，参加高级女装时装秀发布，连续两年参与发布会的特邀会员便可申请获得正式成员资格，比如 1997 年，让·保罗·戈尔捷（Jean Paul Gaultier）成为首批特邀会员。表 12.3、表 12.4 中就是 2007 年、2016 年的高级女装品牌。2016 春夏高级女装就分为了官方会员、境外会员以及特邀客座会员三类。

表 12.3　2007 年的法国高级女装品牌

序号	现有的高级女装品牌	中文译名
1	Armani Prive	阿玛尼
2	Chanel	夏奈尔
3	Christian Dior	克里斯汀·迪奥
4	Christian Lacroix	克里斯汀·拉克鲁瓦
5	Elie Saab	伊里·萨伯
6	Givenchy	纪梵希
7	Jean Paul Gautiler	让·保罗·戈尔捷
8	Valentino	瓦伦蒂诺

表 12.4　2016 年的法国高级女装品牌

会员类别	序号	现有的高级女装品牌	中文译名
官方会员	1	Alexandre Vauthier	亚历山大·温图尔
	2	Alexis Mabille	艾历克西斯 - 马毕（专做蝴蝶结的品牌 Treizeor）
	3	Bouchra Jarrar	布什哈·加拉尔
	4	Coco Chanel	可可·夏奈尔
	5	Christian Dior	克里斯汀·迪奥
	6	Christophe Josse	克里斯托弗·乔斯
	7	Franck Sorbier	法兰克·索比尔
	8	Giambattista Valli	吉姆巴提斯塔·瓦利

续表

会员类别	序号	现有的高级女装品牌	中文译名
官方会员	9	Givenchy	纪梵希
	10	Jean Paul Gautiler	让·保罗·戈尔捷
	11	Maison Margiela	梅森·马吉拉
	12	Stephane Rolland	斯黛芬·罗兰德
	13	Yiqing Yin	殷亦晴
境外会员	1	Armani Prive	阿玛尼
	2	Atelier Varsace	范思哲
	3	Elie Saab	伊里·萨伯
	4	Valentino	瓦伦蒂诺
	5	Viktor & Rolf	维克多和拉尔夫
特邀客座会员	1	Aouadi	爱奥迪
	2	Dice Kayek	戴斯·卡耶克
	3	Guo Pei	郭培
	4	Ilja	伊利亚
	5	Julien Fournie	朱利安·福涅尔
	6	Ralph & Russo	拉尔夫和卢梭
	7	Schiaparelli	夏帕瑞丽
	8	Ulyana Sergeenko	优丽亚娜·瑟吉安科
	9	Zuhair Murad	祖海·穆拉德

　　一般来讲，一套精致典雅的套装平均需要 100～400 个小时完成，华美的便装需 150 个小时，晚装更不能少于 250 个小时，一件极致华贵的服饰（如婚纱）更需要 800 个小时的精力和心血才能完成。一件简单的日装裙 1.5 万美元起价，略加刺绣的，2 万美元以上，手工繁复的晚装则可高达 15 万美元甚至 25 万美元。

　　现在穿着高级女装的人除了一些世界顶级的影视明星以外，真正购买、为品牌带来利润的通常是一些非常低调、对流行时装疯狂的女人。而年轻一代中的高级女装新豪客正在形成，她们是最富有想象力的新经典主义者，穿着时会将高级女装与一些日常的品牌混搭在一起。

12.4.2　高级时装品牌

意大利等国家将类似法国高级女装的服装称为高级时装。近年来我国相继推出了东北虎、玫瑰坊、楚和听香、盖娅传说等高级订制品牌。这些高级时装和高级订制品牌都拥有男装和女装，服务于较为小众化的高端群体，如影视明星等。

12.4.3　高级成衣品牌

高级成衣是工业化的、按标准号型生产的成衣时装，是对高级时装作适量简化后的小批量、多品种的高档成衣，是高级女装的副业。高级成衣品牌是面对中产阶层人群的。

高级成衣融合了高级女装的艺术创造性和成衣的批量生产性。目前，参加巴黎、纽约、米兰、伦敦时装周的高级成衣品牌越来越多。

高级女装、高级成衣的共同特点是独特的设计风格和奇高的价位。

12.4.4　高街品牌

高街品牌又称低端大众零售品牌。高街品牌最早是指那些英国主要商业街的商店、仿造T台时尚秀上展示的时装，迅速制作成为成品销售、让人人都能买到的品牌。

高街品牌的主要特点是以"一流的设计、二流的面料、三流的价格"打造国际一线品牌形象，既迎合了年轻人对时尚的追求，又解决了年轻人囊中羞涩的问题。最通俗易懂的解释就是"人人都买得起的国际品牌"。瑞典的 H&M、西班牙的 ZARA 和 MANGO、美国的GAP、日本的优衣库等，都属于高街品牌（图 12.19）。

12.4.5　成衣品牌

成衣是近代出现的按标准号型批量生产的成衣服装，相对于高级成衣而言，成衣品牌具有品质规格化、生产机械化、产量速度化、价格合理化、款式大众化的特点。如贝纳通（BENETTON）、鳄鱼（LACOSTE）、艾斯普瑞特（ESPRIT）等，都有成衣范围内的较高级服装的品牌（图 12.27）。

图 12.27　成衣品牌贝纳通和鳄鱼

12.4.6　独立设计师品牌

与受雇于某些品牌旗下的"职业设计师"相区别,通常拥有自己的品牌和相对鲜明的特点,或者某些个性元素。独立设计师品牌一般拥有自己特定的圈子,通过口口相传或者秀场活动的方式来宣传,很少做大范围的广告宣传(图12.28)。

本章通过对品牌的定义及内涵、品牌的构成要素、服饰品牌的产生与发展、服饰品牌级别的介绍,以使读者对服饰品牌有较深入的了解。一个成功的品牌,就好比一个认识多年的老朋友,不仅代表了穿着者的个性爱好,更代表了他们对生活的向往与追求。

图 12.28　独立原创设计师王汁(UMA WANG)

思考题

1.请结合品牌的产生与发展,论述品牌对人们日常生活的重要性。

2.品牌的隐性属性指的什么?对品牌而言,隐性属性有怎样的重要性,试举例说明。

3.请结合中国改革开放 40 年论述品牌在中国的发展,试举例说明。

4.简述我国品牌发展的历程,并举例说明。

5.试列举国外的知名品牌,如何认知其品牌的内涵?

6.试列举我国的知名品牌,如何认知其品牌的内涵?

7.列举自己喜欢的国内外品牌,阐述品牌个性的重要性。

参考文献

[1] 李俊. 服装商品企划学 [M]. 北京:中国纺织出版社,2005:27-39.

[2] 余明阳,杨芳平. 品牌学教程 [M]. 上海:复旦大学出版社,2007:1-9,298-308.

[3] 张星. 服装流行学 [M]. 北京:中国纺织出版社. 2006:175-176.

[4] 刘晓刚. 品牌服装设计 [M]. 上海:中国纺织大学出版社,2001.

[5] 谭国亮. 品牌服装产品规划 [M]. 北京:中国纺织出版社,2007.

［6］https：//wenku. baidu. com/view/c98ce6217ed5360cba1aa8114431b90d6c85892f. html. 中国品牌的发展历程.

　　2008：2.

［7］https：//weibo. com/2529861481/H5ZAzg2mW?type=comment#_rnd1580747457837.

［8］http：//www. logoids. com/brand/24XRVUIQXJ. html.

［9］http：//cul. sohu. com/20090705/n264992086. shtml.

［10］https：//www. jianshu. com/p/ce7722e115e3.

［11］https：//www. toutiao. com/a4251197579/.

［12］http：//www. jnbygroup. com.

［13］http：//www. zhuchongyun. cn.

［14］http：//www. umawang. com.

第 13 章　服装生产工艺与管理

服装生产是纺织服装产业链中一个重要的环节，需要把纺织印染企业加工的纺织品材料，加工成产业链的终端产品——服装，主要包括生产准备、裁剪工艺、黏合工艺、缝制工艺、熨烫工艺、后整理等工艺过程。考虑到本书第 5 章已涉及成衣的后整理内容，这里就不做赘述。服装生产各工艺环节，限于篇幅，只做主要内容的介绍（图 13.1）。

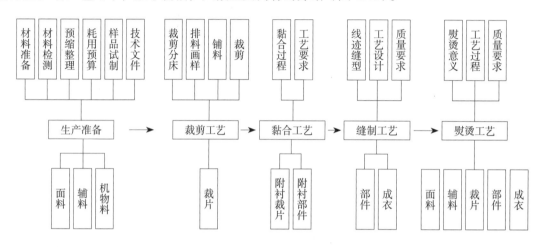

图 13.1　服装生产的主要工艺过程

13.1　生产准备

任何一个工业产品，在投入生产之前，都需要进行相应的生产准备，如原材料、设备、工艺技术、生产工人等，服装产品的生产也是如此。这里主要介绍服装生产材料准备，服装材料的检验与测试、预缩与整理、耗用预算，服装样品试制，服装生产技术文件等内容。

13.1.1　服装生产材料准备

13.1.1.1　所准备材料内容

服装生产材料是服装生产的最基本条件，包括服装面料、辅料及机物料等。

服装面料有机织物、针织物、非织造材料等纺织材料，天然毛皮以及人造毛皮与皮革等；服装辅料大多由纺织纤维经染整及后处理而成，也可由金属、树脂、塑料等材料加工而成，主要包括里、衬垫、絮填料、扣紧材料、装饰材料等。机物料主要包括设备及其零配件，设备上的易损易耗件，服装生产所用的物料、机油、润滑油、各种电力材料等。

13.1.1.2　材料准备方法

在准备服装生产材料时，应考虑企业的生产能力和生产品种，以及生产设备的性能和完好率，根据企业技术水平、产品的设计和工艺进行准备；还要考虑企业的库存和销售情况，做到既保证生产连续进行，又不造成库存压力。而材料准备数量，则要综合考虑多方面情况，以经济订购量为佳。

对于服装面辅料，一般需要预先准备。对于自行设计生产的服装，为保证销售，应尽可能使品种花色齐全；对于来料来样加工的产品，应根据客户要求，按预定材料进料。面辅料进厂入库时，要进行数量核对和品质检验。

对于设备上的零配件、易损易耗件等，应预先订购，特别是对特种设备上的备品备件，除应有必要储备外，一般在购买设备时应与设备制造厂家签订长期售后服务及长期零配件供货合同。

对于生产中常用的其他材料，可以少量储备，各种油料、电料应随用随备。

13.1.1.3　服装材料的选择与搭配

选择服装材料时，应按照服装产品设计的基本规律，根据各种材料的材质和特性，进行选择与搭配，以保证服装产品的质量。

（1）选择面料

首先考虑服装的功能，所选面料的特性应满足服装功能的要求，尤其是一些特殊功能，须通过一定的试验才能确定面料。其次，面料的色泽和质感应符合产品设计要求，面料要能够适应服装款式所需的工艺要求。最后，还要考虑产品销售地区的自然环境和社会环境，以及产品的档次、价格。不同地区的温湿度等气候环境不同，风俗习惯不同，消费档次也不同，所适合的面料也不同。

（2）选择辅料

辅料应依据服装款式的要求和面料特性进行选择，主要遵循以下原则。

①根据面料的材料性能进行选择。例如，天然纤维的棉织物含水率大，洗涤后容易缩水，所选择的里、衬应与棉织物的缩水性能相配伍。又如，有些合成纤维对热相当敏感，受热易产生光泽及手感的变化，应尽量选用低温黏合衬。

②根据面料的组织结构进行选择。面料的组织结构直接影响衬布的选择。例如，缎、塔夫绸等表面光滑的面料，在选择衬布时应选择具有细小胶粒的衬布，以免由于过胶或胶粒的渗出而影响外观。

③根据面料工艺处理情况进行选择。例如，一些经过工艺处理的面料，要求纺织类衬布具有相应的特性，因而在选择黏合衬时，需要做黏合试验，以确定衬布是否适合面料。

④根据服装功能进行选择。例如，运动服装要求耐磨性、拉伸强力、耐水洗性能好，则要求面辅料都要符合这样的要求，扣紧材料要选择结实的、耐水洗的拉链，且拉链带的水洗色牢度要好。

⑤根据服装款式要求进行选择。例如，中式风格的服装可以选用盘扣、滚边、绣花等来突出服装风格。

⑥根据制作工艺条件进行选择。服装制作时需经过一定的工艺处理，则紧贴面料的衬布也要能够经受这样的工艺处理，因而在选择衬布时必须予以考虑。

服装材料中，面料是主料，应首先确定，辅料起辅助作用，必须从属于面料的特性。面料和辅料相互作用，相互影响，应在颜色、质地、伸缩率、耐热性、坚牢度、价值档次方面相配伍，共同决定服装的外部形态和内在质量，也决定服装本身的价值。

13.1.2 服装材料的检验与测试

服装企业在投料生产之前，必须对服装材料进行一些检验与测试，以便确定这些材料是否合格，性能是否满足要求，并根据测得的材料数据和资料，在生产过程中采取相应的工艺手段和技术措施，提高产品质量及材料的利用率。

13.1.2.1 服装材料的检验

服装材料的检验，主要是在投产前，对服装材料进行一次数量、幅宽和质量上的全面检查、核验，以避免在批量投入生产后造成不可挽回的损失。

（1）检验内容

检验内容包括服装材料规格数量的复核及纺织品材料的疵病检验。服装材料规格数量的复核，主要检查标签上的品名、色泽、数量、两头印章、标记是否完整，分别测量各种服装材料的实际幅宽、长度、重量等。纺织品材料的疵病检验，主要对纺织品的经向疵点、纬向疵点、组织疵点、布边疵点、破洞、污渍及色差、纬斜等进行检验。

（2）检验方法

材料复核时，圆柱形包装的材料，宜放在滚筒式量布机上复核，此方法速度快，核验后可恢复原状。折叠包装的材料，应放置在台面上，先量折叠的长度，再数一下全匹折叠层数，计算折叠长度与层数的乘积，即可复核这匹布的总长度是否与布料标签上所标的长度相符。有些原料如丝绸、针织涤纶绸等，应该称重复核，有时还需要按面料的面密度（g/cm^2）计算其数量是否正确。针织原材料如毛线等，也需称重复核。物件较小、数量较大的辅料，如纽扣、裤钩、商标等小物件，可按小包装计数，并拆包抽验数量与质量是否与订单要求相符。

疵点检验时，采用验布机检查圆柱形包装的纺织材料（图13.2），采用台板检查折叠型包装的材料。均要求光线柔和稳定，照度在800～900lx，一般凭检验人员肉眼观察来判断纺织品的疵点情况，并做好标记。验布机的速度可根据织物的种类及织物表面疵点的情况进行调整。全自动验布机（图13.3）利用机器视觉技术，可自动进行织物的疵点检验，系统可声光报警，对检测到的瑕疵进行自动分类并记录位置，从而降低生产成本，提高产品质量。

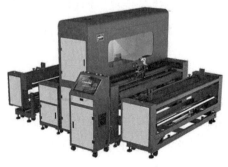

图13.2 验布机　　　　　　　　图13.3 全自动验布机

13.1.2.2　服装材料的测试

主要通过仪器设备对服装材料进行相关性能测试。经常测试的织物性能指标有伸缩率、缝缩率、强力、耐热性、色牢度等。根据所制作服装的用途、功能不同，需要测试的性能也不同。例如，制作衬衫的棉织物，需要测试缩水率、水洗色牢度、皂洗色牢度、熨烫色牢度、日晒色牢度等。

13.1.3　服装材料的预缩与整理

服装材料在检验和测试时，如果发现织物有较大的伸缩率和疵病，必须在投产前消除，否则将会不同程度地影响服装成品的形态稳定性、穿着性能等。

13.1.3.1　服装材料的预缩

根据服装材料在性能测试时的数据来决定是否预缩，以及采取何种预缩方式。除了服装面料外，里料、衬料、橡筋带等其他材料也要根据伸缩率的大小决定是否进行相应的预缩。材料预缩的方式如下。

（1）自然预缩

织物性服装材料需在一定的张力下进行加工、包装、叠放，因而其内部会产生一定的内应力及残留的变形，并在一定条件下释放出来，造成织物回缩。为了消除内应力产生的织物自然回缩，服装厂在正式生产前，应将内应力较大的织物，特别是弹性材料，包括有张力的各类橡筋带等材料，在正式投产前给予充分预缩。通常在开包、抖散、理松的情况下静放24h 以上，使织物自然回缩，消除应力。

（2）湿预缩

吸湿性较好的材料，在正式投产前需要进行湿预缩，如棉、麻、丝、毛呢、黏胶织物，以及一些收缩率较大的辅料，如纱带、彩带、嵌线、花边等。不同材料湿预缩的方式不同，可采用浸泡缩水、喷水熨干或盖湿布熨干，合成纤维织物一般不进行湿预缩。

（3）热预缩

由于合成纤维纺丝加工过程中的处理，合成纤维织物的热缩较大，因此，在投产前应进行热缩整理。可采用热体对布面接触加热，也可利用热空气和辐射对织物加热进行预缩。

（4）汽蒸预缩

通入热蒸汽后，使材料在松弛状态下进行预缩。汽蒸预缩是将湿预缩与热预缩组合为一体的预缩方式，同时还具有平整布面的作用。

（5）预缩机预缩

通过机械力作用，使织物受到挤压产生收缩，这是一种比较先进的预缩方法。预缩机的种类很多，主要有呢毯式和橡胶毯加热承压辊式两大类。选用呢毯或橡胶毯这些具有弹性的材料，把织物紧压在弹性物质上，随着弹性物质的屈曲收缩，织物受到挤压产生收缩，从而达到预缩的目的。

13.1.3.2　服装材料的整理

针对服装材料存在的疵点和缺陷，应进行相应的修正和补救，从而提高成衣质量，提高材料的利用率，主要包括织补、去污、整纬等。织补是对面料存在的缺经、断纬、粗纱、污纱、漏针、破洞等织疵，用人工方法对织疵进行修正，分为坯布织补、半成品织补和成品织补。去污主要针对服装材料上存在的局部污渍，使用毛刷、洗涤剂等进行污渍去除。整纬是对纬纱与经纱不垂直而发生偏斜的纬斜、纬弯现象，采用手工或机械的方法进行矫正整理。

13.1.4 服装材料耗用预算

大多数情况下，使用服装材料制作成衣时，材料并非百分之百利用，总有一部分损耗，这可以称作正常的损耗。但在正常的损耗之外，由于一些材料、服装款式、加工工艺等特殊因素，也会影响用料的多少。应充分考虑各种影响因素，进行材料损耗预算，以利于企业合理采购原材料，制订科学合理的生产计划，并准确进行企业成本核算。这些损耗包括以下几方面。

（1）自然损耗

自然损耗指材料进行自然预缩损耗的部分。该部分所占比例一般较少，可忽略不计，但特殊情况下应予以考虑。例如，原材料在加工时受到较大张力的情况下，自然预缩大，则自然损耗也大；一些弹性材料也易发生自然预缩，因此最好根据自然回缩率进行耗用预算。

（2）缩水损耗

缩水损耗指材料进行湿预缩损耗的部分。对缩水率大的织物，如棉、麻、毛、黏胶纤维等织物，应在标准用料的基础上，根据缩水率大小进行加放。

（3）布面疵点损耗

布面疵点损耗指织物在纺、织、染及储运过程中造成的布面织疵、污渍、破损等，在制作服装时会带来一定的用料损耗。

（4）色差损耗

因印染问题，使织物布面不同位置处出现颜色差异的情况，即色差。服装的衣片如果存在色差，达到一定程度后就会直接影响产品质量。因此，有色差的织物，要避免一些部位存在色差就会带来材料损耗。

（5）铺料、断料损耗

在服装制作时，因铺料、断料造成的布料损失。例如，布卷的机头布、一匹布铺料剩余的零头布、铺料时上下层不齐、铺料时各层布的幅宽不齐等，都是造成布料损失的原因。

（6）残次产品损耗

因服装款式复杂、缺乏专业设备或者工人技术熟练程度不够，造成残次品带来的用料损失。

（7）特殊面料损耗

因面料的特殊性，对生产加工有特殊要求，从而增加了材料的损耗。例如，有条格、花纹、图案、方向性的面料，为满足工艺要求，需对衣片进行加放，排料时会多耗料。

（8）碎布损耗

服装衣片并非标准的几何形状，在排版中，衣片之间必定存在空隙，这部分损耗称为碎布损耗。

（9）其他损耗

如新产品试制、材料性能测试等，也会带来一定的损耗。

13.1.5　服装样品试制

服装样品试制是根据服装款式效果图或客户来样及要求，对准备生产的服装产品进行实物标样试制。目的主要是通过样品试制，充分体现设计及要求效果，并摸索和总结出一套符合企业生产条件，保证产品质量，且经济、合理、高效的生产工艺及操作方法，以便修正不合理设计，指导大批量生产。实样试制的过程如下。

（1）单件样品试制

一般制出服装一个规格的一套板，做出各规格的一件样品。包括分析样品或效果图、绘制结构图、制板及推板、样品制作、样品评审等。单凭服装效果图或款式图不能完全体现该服装的真正效果，必须制作成实样，并对不合理的部位加以必要的修正。

（2）小批量试产

要求打出服装各规格的全套样板，每个规格做出一定数量的样品。目的是在单件样品试制的基础上，根据批量生产的要求，验证在流水线上是否能生产出合格的产品以及采取的工艺是否合理高效。

（3）样品鉴定

服装样品试制完后应进行样品鉴定。对于企业自行设计生产的产品，样品鉴定是由企业设计开发、生产加工、质量管理、供销等部门组成样品鉴定小组进行审核。对于客户来料、来样产品，尤其是客户提出的要求，或者对服装的某些要求较含糊，需通过制作样品来澄清的，应在企业内部鉴定合格的基础上，送交客户进行最终确认并存档，即所谓封样。必须经制造商和客户双方共同确认并办理有关手续认可及加盖封样章后，封样方能生效。

13.1.6　服装生产技术文件

在服装生产准备中，除了上述内容外，还需准备各种服装生产技术文件。

（1）服装效果图和款式图

服装效果图和款式图是服装产品设计的表现形式，也是服装生产的前提和依据。服装效果图是设计理念呈现的载体，服装款式图是指导二维平面结构设计的依据和参考标准。服装新产品设计时，首先需要根据设计师的设计理念和创作意图，画出服装效果图，并在此基础上反复修改、定稿；然后根据服装效果图画出服装款式图，要求平面比例准确、尺寸标注明了、线迹清晰，作为服装样板制作的依据。

（2）服装样板

服装样板指服装排料、画样、裁剪、缝制、熨烫及后整理加工中依据的服装衣片标样。样板是服装企业的技术核心。样板根据其用途不同，可分为以下几种。

①大样板。供排料、画样、裁剪时使用，包括所有衣片的样板。图 13.4 所示为女西装的

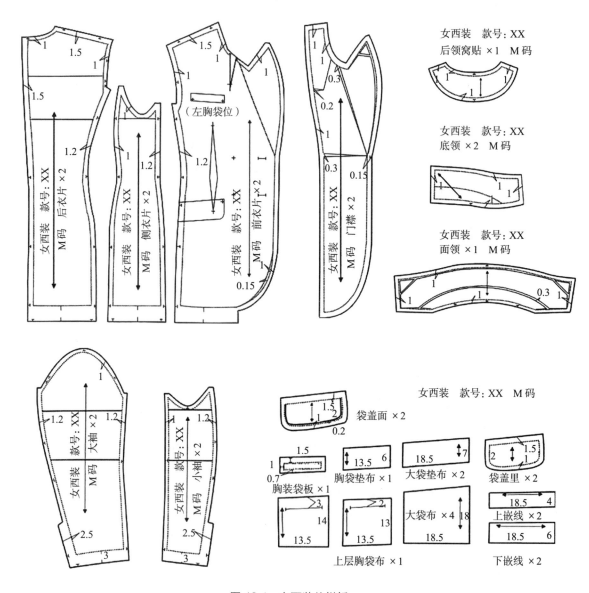

图 13.4　女西装的样板

样板。

②小样板。又称为模板，指服装生产过程中画样、定位、扣烫、勾缝等所用的辅助样板，一般尺寸较小。

③漏粉板。通过人工或服装 CAD 系统排好的多件服装套排的板样，沿衣片边缘每隔0.3～0.4cm 打成细孔，目的是通过漏粉代替画样，生产效率极高。漏粉板适用于款式不变、面料幅宽不变的长期生产的大批量产品，如军装、职业装等。

④绣花板。指绣花时表示针法及绣线色泽的图示纹样。

（3）服装工艺模板

服装工艺模板指上述服装小样板之外的一种加工夹具，在服装缝制过程中起到一定的辅助作用。它不同于传统的工艺样板，也不同于传统的缝制附件，它是服装工艺样板的高级形式。服装缝制工艺模板对缝制方式影响很大，可以降低工艺难度，稳定产品品质，提高生产效率，并减少设备投资，目前已成为一种缝制生产技术。服装工艺模板应用范围很广，主要适合的服装类型包括衬衫、裤子、针织服装、T恤、羽绒服、棉衣、西装、休闲装和大衣等。图 13.5 所示是服装生产中的常见工艺模板。

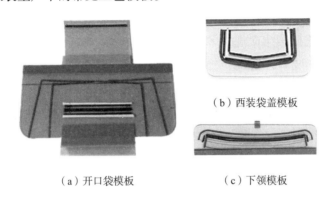

（b）西装袋盖模板

（a）开口袋模板　　　　　　（c）下领模板

图 13.5　常见服装工艺模板

（4）服装工艺流程图和工序卡

工艺流程图是服装生产流程的顺序图，包括各道工序的名称、纯粹工作时间、工序序号、流水程序、需用的设备和设备附件等。工序卡是一道工序的操作步骤和技术说明，用图及文字表明加工部位及使用设备工具、加工技术要求、工时定额等，如图 13.6 所示。

品牌	女西服	工序名称	绱垫肩	工时定额	
工艺装备	手针、顶针	原辅材料	垫肩 1 付	制订人	
操作要求： 1. 垫肩用手针绱在肩缝上，两边与袖窿绷住。 2. 绱垫肩时，轻松要适宜、圆顺、两袖对称。 3. 面里肩缝要对准，里布不宽不紧，呈平服状态。					

图 13.6　工序卡示例

（5）质量标准技术文件

质量标准技术文件包括国际标准、国家标准、专业标准、企业标准等。服装产品的生产既要遵循国家或者行业对应的基础标准、专业标准、产品标准等，又要依据企业内部的产品标准，企业标准应该高于国家或者行业的相应产品标准。当企业产品出口国外时，还应遵循国外产品标准进行生产。

（6）各种技术档案

各种技术档案主要包括设计图、内外销订货单、生产通知单、原辅料明细表、原辅料测试记录表、工艺单、样板复核单、排料图、原辅料定额表、工序定额表、首件封样单、产品质量分检表、成本单、报验单、软纸样等。

13.2 裁剪工艺

13.2.1 裁剪分床

裁剪分床就是对生产订单分组，分别进行排料、铺布和裁剪的方法，分成的每一床的厚度和件数都是独立的。当服装生产规格多、批量大时，可以通过裁剪分床找出一种科学合理的裁剪方案，以节约面料成本，提高生产效率。

（1）裁剪分床方案的内容

一个完整的分床方案包括四部分内容：分床的床数、每一床的铺布层数、每一床每一层的规格数、每一层每一个规格的件数。

一个分床方案的表示，应包括这几项内容。某分床方案表示如下：

$$2\begin{cases}（1/36+2/37+1/38）\times 100 \\ （2/38+1/39+1/40）\times 80\end{cases}$$

上式中，最左侧的 2 表示这个裁剪任务分成两床完成，第一行的式子（1/36+2/37+1/38）×100 表示在第一床中 36、37、38 三个规格各排料 1 件、2 件、1 件，铺料 100 层；第二行的式子（2/38+1/39+1/40）×80 表示在第二床中 38、39、40 三个规格各排料 2 件、1 件、1 件，铺料 80 层。如果织物有不同颜色，在相应床的层数前加织物的颜色即可。

（2）裁剪分床的原则

①符合生产条件。选择一个裁剪分床方案，首先必须满足生产订单要求和企业生产条件，包括服装生产批量大小，裁剪设备生产能力，织物匹长、厚度和性能，服装款式要求和质量，工人人数和技术水平等。

②节约面料。裁剪分床的目的之一就是节约面料，应尽可能选取多件服装套排的分床方案。

③提高生产效率。可选择方便易行的分床方案，既节约工时、人工，又减少重复劳动，达到高效生产的目的。

（3）裁剪分床的基本方法和技巧

①比例分床法。比例分床法是裁剪分床中最基本的分床方法。主要根据生产任务单中，各规格及色泽的服装件数之间存在一定的比例关系，可将其最大公约数作为铺布层数，各规格件数的比例数即可作为一床一层中各规格的件数。

②分组分床法。生产任务单中各规格及色泽的件数之间不成比例关系，可采用分解后再组合的方法，使其变成各规格件数间存在比例关系，再利用比例分床法进行裁剪分床。

③并床分床法。生产单中某些规格数量很少的情况下，可将两床或多床分床方案合并成一床。

④加减分床法。实际生产中，各规格件数之间毫无规律，可在客户允许条件下，将某些规格件数略加调整，使其规格件数之间存在比例关系，或者分解再组合后又存在比例关系，可以使用前面介绍的比例分床法或分组分床法进行裁剪分床。服装件数增减量一般在 5% 范

围内时，客户可接受。

13.2.2　排料及画样

裁剪过程中，将服装的衣片或样板按一定工艺要求排放在面辅料上进行裁剪，这种有计划的工艺操作称为排料。排料决定了面料如何使用、用料多少，直接影响面料消耗及服装质量，是一项技术性很强的工艺操作。

排料工艺既要遵循服装制作的工艺要求，并保证造型设计的效果，又要节约面料。因此，应按照一定的原则来进行，如"先大后小，紧密套排，缺口合拼，大小搭配"，如图 13.7 所示。即排料时，先排放大衣片，剩余的空隙再排放小衣片；可通过直边对直边、斜边对斜边、内弯对外弧、凹对凸等方式使衣片之间紧密排放，减少空隙；衣片的小缺口可合并起来，以排放小部件；不同规格的多件服装可搭配套排，以节约面料。

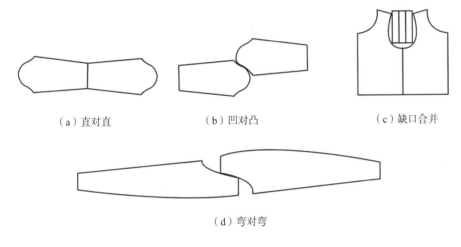

（a）直对直　　　　　　　（b）凹对凸　　　　　　　（c）缺口合并

（d）弯对弯

图 13.7　排料示意图

排料后用料多少，除了用织物的长度来表示，还可用排板利用率来表示。其影响因素包括：排料形式，衣片形状、尺寸，样板排放形式，织物种类、幅宽、长度，服装的款式、规格、样板数量等。

把排料的结果画在纸上或者服装材料上，这种工艺操作就是画样。画样要求线迹准确清晰又不污染面料，顺直圆滑，无断断续续，无双轨线迹。

13.2.3　铺料

裁剪过程中，按照裁剪分床方案确定的每一床的铺布层数、排料画样确定的铺布长度，将服装面辅料一层层地平铺在裁床上，这种工艺操作称作铺料。

根据面料种类及服装要求不同，铺料有单向铺料、双向铺料、对向铺料三种方法。如图 13.8 所示。双向铺料效率高，但仅适合无方向性的面料；单向铺料和对向铺料适合有方向性的面料；采用双向铺料和对向铺料的面料，排料时可不考虑对称性，比较省料。

铺料时，要做到布面平整无皱褶、无波纹、无歪斜等，布边对齐、放正，各层面料方向一致，有条格、花纹的面料要按照要求对正条格、花纹，铺料时的张力要小且均匀。

在铺料过程中，一匹布不一定刚好铺完整数层，为了节约面料，一般在不够铺满一层布时，这匹布的布尾与下一匹布料进行衔接，如图13.9所示。

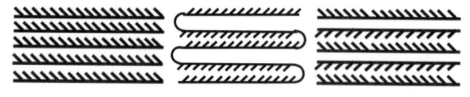

（a）单向铺料　　　　　　　（b）双向铺料　　　　　　　（c）对向铺料

图13.8　铺料方法

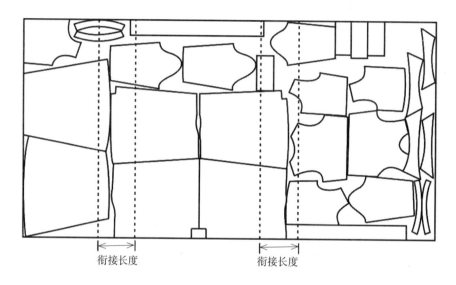

衔接长度　　　　　　　　　　　衔接长度

图13.9　铺料衔接示意图

13.2.4　裁剪

裁剪操作规程如下。

①开裁顺序：先横后直、先外后内、先小后大、先零料后整料、逐段开刀、逐段取料。

②拐角处从两个方向进刀。

③压扶面料，用力适中，不可向四周用力。

④裁刀垂直，上下不偏。

⑤保证刀刃锋利、清洁。

⑥按规定位置打好剪口和定位标志。

常用的裁剪设备有直刀式裁剪机（图13.10）、圆刀式裁剪机（图13.11）、带刀式裁剪机（图13.12）等连续式裁剪机，以及冲压机、剪刀、钻孔机等间歇式裁剪机。

裁剪前，要复核裁剪图线条、衣片数量、铺料等是否有误；在裁剪过程中，要按照操作规程来进行,确保裁剪精度；对于耐热性差的面料,应减少铺布层数,或降低裁剪速度,或间断操作,

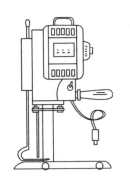

图 13.10　直刀式裁剪机

图 13.11　圆刀式裁剪机

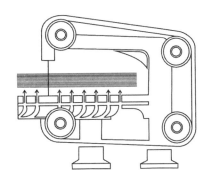

图 13.12　带刀式裁剪机

以降低裁刀温度的影响；裁后还要进行复核工作。

　　裁剪完成后，一般要由裁剪车间的班组长或主任进行裁剪质量的检查，内容包括裁片的形状尺寸、剪口定位孔、是否对条对格、裁剪刀口质量、裁剪数量是否相符等。然后把裁片按铺料的前后顺序打上数码，以便发现问题便于查找，也避免拿错裁片，导致出现不同层的裁片缝合到一起的错误。最后，把裁片合理分组，捆扎好，分送到缝纫车间。

13.3　黏合工艺

　　黏合工艺就是将黏合衬和面料的反面相覆合，在一定温度、时间、压力下黏合在一起，使服装挺括、不变形。黏合衬与传统的缝合衬相比，制作出的服装轻盈、舒适，生产过程简便，生产效率高。

13.3.1　黏合过程

　　黏合过程大致分为以下三个阶段。

　　① 升温阶段，热熔胶受热熔融为黏流体。

　　② 渗透黏着阶段，热熔胶浸润材料表面，并渗入内部。

　　③ 固化阶段，热熔胶固化在织物之间。

　　图 13.13 所示为黏合过程，图中 t_1 是升温时间，与压烫机温度、压板压力、织物的厚薄和纤维的导热性能、热熔胶的熔点等因素有关；t_2 是渗透时间，取决于织物的表面状态和热熔胶的熔融黏度；t_3 是固着时间，与热熔胶的结晶速度有关。

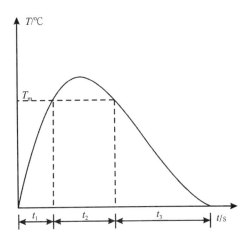

图 13.13　黏合过程

13.3.2　黏合工艺要求

　　（1）黏合工艺参数

　　黏合工艺参数主要有黏合温度、黏合压力、黏合时间等，其中黏合温度对黏合效果的影响最大。设定工艺参数时，一般将黏合温度设置为可获得最佳黏合效果的热熔胶胶黏温度范围。黏合压力的确定，取决于热熔胶的热流动性能，应比较适中。黏合时间，应综合考虑织物厚度、导热系数和表面状态，黏合设备的加热方式，以及黏合衬中热熔胶的熔点和黏度等。

（2）黏合工艺质量

① 黏合后的剥离强度要满足标准要求。

② 面料和黏合衬的附着面积要达到95%以上。

③ 对各种黏合衬的耐洗性能有一定要求，如要求外衣黏合衬干洗、水洗5次以上，不脱胶，不起泡；衬衫黏合衬水洗10~20次以上不脱胶，不起泡。

④ 黏合衬的缩率应与面料一致，防止在穿用过程中出现面料、衬料收缩不一，影响服装表面平整的情况。

⑤ 黏合后的外观整洁无渗胶，手感、弹性、硬挺度好。

⑥ 黏合后要具有良好的可缝性和剪切性，以便顺利进行后道工序的加工。

13.4 缝制工艺

缝制工艺就是将裁剪好的衣片，按照组合顺序缝合到一起，制作成部件，最后做成整件服装。缝制工艺在服装生产中工序数最多，工人人数最多，使用设备最多，占地面积最大，耗时最长，管理最复杂。

13.4.1 线迹及缝型

衣片的缝合是通过缝针在缝料上来回穿刺，并带着缝纫线连接缝料而成的。缝针穿刺缝料留下的针孔，就是针迹。缝制物上两个相邻针眼间所配置的缝线形式，就是线迹。多个线迹连接成为缝迹。

（1）线迹分类

国际标准 ISO 4915 中，将各种线迹分为六大类型。

100级——链式线迹，200级——仿手工线迹，300级——锁式线迹，400级——多线链式线迹，500级——包缝线迹，600级——覆盖线迹。

（2）我国常用线迹的性能与用途

我国常用的线迹与国际标准中线迹的分类有所不同，名称上也稍有不同。

① 链式线迹。由一根或两根缝线串套连接而成。其特点为用线量大，拉伸性好，生产效率高，但单线链式线迹易脱散。所以可用于缝制有弹性的织物和受拉伸较多的部位。如图 13.14 和图 13.15 所示。

② 锁式线迹。由两根缝线在缝料中交叉而成。其特点为普通的锁式线迹正反面有相同外观，用线量小，弹性小，缝迹整齐。直线型锁式线迹用于领子、门襟、口袋、商标等要求平整不易变形的部位，曲折型锁式线迹用于针织服装或装饰衣边用，撬缝锁式线迹用于裤口边、上衣底边、袖口边等。如图 13.16 所示。

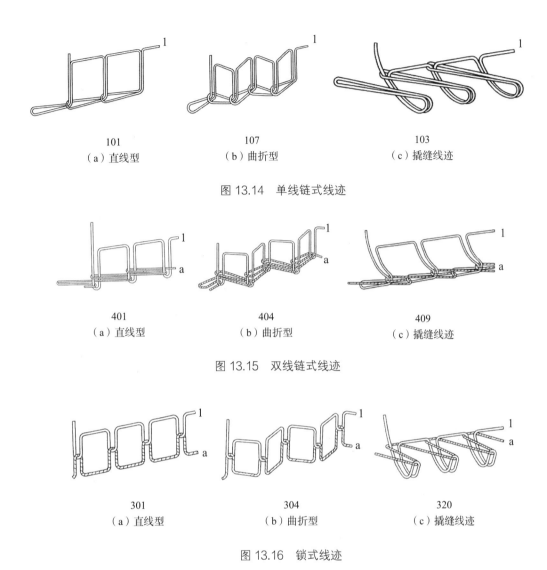

101
（a）直线型

107
（b）曲折型

103
（c）撬缝线迹

图 13.14　单线链式线迹

401
（a）直线型

404
（b）曲折型

409
（c）撬缝线迹

图 13.15　双线链式线迹

301
（a）直线型

304
（b）曲折型

320
（c）撬缝线迹

图 13.16　锁式线迹

③包缝线迹。由一根或多根缝线相互循环串套在缝制物的边缘，可以防脱散、防卷边（图 13.17）。其用线量大，线迹弹性好，强力大，五线、六线包缝的复合线迹可提高生产效率。主要用于衣片锁边，四线包缝用于外衣合缝和内衣受摩擦较强烈的部位，五线、六线包缝多用于外衣或补整内衣的缝制。如图 13.17 所示。

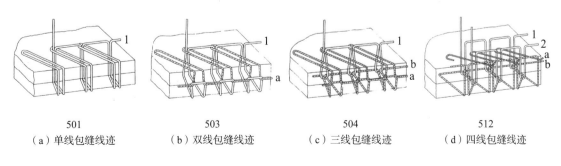

501
（a）单线包缝线迹

503
（b）双线包缝线迹

504
（c）三线包缝线迹

512
（d）四线包缝线迹

图 13.17　包缝线迹

277

④绷缝线迹。由两根以上针线和一根弯钩线互相串套而成。一般还另外有一至两根装饰线，其缝迹外观平整、美观。强力大，拉伸性好，还能够防止缝料边缘脱散。主要用于针织服装滚领、滚边、绷缝，不同衣片间的拼接缝，女装和童装的装饰边等。如图 13.18 和图 13.19 所示。

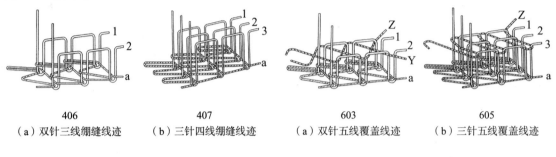

406	407	603	605
（a）双针三线绷缝线迹	（b）三针四线绷缝线迹	（a）双针五线覆盖线迹	（b）三针五线覆盖线迹

图 13.18　绷缝线迹　　　　　　　　　　　图 13.19　覆盖线迹

（3）缝型

线迹是衣片缝合时缝纫线的串套形式，但同一线迹，由于衣片数量不同，或者衣片翻折不同，其缝制形式也不同。一定数量的布片和线迹在缝制中的配置形式，就是缝型。按国际标准 ISO 4916，缝型标号由五位阿拉伯数字组成。第一位表示分类，第二位、第三位表示布片排列状态，第四位、第五位表示缝针穿刺部位和形态。缝型共分为八大类，如图 13.20 所示。

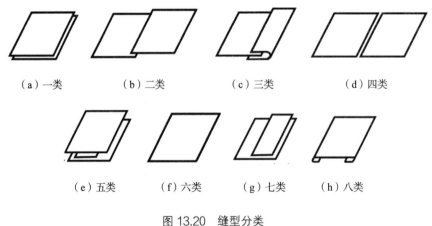

（a）一类	（b）二类	（c）三类	（d）四类

（e）五类	（f）六类	（g）七类	（h）八类

图 13.20　缝型分类

应注意：有限边和无限边的区别及表示；缝型类别图示只表示出构成缝型的最少缝料层；缝型图示中，粗直线表示布料层，短直线表示针的穿刺；所有缝型都按最后缝合的情况标出。

表 13.1 所示为缝型标号示例。

表 13.1　缝型标号示例

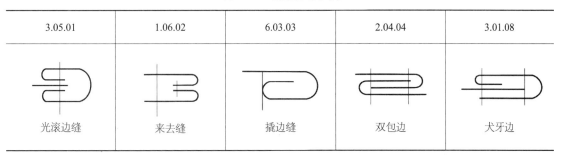

3.05.01	1.06.02	6.03.03	2.04.04	3.01.08
光滚边缝	来去缝	撬边缝	双包边	犬牙边

13.4.2　缝制工艺设计

服装的缝制过程是将服装裁片制成部件，再由各部件组合成整件服装，整个制作工艺是由一道道缝制工序组成的。

（1）工序

工序是构成作业分工的单位，缝制工序就是缝制工艺过程的一个作业分工单位，它可以由几部分组成，也可以是分工上的最小单位。按照工序性质不同，缝制工序可分为工艺工序、检验工序和运输工序三类。

工序分析主要是针对工艺工序和检验工序，分析其加工顺序和加工方法，进而改进和完善工序。

各工序的表示符号见表 13.2。

表 13.2　工序符号图示

工序分类	工序符号	具体符号及名称
加工	○	○ 平缝工序
		◉ 特种机作业
		◎ 手工手烫作业
		◉ 熨烫机作业
搬运	↑	↑ 搬运作业
检验	□	□ 数量检验
		◇ 质量检验
停滞	△	▽ 裁片、半成品停滞
		△ 成品停滞

一道工序的表示，应包含裁片或半成品名称、工序名称、使用设备、加工时间、工序序号、工序符号等几项内容，如图 13.21 所示。

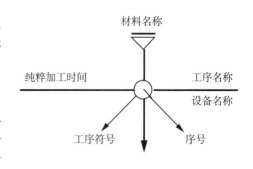

图 13.21　一道工序的表示方法

（2）工序组织

服装缝制工序组织，就是根据企业的设备和人员技术水平，将服装的缝制工艺，明确划分为一个个可实施的具体工序，以便进行加工。工序组织可分为以下步骤。

① 划分不可分工序。取决于产品结构的复杂性、加工方法及设备，若产品结构简单、加工方法先进、加工设备功能多，则产品划分的不可分工序就少。

② 确定工序技术等级。根据工序的难度和在整件服装中的质量地位来确定。

③ 确定工时。在表示一道工序时，采用的是纯粹工序时间，但在给工人安排工时定额时，还需考虑工作安排、作业浮余、设备浮余、人员浮余等浮余时间，来确定标准工时。

④ 确定工序的流水生产形式。根据企业的实际生产情况来确定。

⑤ 组成工序。根据企业生产模式和人员、设备状况，将不可分工序按一定要求合并成新的工序。

（3）工艺流程图

一件服装，进行缝制工艺设计，要明确由哪几个衣片组成，按照什么加工顺序进行加工，各个小部件何时何地加入，分别采用什么加工工序，将其加工过程记录下来，就是整件服装的缝制过程，可用工艺流程图来表示。图 13.22 所示为短裙缝制工艺流程图。

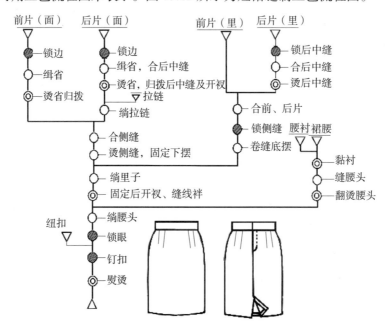

图 13.22　短裙缝制工艺流程图

13.4.3　缝制工艺品质要求

各类服装，尽管服装材料、款式设计不同，缝制工艺各不相同，但对缝制工艺的品质要求都包括针距密度、缝制各部位技术要求等。

以衬衫缝制标准为例，其缝制要求如下。

（1）针距密度要求

① 明线（包括无明线的暗线），不少于 12 针 /3cm。

② 绗缝线，不少于 9 针 /3cm。

③ 包缝线（包括锁缝链式线），不少于 12 针 /3cm。

④ 锁眼，不少于 12 针 /1cm。

除特殊设计外，衬衫的针距密度一般应按此规定。

（2）缝制技术要求

① 各部位缝制平服，线路顺直，整齐牢固，针迹均匀。

② 上下线松紧适宜，无跳线、断线，起落针处应有回针。

③ 领子部位不允许跳针，其余各部位 30cm 内不得有连续跳针或一处以上单独跳针，链式线迹不允许跳线。

④ 领头平服，领面、里、衬松紧适宜，领尖不反翘（有窝势）。

⑤ 绱袖圆顺，两袖前后基本一致，吃势均匀。

⑥ 袖头及口袋和衣片的缝合部位均匀、平整、无歪斜。

⑦ 商标和耐久性标签位置端正、平服。

⑧ 锁眼定位准确，大小适宜，两头封口。开眼无绽线。

⑨ 钉扣与眼位相对应，整齐牢固。缠脚线高低适宜，线结不外露，钉扣线不脱散。

⑩ 四合扣松紧适宜、牢固。

⑪ 成品中不得含有金属针或金属锐利物。

13.5　熨烫工艺

13.5.1　熨烫的意义

熨烫本质上是一种热湿定形处理，是使用热表面对服装成品或半成品进行表面整理的工艺。目的是为了烫平服装成品或半成品表面的褶皱，改善其外观，或者烫出褶裥和线条，或者塑造立体的服装效果。

熨烫可以在生产前进行，以使织物材料表面整齐，便于进行生产加工；可以在生产过程中，对半成品进行一定的热定形；也可以在服装成品制作完成后进行熨烫定形，这种处理兼有整理的功能，又称为整烫。

按照使用的工具，可分为熨斗熨烫（图 13.23）和熨烫机熨烫（图 13.24、图 13.25）两种。

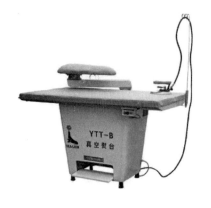  

图 13.23 真空烫台与熨斗　　　图 13.24 西服领熨烫机　　　图 13.25 西服后背整烫机

按照不同要求，不同半成品、成品的熨烫效果保持时间长短不同，分为暂时定形、半永久性定形、永久性定形。当合理应用这几种定形形式时，服装定形才更有效果。

13.5.2　熨烫工艺过程

（1）熨烫过程

熨烫过程就是将服装成品或半成品定形的过程，主要分为三个阶段。

① 给湿升温阶段。通过升温、给湿，使纤维大分子之间的作用力减小，分子链段可以相互转动，纤维的变形能力增大，织物刚度明显降低，使衣片易于塑形。

② 衣片造型阶段。根据服装造型需要，施加外力使衣片变形。

③ 衣片造型稳固阶段。冷却和解除外力后，纤维在新的分子排列状态下稳定下来，衣片造型稳固下来。

（2）熨烫工艺参数

熨烫温度、压力和时间是熨烫工艺的三大工艺参数。利用熨斗手工熨烫时，根据织物材料确定适当的熨烫温度；根据织物的厚薄，依靠熨斗本身重量施加压力，对较厚织物或服装多层部位，应适当增加压力；熨烫时间可随温度、湿度和压力的变化进行调整。机械熨烫工艺参数有熨烫温度、熨烫时间、熨烫压力、蒸汽喷射方式、冷却方式等。

（3）熨烫方式

熨烫（热定形）分为熨制、压制和蒸制三种方式。

① 熨制。利用热表面直接在织物表面施加一定的压力，达到热定形的目的，如熨斗对熨烫台上的服装或半成品进行的熨烫。

② 压制。热表面之间放入织物，并施加压力，如常见的西服专用熨烫机、西裤熨烫机等。

③ 蒸制。利用热蒸汽喷吹织物表面或穿过织物，不加压，可消除折痕，使衣服平整、丰满，一般用于针织羊毛衫、呢绒服装的后整理，如喷气烫台或蒸汽人体模蒸烫机熨烫服装。

13.5.3　熨烫质量要求

以西装为例，熨烫质量要求如下。

① 胖肚：要平服、丰满、自然。

② 双肩：肩线要平整、对称。

③ 里襟、门襟：平正、圆润、丰满。

④ 侧缝：平服、丰满。

⑤ 后背：圆润、平直、不起吊。

⑥ 驳头：平直、有窝势，且不能太死板。

⑦ 领子：平服、有圆势。

以西裤为例，整烫质量要求如下：面料上不能有水迹，不能烫黄、烫焦，前后烫迹线要烫煞，后臀围按归拔的原理将其向外推，臀部以下要归拢，裤子摆平时，一定要符合人体。

思考题

1. 请详细说明一件服装的生产流程。

2. 查阅资料，分析我国服装行业的现状。

3. 以一件有疵点的服装为例，分析这些服装疵点是怎么形成的？应该如何避免？

4. 近年来，服装生产中使用了哪些新技术、新设备？

5. 阐述我国服装企业的发展前景。

参考文献

［1］ 蒋晓文，周捷. 服装生产流程与管理技术［M］. 4 版. 上海：东华大学出版社，2018.

［2］ 张文斌，等. 成衣工艺学［M］. 3 版. 北京：中国纺织出版社，2008.

第14章　服装市场营销

市场是所有企业从事生产经营活动的出发点和归宿，是不同国家、地区、行业的生产者相互联系和竞争的载体。市场营销是服装企业整体活动的中心环节，也是评判服装企业经营活动成败的决定性要素。因此，服装企业必须不断地研究市场、认识市场，进而适应市场并驾驭市场。现如今，随着消费者需求不断向个性化、多样化和多元化方向发展，服装市场变得广阔、复杂且多变。任何一个服装企业都不可能在有限资源情况下生产变化多样的服装种类以满足每一个顾客的不同需求。因此，如何结合企业自身特色和优势而开发恰当的服装市场，就成为每一个服装企业经营者需要决策的问题。STP营销策略（市场细分、目标市场定位和产品定位）则是服装市场营销决策中的关键所在。服装市场营销流程图如图14.1所示。

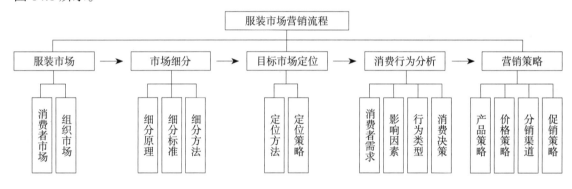

图 14.1　服装市场营销流程图

14.1　服装市场的分类及特点

14.1.1　服装市场的分类

基于卖方角度，服装市场表现为未满足需求的现实的和潜在的服装购买者的集合。服装市场营销的核心是通过一定的手段和方法，以便更好地满足服装消费者的需求。在服装市场的整个体系中，服装商品的购买者既可以是个人、也可以是企业，但其购买目的明显不同。因此，以"谁在市场上购买以及购买商品的目的"为标准，可以将服装市场划分为消费者市场和组织市场两大类别。

14.1.2　服装消费者市场及其特点

服装消费者市场是指个人或家庭为了生活消费而购买服装产品和服务的市场。在社会再生产的循环中，消费者的购买是通向最终消费的购买，这一市场庞大而分散，同时又是所有社会生产的终极目标。服装企业为服装消费者市场服务并实现其营销计划的过程，就是最终实现服装商品价值和使用价值的过程。因此，服装消费者市场是其他服装市场存在的基础，在整个服装市场结构中占据十分重要的地位。服装消费者市场具有以下特点。

（1）广泛性和分散性

服装作为一种生活必需品，其消费者具有人多面广的特点。服装经销单位应尽可能地增加商品的经营网点，最大限度地方便消费者购买。

（2）频繁性和少量化

受购买能力、产品寿命周期及着装人性化和流行性的需求，个人或者家庭需购买服装表现为频繁和少量的特点。这就要求服装市场营销人员尽可能地增加服装的品类组合，改善营销条件，方便消费者购买。

（3）多样性和替代性

由于消费者受性别、年龄、职业、市场环境等综合因素的影响，因而具有不同的服装消费需求，从而导致所需服装的档次、品种、规格、质量、花色和价格千差万别，且不同类别、品种的服装之间替代性也比较强。因此，服装生产者和经营者要生产适销对路的产品，并增加服装的品种和花色。

（4）易变性和发展性

随着消费需求向个性化和特色化方向发展，消费者对服装的品种、款式要求越来越多，服装流行周期越来越短。与此同时，随着科技的进步和消费者收入水平的提高，服装新产品日新月异，消费需求随之呈现出由少到多、由粗到精、由低级到高级的发展趋势。

（5）地域性和季节性

由于消费者所处地域环境、气候以及生活习惯、收入水平的不同，使得处于同一地域的消费者在购买特点和商品需求上具有一定的相似之处，而不同地区消费者的消费行为则表现出较大的差异性。当然，季节性不仅包括由于季节性气候变化引起的季节性消费，而且包括由于风俗习惯和传统节日而引起的季节性消费，如圣诞节对圣诞靴、圣诞帽的需求等。

（6）伸缩性和情感性

受消费者收入、生活方式、商品价格和储蓄利率等的影响，消费者的服装需求在购买数量和品种选择上表现出较大的需求弹性或伸缩性。收入多则增加购买，收入少则减少购买；商品价格高或储蓄利率高时则减少消费，商品价格低或储蓄利率低时则增加消费。加之大多数消费者对服装并不具备专门知识，其购买行为只能根据个人好恶和感觉做出购买决策，多属非专家购买，受情感因素影响大，易受广告宣传、商品包装和装潢、推销方式以及服务质量的影响。

14.1.3　服装组织市场及其特点

服装组织市场指工商企业为从事服装生产、销售等业务活动以及政府部门和非营利组织为履行职责而购买服装产品和服务所构成的市场。简言之，服装组织市场是以某种组织为购买单位的服装购买者所构成的市场。就买主而言，消费者市场是个人市场，组织市场则是法人市场。同服装消费者市场相比，服装组织市场存在以下特点。

（1）购买者比较少

组织市场营销人员比消费品营销人员接触的顾客要少得多。例如，服装设备生产者的顾客仅是各地极其有限的服装厂。

（2）购买数量大

组织市场的顾客每次购买数量都比较大，有时一位买主就能买下一个企业较长时期内的全部产量，一份订单的金额可能达数千万元甚至数亿元。

（3）供需双方关系密切

组织市场的购买者需要有源源不断的货源供应，特别是在产品的花色品种、技术规格、质量、交货期、服务项目等方面有特殊要求的时候，因此供需双方保持长期稳定的合作关系至关重要。

（4）购买者的地理位置相对集中

由于组织市场的购买者往往集中于某些特定区域，因此这些区域的业务用品购买量在全国市场中经常占据很大比重。例如，我国福建的石狮、江苏的宁波等地服装面料、辅料的购买量就比较集中。

（5）派生需求

服装组织市场的顾客购买商品或服务是为了给自己的服务对象提供所需的商品或服务，因此，业务用品需求由服装需求派生出来，并随着服装需求的变化而变化。

（6）需求弹性小

服装组织市场对产品和服务的需求总量受价格变动的影响较小。一般规律是：在需求链条上距离消费者越远的产品，价格的波动越大，需求弹性越小。一般情况下，组织市场的需求在短期内特别无弹性，因为企业不可能临时改变产品的原材料和生产方式。

（7）需求波动大

服装组织市场需求的波动幅度大于服装消费者市场需求的波动幅度，一些新企业和新设备尤其如此。如果服装需求增加某一百分比，为了生产出满足这一追加需求的产品，服装工厂的设备和原材料会以更大的百分比增长，经济学家把这种现象称为加速原理。当消费需求不变时，服装企业用原有设备就可生产出所需的产量，仅支出更新折旧费，原材料购买量也不增加；消费需求增加时，许多企业要增加机器设备，这笔费用远大于单纯的更新折旧费，原材料购买也会大幅度增加。有时消费品需求仅上升10%，下一阶段工业需求就会上升200%；消费品需求下跌10%，就可能导致工业需求全面暴跌。组织市场需求的这种波动性使许多企业向多元化方向发展，以降低风险。

（8）专业人员采购

服装组织市场的采购人员大都经过专业训练，具有丰富的专业知识，清楚地了解产品的性能、质量、规格和有关技术要求。供应商应当向他们提供详细的技术资料和特殊的服务，从技术的角度说明本企业产品和服务的优点。

（9）影响购买的人数多

大多数企业有专门的采购组织，重要的购买决策往往由技术专家和高级管理人员共同做出，其他人也直接或间接地参与，这些组织和人员形成事实上的"采购中心"。

（10）直接采购

组织市场的购买者往往向供应方直接采购，而不经过中间商环节，价格昂贵或技术复杂的项目更是如此。

（11）互惠购买

服装组织市场的购买者往往这样选择供应商："你买我的产品，我就买你的产品"，即买卖双方经常互换角色，互为买方和卖方。例如，服装厂从纺织厂大量购买生产服装所需的面辅料，纺织厂也从服装厂大量购买服装。互惠购买有时表现为三角形或多角形。假设有 A、B、C 三家公司，C 是 A 的顾客，A 是 B 的潜在顾客，B 是 C 的潜在顾客，A 就可能提出这种互惠条件，B 买 C 的产品，A 就买 B 的产品。

（12）租赁

服装组织市场往往通过租赁方式取得所需产品。对于一些特殊的专用机器，由于价格昂贵，许多服装企业无力购买或需要融资购买，此时可以采用租赁的方式，以节约成本。

14.2　服装市场的细分

14.2.1　市场细分的概念

市场细分是指根据消费者对产品不同的欲望与需求、不同的购买行为与购买习惯，把整个市场划分为若干个由相似需求的消费者组成的消费群体，即小市场群。市场细分是制订市场营销策略的核心，是企业选择目标市场的前提和基础。

14.2.2　服装市场细分的原理

一种产品或劳务的市场可以有不同的划分方法。在未进行市场细分之前的一个含有若干个顾客的市场，若这些顾客对服装产品的需求与欲望完全一致，即无差异需求时，表现为同质市场，这个市场无需进行细分。相反，当这些顾客的需求具有不同特点时，比如，购买服装的消费者对服装的款式、质地、色彩、价格等的要求各不相同，则表现为异质市场，每一种有特色的需求都可以视为一个细分市场。在异质市场上，服装企业的市场营销策略若能有针对性地满足顾客具有不同特色的需求偏好是最理想的状况。但这种情况对服装企业而言，是极其困难的，因为这要受到诸多营销因素（特别是企业预期利润目标）的制约和影响，而且，在异质市场上消费者的不同偏好是复杂的。所以，一般情况下，服装营销管理人员会按照"求大同，存小异"的原则，进一步归纳和总结这些不同需求。

14.2.3　服装消费者市场的细分标准

消费者市场的细分标准有很多，通常可以分为四大类，即地理标准、人口标准、心理标准和行为标准。

（1）地理标准

地理标准指企业按消费者所在的不同地理位置以及其他地理变量（如城市、农村、地形气候、交通运输等）作为细分消费者市场的标准。这是一种传统的、最简便的细分方法。相对于其他标准，这种划分标准比较稳定，也比较容易分析。因为通常处在同一地理条件下的消费者的需求有一定的相似性，对企业的产品、价格、分销、促销等营销措施也会产生类似的反应。但地理因素多是静态因素，不一定能充分反映消费者的特征。因此，有效的细分还需考虑其他一些动态因素。

（2）人口标准

人口标准指按人口变量的因素来细分消费者市场的标准。人口是构成市场最主要的因素。人口因素主要包括年龄、性别、家庭、经济收入、教育水平、宗教等。此外，诸如职业、国籍、民族等也都是人口统计方面的因素。

人口变量因素是最常用的细分标准，因为消费者的需求与这些因素有着密切联系，而且这些因素一般比较容易衡量。例如，美国的服装、化妆品、理发等行业的企业一直按性别细分；汽车、旅游等企业则一直按收入来细分。再如，玩具市场可以用年龄来划分；家庭用品、食物、房屋等则可以依据家庭的规模和家庭结构来划分。

（3）心理标准

心理标准指根据消费者的心理特点或性格特征来细分市场。心理标准主要表现在社会阶层、相关群体、生活方式和个性等方面。生活方式不同的消费者，其消费欲望和需求不同，对企业市场营销策略的反应也各不相同。特别是目前，生活方式是消费者对自己的工作和休闲、娱乐的态度，如有的人崇尚时尚、追求新潮时髦的时装；有的人生活朴素，则喜欢素雅、清淡大方的服装。针对消费者生活方式的不同，有的服装企业把产品生产分为朴素型、时髦型、男子气型等，并以此为设计原则来满足不同消费者的需求。

（4）行为标准

行为标准指按消费者的购买行为、购买习惯细分市场的标准。用行为作为细分市场的因素，通常可以考虑以下各个方面：如产品购买与使用的时机、产品利益、使用者、使用状况、品牌忠诚度、购买阶段、偏好和态度等。

需要注意的是，现阶段对于服装市场的细分更多的是从更深层次上，即消费者的心理和行为上来进行细分，而不是仅仅停留在浅表层次。

14.2.4　服装生产者市场的细分标准

生产者市场的细分标准有的与消费者市场的细分标准相同，如地理环境、产品利益、使用率、品牌忠诚度、购买阶段、态度等。但是，由于生产者市场的购买者一般是集团组织，购买目的主要是为了再生产。生产者和消费者在购买动机和行动上存在显著差异，生产者市场还有着与消费者市场不同的特点，因此生产者市场也有其不同的细分标准。生产者市场的细分标准主要有以下三种。

（1）产品的最终用途

不同的产品最终用途对同一产品的市场营销组合往往有不同的要求。例如，同样是服装，高档服装产品的生产者则要求面料优良、加工工艺精湛、包含高科技技术等，而低档服装的生产者则更看重价格。因此，服装企业要根据用户的要求，将要求大体相同的用户集合成群，并据此设计出不同的营销策略组合。

（2）用户规模

很多企业也根据用户规模的大小来细分市场。用户的购买能力、购买习惯等往往取决于用户的规模。例如，大用户数目少、但购货量大，服装企业应当直接联系、直接供应，在价格、信用、交货期等方面给予更多优惠，这样可以相对减少企业的推销成本；对于小用户，数目众多但单位购货量较少，服装企业可以更多地采用其他的方式，如中间商推销等，利用中间商的网络来进行产品的推销工作。

（3）用户的地理位置

用户的地理位置对于服装企业的营销工作，特别是产品的上门推销、运输、仓储等活动有非常大的影响。地理位置相对集中，有利于企业营销工作开展。例如，纺织服装产业集群地就存在对某种产品集中的、大量的需求。

（4）生产者的购买状况

生产者购买方式包括修正重购和新任务购买两种，由于购买方式不同，使得采购程度、决策过程等也不尽相同，由此也可作为细分市场的标准。

14.2.5　服装市场细分的方法

根据市场细分时采用的因素多少以及步骤顺序，服装市场细分的方法有以下三种。

（1）单一变量因素法

根据影响消费者需求的某一个重要因素而进行市场细分。例如，服装企业，按年龄不同，可分为童装、少年装、青年装、中年装、中老年装、老年装；按气候不同，可分为春装、夏装、秋装、冬装；按性别不同，可有妇女用品商店、女人街等。

（2）综合因素排列法

根据影响消费者需求的两种或两种以上的因素进行市场细分，如用性别、收入水平、年龄三个因素可将服装市场划分为不同的细分市场，如图 14.2 所示。

（3）系列变量因素法

当细分市场所涉及的因素是多项的，并且各因素是按一定的顺序逐步进行，可由粗到细、由浅入深，逐步进行细分，这种方法称为系列变量因素细分法。这种方法可使目标市场更加明确而具体，有利于服装企业更好地制订相应的市场营销策略。如服装市场可按性别、年龄、区域、

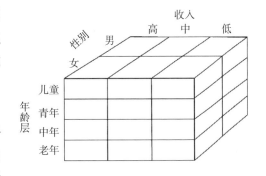

图 14.2　综合因素排列法举例

收入、风格等变量细分市场，如图 14.3 所示。

值得注意的是，服装企业在进行市场细分时需密切关注细分标准的动态变化性、不同企业所采用细分标准的差异性以及多样化问题。

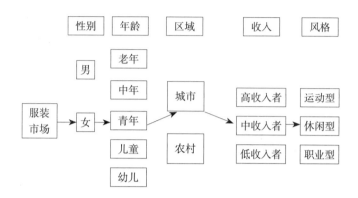

图 14.3　系列变量因素法举例

14.2.6　目标市场选择

一般情况下，用产品—市场矩阵图可以确定目标市场的范围。

以下以女性职业装、休闲装和内衣为产品类型，分青年、中年和老年三个市场，分别介绍服装目标市场的范围。

（1）产品市场集中化

产品市场集中化指服装企业只生产或销售一种产品，仅满足某一消费群体的需要。一般规模较小的服装企业会采用这种目标市场的范围。例如，某服装企业专门生产青年女性的内衣，如图 14.4（a）所示。

（2）市场专业化

市场专业化指服装企业向某一顾客群提供各种服装产品，满足其不同服装的需求。例如，某一服装企业只针对青年女性生产职业装、休闲装和内衣，如图 14.4（b）所示。

（3）产品专业化

产品专业化指服装企业生产或销售一种产品，满足各类消费群体的需要。例如，某服装企业为青年、中年和老年女性生产内衣产品，如图 14.4（c）所示。

（4）选择专业化

选择专业化指服装企业生产或销售集中产品，同时进入几个不同的细分市场，满足不同消费群的需要。例如，某服装企业为青年女性生产内衣、为中年女性生产职业装和为老年女性生产休闲装，如图 14.4（d）所示。

（5）目标市场整体市场化

目标市场整体市场化指服装企业生产所有消费者需要的各类产品，如图 14.4（e）所示，满足所有细分市场的需要。

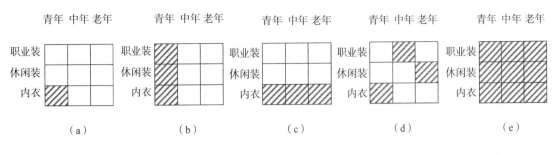

图 14.4 服装目标市场选择范围举例

14.3 服装市场定位

14.3.1 市场定位的内涵

市场定位（marketing positioning）是指服装企业根据竞争者现有产品在市场上所处的位置，针对顾客对该类产品某些特征或属性的重视程度，为本企业产品塑造与众不同的鲜明形象，并将这种形象生动地传递给顾客，从而使该产品在市场上确定适当的位置。其实质是使本企业与其他企业严格区分开来，使顾客明显感觉和认识到产品之间的差别，从而在顾客心目中占有特殊的位置。

14.3.2 服装市场定位的方法

服装市场定位是一种竞争性定位，它反映市场竞争中各方的关系，是为服装企业有效参与市场竞争服务的。

（1）避强定位

避强定位即避开强有力的竞争对手而进行的市场定位模式。服装企业不与竞争对手直接对抗，而是置身于某个市场"空隙"或者服装市场的某个薄弱环节，发展目前市场上没有的特色产品，开拓新的市场领域。这种定位的优点是能够迅速在市场上站稳脚跟，并在消费者心中尽快树立起一定形象。由于这种定位方式市场风险较小，成功率较高，常常为多数企业所采用，尤其是中小型服装企业。

（2）迎头定位

这是一种与在市场上居支配地位的竞争对手"对着干"的定位方式，即企业选择与竞争对手重合的市场位置，争取同样的目标顾客，彼此在产品、价格、分销、供给等方面少有差别。

采用迎头定位方式时，服装企业必须做到知己知彼，充分了解市场上是否可以容纳两个或两个以上的竞争者，自己是否拥有比竞争者更多的资源和能力，是不是可以比竞争对手做得更好。否则，迎头定位可能会成为一种非常危险的战术，会将企业引入歧途。当然，也有些服装企业认为这是一种更能激发自己奋发向上的定位尝试，一旦成功就能取得巨大的市场份额。一般情况下，这种策略比较适合在服装的产业集群地，例如，我国目前已经形成的一定地域内的不同风格和规模的服装市场：京派——北京、海派——上海、粤派——广州、汉派——武汉等。在这些地区中小型服装企业可以利用地域和市场的优势，采用和其他服装企业相同的市场定位，共同依托当地服装市场的规模，求得共同发展。

（3）追随定位

追随定位是指服装企业在新产品的研究、开发和投入市场的过程中，密切关注竞争对手的行动，在竞争对手推出新产品后，迅速对消费者的需求反馈做出反应，然后快速推出比竞争对手更加符合顾客需求的创新型产品。这种策略的优点在于可以极大地降低在需求不确定前提下推出新产品的风险。也就是说，由于其快速追随，既避免了新产品所直接面对的市场不成熟、产品不完善、顾客并不真正需要等问题，可以经济地借鉴竞争对手的经验和教训，同时又争取了对产品进行改良和创新的时间。

（4）重新定位

服装产品在目标市场上的位置确定后，经过一段时间的经营，企业可能会发现出现了某些新情况，如有新的竞争者进入企业选定的目标市场，或者由于顾客需求偏好发生转移，企业原来选定的产品定位与消费者心目中的该产品印象（即知觉定位）不相符等，因而造成服装产品滞销，或者市场反应差的结果，此时就需要对产品进行重新定位。

一般来讲，重新定位是企业为了摆脱经营困境，寻求重新获得竞争力和增长的手段。不过，重新定位也可作为一种战术策略，并不一定是因为陷入了困境，相反，可能是由于发现新的产品市场范围引起的。例如，在20世纪90年代，女性化服装重新流行，但对于一向以裤装和男式夹克表现"女强人"形象的伊夫·圣洛朗来说，就面临着重新定位的问题。此时，除了在服装面料选择上进行改革外，还在衣裙上印满了女性特征明显的鲜艳的玫瑰图案。但无论如何，在进行服装产品的重新定位时，企业首先应找出导致重新定位的主要原因，然后利用重新定位来解决出现的问题。

14.4 服装消费行为分析

14.4.1 服装消费者的需求

消费者需求是指人们为了满足个人或家庭生活的需要，购买产品、服务的欲望和要求，是许多企业从事经营活动的主要服务对象。消费者的需求产生于自身的生理和心理上得到满足的需要，而这种需要又是多层次的。

美国心理学家亚伯拉罕·马斯洛（A. H. Maslow）于1943年提出人类需要差别体系，将人类的需求分为生理需求、安全需求、归属需求、自我需求、自我实现需求五个不同的层次，如图14.5所示。人类的生理和心理需求不仅呈阶梯形，而且具有差异性。消费者需求会因时、因地、因人不同而产生差异，不同国家、地区的消费者在需求层次的内容上也是不相同的。

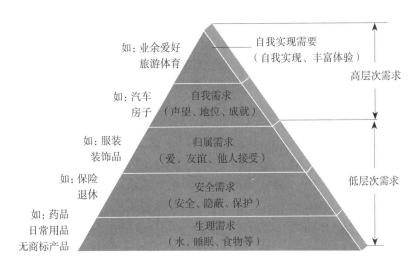

图 14.5　消费者的需求层次

14.4.2　影响消费者服装购买行为的因素

消费者购买行为表现为复杂且受一系列相关因素影响的连续行为。消费者在市场上为什么购买，购买什么东西，购买多少商品，何时、何地购买，是由文化因素、社会因素、个人因素和心理因素综合作用于消费者感官的结果。

（1）文化因素

文化是造成消费者需求差异的重要因素。从广义上讲，文化是指人类从社会历史实践中创造出来的物质财富和精神财富的总和；从狭义上讲，文化是指社会的意识形态以及与之相适应的制度和结构。由于文化背景的差异，消费者的购买行为表现出各自的特殊性和差异性。以传统女性服装为例，我国女性受传统文化的影响，着装讲究体面和端庄，同时由于受儒家和道家思想的支配，服饰崇尚含蓄、柔和、自然、淡雅和严谨，体现"天人合一"的追求；日本、韩国、印度等亚洲国家的传统服饰基于"宽"的文化展现，服饰多用纹样、刺绣、镶边等传统工艺点缀，以服装本体的美来代替和修饰人体的美；而西方女性受希腊、古罗马雕塑和绘画的影响，着装讲究比例、匀称、平衡、和谐的整体感，追求体现人体美和个性化，喜欢选用色彩艳丽、款式新奇的装束。可见，不同的社会文化背景，导致人们认识事物的方式、行为准则、价值观念和审美情趣上的差异。但文化又可以互相借鉴，如发明于美国西部的牛仔服装受到各国青年的青睐。

鉴于文化对人们价值观念、生活方式及购买行为的影响，服装企业在营销中应当密切注意和研究社会文化，以便选择目标市场，制订相应的营销策略。

（2）社会因素

每一个消费者都生活在一定的社会当中，其购买行为受价值观念及社会因素的影响。首先，不同的社会阶层和社会角色由于其教育程度、收入水平、角色定位等方面的差异，从而形成了不同的价值观念、生活方式及兴趣爱好，表现在对服装品牌、质地、款式以及工艺均有特殊的偏好。其次,参照群体反映了消费者所在的社会关系,影响了消费者对某种商品品种、商标、花色的选择,对消费者的购买行为会产生较大的影响。最后,家庭作为消费者生活的重要单元,对消费者的购买行为会产生既直接、又是潜意识的作用和影响。

所以,在市场营销中,企业不仅要具体地满足某一消费者购买时的要求,还要十分重视社会因素对消费者购买行为的影响。同时要充分利用这一影响,选择同目标市场关系最密切、传递信息最迅速的相关群体。

（3）个人因素

个人因素是指消费者本身的年龄、家庭生命周期、性别、职业、经济环境、生活方式以及个性特征等因素对购买决策和购买行为的影响。众所周知,由于消费者年龄、所处家庭、职业、受教育程度等的不同,使消费者表现出不同的价值取向,由此反映出消费者的不同购买决策和购买行为。例如,以性别为例,一般情况下,女性要求服装多样化、个性化,所以对服装的关注程度和需求较高,表现出较大的购买兴趣,购买过程中容易受到外界因素的影响而产生感性购买,购买时喜欢多家比较、精挑细选,也较多地关注细节和特色;而男性则往往比较关注服装质量,不会过分计较价格,需要什么便直奔卖点,感觉满意就立即购买,不会花费太多的时间和精力。又如,消费者的生活方式不同,则对服装的款式、功能以及个性化的表达也会明显不同。以前,欧美国家要求所有上班员工全部西装革履,但随着全球休闲生活方式的流行,目前已有很多公司允许职员穿着休闲服饰上班。

（4）心理因素

心理因素是指消费者自身的心理活动因素。由于消费者的个性千差万别,因而影响消费者的心理因素也很复杂,主要有需要与动机、感觉和知觉、学习和后天经验以及信念与态度四方面。

以购买动机为例,消费者需求多种多样,服装的购买动机也千差万别,有的追求商品的使用价值、有的追求物美价廉、有的追求时尚和新颖、有的追求商品的欣赏价值和艺术价值等。对于服装,消费者的感觉和知觉也存在较大差异,由此导致消费者在购买过程中对服装会产生"一见钟情"或者"先入为主"的感觉。另外,从心理学角度看,消费者绝大多数的购买行为来源于后天的经验,这种因为后天经验而引起个人行为改变的过程,就是学习。例如,当某人穿着新买的时装,受到同事、朋友的称赞,则会自我感觉满意（正向强化）;反之,如果周围人反应冷淡,则自己也会觉得不满意（反向强化）。信念是人们通过学习、亲身体验或受传播媒体的影响而形成的对某些事物比较固定的观点和看法,包括对商品特点的评价。例如,消费者认为纯棉面料吸湿、透气,而化纤面料舒适性差等。态度是从后天经验学习而来的,它受家庭购买习惯及同辈人的影响最大。

综上所述,消费者的购买行为受文化因素、社会因素、个人因素以及心理因素的影响和作用,它们综合影响消费者的购买行为,形成消费者的感觉,最后形成消费者的购买决策,如图 14.6 所示。

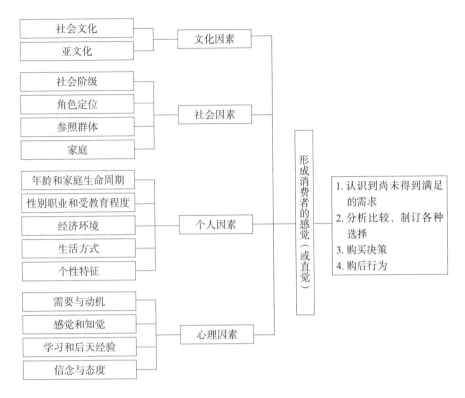

图 14.6　影响消费者购买行为的因素

14.4.3　理性购买行为与非理性购买行为

根据消费者在服装产品购买过程中的理性参与（或计划完善）程度，购买行为可分为理性购买行为和非理性购买行为。当然，这种分类并不是绝对的，大多数购买决策都包含一定程度的计划（即理性）。但影响购买是计划还是冲动的因素包括以前对产品的兴趣水平、以前购买对产品的考虑以及广告暴露等因素。

（1）理性购买行为

如上所述，服装购买决策是指消费者为了满足某种服装方面的需求，在一定的购买动机支配下，在可供选择的两个或者两个以上的购买方案中，经过分析、评价、选择并且实施最佳的购买方案，以及购后评价的活动过程。可见，它是一个系统的决策活动过程，是指消费者在非常理性的情况下而进行的购买决策，亦称理性购买。

一般情况下，理性购买者通常对服装产品特性有充分的了解，他们对同一类别的各种品牌也有自己的看法，他们的购买活动也是根据实际需要事先计划好的。一旦他们做出购买决定，就不大可能再受别人的影响。

（2）非理性购买行为

在现实生活当中，不难发现有相当比例的购买行为发生于消费者的感性状态，也就是说，并不是所有的服装购买行为都有明确的计划。例如，当消费者在逛商店看到某个商品时，突然想起自己或家里需要的东西或者想起广告或其他信息而引起的购买行为，即提醒性的即兴购物行为；或者在新颖产品的诱惑下，以购物为情感发泄的手段，从而导致纯粹性的即兴购物行为。总之，非理性购买行为最大的特点就是购物没有计划。

14.4.4　消费者的理性购买决策过程

消费者购买商品的决策过程，随其购买决策类型不同而有所变化，有的仅需几分钟，而有的则需几个月甚至几年。一般来说，较为复杂和花费较多的购买行为往往凝结着购买者的反复权衡和众多参与者的介入。因此复杂的购买决策可分为五个阶段：确认需求→信息收集→判断选择→购买决策→购后评价。如图14.7所示。

（1）确认需求阶段

当消费者发现现实情况与其所想达到的状况之间存在一定的差距时，即意识到自己的消费需求。这种需求是购买决策的起点。需求可由内在刺激或外在刺激或者两者相互作用而引起。比如，冬天的寒冷刺激消费者对保暖服装的需求；服装专卖店内漂亮的时装陈列和个人收入的提高会引起消费者强烈的购买欲望；广告中对特种功能面料的介绍刺激消费者选择使用该种面料制作的服装；消费者工作环境或者职位的变化会刺激消费者购买符合现阶段环境和职位要求的服装；亲戚朋友、邻居、同事等使用某产品后的好评唤起消费者的需求等。

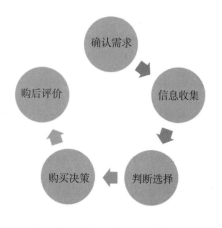

图 14.7　消费者的购买决策过程

服装营销者应该了解消费者存在那些需求、产生需求的原因以及需求的满足程度，从而实施相应的营销策略，有目的地引导消费者的需求指向特定的服装产品。

（2）信息收集阶段

当唤起的需求动机很强烈，而且可以满足的服装物品又易于购买时，消费者的需求就能很快得到满足。但在大多数情况下，需求不是立即能够得到满足，比如，想购买的服装在某地没有现货，或者服装的价格较高，或者市场上现有的服装不是非常满意等。在这种情况下，需求便储存在记忆中，消费者时刻处于一种高度警觉的状态，对于需要的服装极其敏感，可能会通过多种渠道积极收集相关的服装信息，打听自己意欲购买服装的品牌、销售地点、价格、款式以及风格等。

针对消费者购买服装的信息来源，服装企业营销者应该寻找并收集消费者的信息来源渠道，并进行针对性地广告宣传、媒体选择、信息发布、商业推广等。

（3）判断选择阶段

当消费者收集了服装的各种信息之后，就会对此加以整理和系统化，并且进行对比分析和评价，以此作为最后决策的依据。消费者在购买服装时，不仅要考虑服装产品质量优劣、价格高低，而且还要比较同类商品的不同属性以及属性的重要程度。在服装的众多属性中，不同的消费者对品牌、款式、色彩、面料、加工工艺、价格、售后服务等有不同的关注。有的消费者倾向购买物美价廉的服装，而有的消费者注重服装的品位和象征意义，还有的消费者则看重服装的款式和个性表现等。就是对于同一个消费者，在不同时间，或不同场合、或收入变化情况下，购买不同种类的服装时关注的因素也有可能不同。比如，同一个消费者在收入较低的时候可能比较注重服装的价格，而当收入提高后可能会将价格放在次要的位置。

因此，服装企业应该采取针对性的措施，按照目标顾客对服装产品属性关注的重要程度，重新修正产品的某些属性，使之更接近于消费者心目中的理想产品。

（4）购买决策阶段

这是消费者购买行为过程中的关键性阶段。因为只有做出购买决策以后，才会产生实际的购买行动。消费者经过以上对待选服装的分析比较和评价之后，便对某种服装产品或品牌产生购买意向。但消费者购买决策的最后确定，除了与消费者自身喜好有关外，还受到其他因素，如他人态度、产品的预期利益、本人收入、广告促销、购买条件等因素的影响。

在购买决策阶段，消费者已经有了明确的购买意向，只是未能付诸实施。因此，营销人员一方面要向消费者提供更多的、详细的有关产品的情报，便于消费者进行比较；另一方面则应通过各种销售服务，提供方便顾客的条件，加深其对企业及商品的良好印象，促使消费者做出购买本企业商品的决策。

（5）购后评价阶段

购买行为并不意味着购买过程的结束。一般情况下，消费者购买服装产品后，往往会通过使用，通过家庭成员、亲友、同事的评判，对自己的购买选择进行检查和反省，以确定购买这种商品是否明智、效用是否理想等，从中产生满意或不满意的购后感觉。

满意的购后感受，则在客观上鼓动、引导其他人购买该商品，这就是西方企业家信奉的格言"最好的广告是满意的顾客"的真谛所在。当消费者感觉不满意时，有时会采取行动，比如，向商店或者生产商投诉、不再购买该品牌的服装、不再光顾该商店、告诫亲友、向政府机构投诉、采取法律行动等；有时也可能不采取行动，但这是一种对服装销售商非常不利的表现。

因此，服装企业的营销者不能仅仅将目光盯着消费者的购买决策阶段，而应该加强与消费者之间的联系，密切关注消费者使用产品后的反馈信息，努力做好售后服务工作，力争获得消费者对产品的良好的购后评价。

14.5　服装市场的营销策略

14.5.1　营销策略的内涵

营销策略是企业在市场上获得竞争优势最重要的手段，它由一系列相互关联的企业可以设计和控制的因素组成。这些因素的组合一般称为营销组合。

14.5.2　营销组合的内容

针对服装市场，营销组合主要包含以下内容。

（1）产品策略（product）

生产并经营什么样的产品，是企业市场营销活动中的核心问题。在产品开发上，企业首先必须根据顾客的需要决定新产品的功能、品质、商标、包装、服务等，给顾客提供包括实质产品、形式产品和附加产品三个层次的整体产品。

（2）价格策略（price）

价格策略包括定价目标、定价方法、付款方式、影响因素等内容，既敏感而又难于控制，但却是影响商品销售的关键性因素。企业定价要根据企业的战略目标选择适当的定价目标，综合分析成本、供求关系、竞争和政府控制等因素，运用科学的方法制定价格，并根据实际情况及时调整，考虑折扣、支付期限等。

（3）分销渠道策略（place）

有了适销对路、竞争力强的产品，还必须选择有利的销售渠道，使产品能以最短的时间、最少的费用和最合理的途径从生产者手中转移到最终消费者手中，并使他们满意。分销渠道的选择包括分销渠道的结构、特点、类型、影响因素、中间商功能、实体分配等内容。渠道组合在企业整个市场营销战略中占有重要位置，其选择合理与否，依赖于企业与外部购销关系的协调。

（4）服装促销策略（promotion）

服装促销策略包括人员推销、广告、公共关系、营业推广等。促销组合的核心内容是，利用促销组合，在企业与其顾客之间建立起稳定有效的信息联系，充分发挥整体促销组合优势，并以此与其他基本营销组合相配合，实现企业的营销目标。

（5）政治权利（power）和公共关系（public relations）

对于企业来说，要进入封闭或被保护的市场，首先应该运用政治权力，即得到有影响力的政府部门和立法机构的支持，采用政治上的技能和策略打入市场；其次，需要利用公共关系策略，即利用各种传播媒介与目标市场的广大公众搞好关系，以树立本企业及本企业产品的良好形象。例如，通过为公共事业捐款、赞助文化教育事业等，以便能够打入封闭的市场。

（6）探索（probing）

探索即市场调查研究，是企业从事营销活动的前提。只有通过调研，企业才能掌握消费者对产品的需求情况及市场上其他厂商所生产的同类产品的竞争程度，从而使企业在制订营销策略时能有一个合理的定位。通过市场调研，不仅能掌握市场环境的现状，还能对市场发展的趋势进行预测，从而有利于企业制订长远的生产计划和营销规划。

（7）细分（partitioning）

由于市场上商品供应的多元化和消费者需求的差异化，企业必须在市场调研的基础上，进行市场细分，即按一定标准将一个整体市场分为若干细小市场，并从中选择经营销售对象。市场细分的实质是把有不同需求的顾客分离开来，归入不同的分市场中，以便企业充分利用自身资源，采用个别的营销策略，有的放矢地打入并占领这些分市场，最后达到扩大销售额的目的。

（8）优先（prioritinging）

在市场细分的基础上，还要注意选择目标市场的策略。任何一个企业，不管其规模有多大，它的资源总是有限的。加上消费者人数众多、需求各异，同行竞争激烈，企业必须扬长避短，优先选择经营对象，实现有效的目标营销。目标分市场一般应具有以下几个条件：有足够大的销售量，能实现企业的目标销售额和利润；本企业有足够的资源满足其特定需求；竞争者尚未进入或未完全进入，本企业具有相对经营优势。

（9）定位（positioning）

企业在细分市场和确定目标市场的时候，还要为自己选择合适的市场定位。根据目标市场上的竞争情况和企业自身条件，为企业和产品在目标市场上确定某种竞争地位，以满足消费者需求和应付同行竞争。

总之，以上几点全面概括了服装市场营销的研究内容，其中，前四个即 4Ps 仅仅说明了市场营销战术，其目的是在已有的市场中提高本企业产品的市场占有率，其组合是否得当是由战略性的 4P 决定的。如果加上政治权力和公共关系，这不仅要提高市场占有率，而且还要打进和占领新的市场。对于新的细分市场，如何能做得成功，则取决于对服装市场的研究、细分，优先以及定位等。菲利普·科特勒对市场营销学研究内容的拓展，是市场营销理论的重大突破和发展，对服装市场的营销实践具有重要指导意义。

思考题

1. 以熟悉品牌中的一类产品为例，分析服饰产品定位的依据及实施效果。
2. 举例说明日常生活中感性购物和理性购物案例，并分析其原因。

参考文献

［1］（英）穆尔. 服装市场营销与推广［M］. 张龙琳，译. 北京：中国纺织出版社，2015.

［2］杨以雄. 服装市场营销［M］.3 版. 上海：东华大学出版社，2015.

［3］梁建芳. 服装市场营销［M］. 北京：化学工业出版社，2013.

［4］菲利普·科特勒. 营销管理［M］.15 版. 上海：格致出版社，2016.

附录　部分纺织服装企业概况

附录 1　2019 年《财富》世界 500 强中国纺织企业

恒力集团　2019 年《财富》世界 500 强中排名第 181 名

　　恒力集团始建于 1994 年，立足主业，坚守实业，是以炼油、石化、聚酯新材料和纺织全产业链发展的国际型企业。集团是现拥有全球单体产能最大的 PTA 工厂之一、全球最大的功能性纤维生产基地和织造企业之一。集团有员工 8 万多人，建有国家"企业技术中心"，企业竞争力和产品品牌价值均列国际行业前列。

　　恒力集团 2018 年总营业收入 3717 亿元，现位列《财富》世界 500 强第 181 位、中国企业 500 强第 46 位、中国民营企业 500 强第 8 位、中国制造业企业 500 强第 13 位，获"国家科技进步奖"和"全国就业先进企业"等殊荣。恒力集团还先后被评为中国化纤行业环境友好企业、全国纺织工业先进集体、国家火炬计划重点高新技术企业、国家知识产权示范企业、全国企业文化建设先进单位，多项产品荣获中国驰名商标、全国用户满意产品等称号。目前，恒力集团旗下有恒力石化股份有限公司（恒力石化股票代码：600346）、广东松发陶瓷股份有限公司（松发股份股票代码：603268）、苏州吴江同里湖旅游度假村股份有限公司（同里旅游股票代码：834199）三家上市公司、十多家实体企业，在苏州、大连、宿迁、南通、营口等地建有生产基地。

　　恒力集团坚持全产业链发展，打造原油—芳烃、乙烯—精对苯二甲酸（PTA）、乙二醇—聚酯（PET）—民用丝及工业丝、工程塑料、薄膜—纺织的完整产业链。恒力集团秉承项目建设"10 年不落后"的理念，高起点战略、高标准规划、高质量建设、高水平开车、高效率管理，创造了世界石油化工行业工程建设速度、全流程开车投产速度和达产速度最快的行业记录，成为行业高质量发展的标杆。在石化板块，恒力石化（大连长兴岛）产业园 PTA 项目年产能将达到 1200 万吨，"高标准、严要求、快节奏"建成投产，刷新了国际同行业的多项纪录。在聚酯新材料板块，恒力集团拥有世界领先的技术装备，年聚合产能 276 万吨。在纺织板块，作为企业产业链的纵向延伸，恒力纺织共拥有 12000 套自主研发的喷水织机和喷气织机，8500 台倍捻机及其配套设备。

恒力集团坚持实施品牌战略和市场战略两大工程，自主研发能力在全国纺织业处于领先地位，同时积极开拓国内外高端市场，坚持自主创新，不断提升核心竞争能力，成立恒力国际研发中心和恒力产学研基地，聘请德国、日本、韩国和中国台湾等地的资深专家组成研发团队，为企业进行高端差别化产品的研发。截至目前，恒力集团已先后承担国家级、省级以及行业协会的重大科技计划项目 60 多项，自主研发聚酯纤维关键技术获国家科技进步奖。

在企业发展壮大过程中，恒力集团积极开展党群工作，紧密围绕企业生产建设，创造性地开展工作，形成奋发向上、力争一流的良好氛围。同时尽心尽力地履行社会责任，积极支持慈善事业的发展，扶助弱势群体。企业创立至今，各类捐款累计已达 10 亿元。

恒力集团注重环境保护，节能减排工作取得了重大成果，通过了 ISO 环境管理体系认证和欧洲绿色环保认证，并率先在全国同行业中实施中水回用工程，在行业内率先建成国家级绿色工厂。

山东魏桥创业集团　2019 年《财富》世界 500 强中排名第 273 名

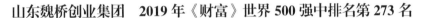

魏桥纺织股份有限公司（简称魏桥纺织，连同其附属公司称为集团）主要从事棉纱、坯布及牛仔布的生产、销售及分销，是一家大型的棉纺织企业，是中国企业 500 强和山东省 26 户特大型企业之一。近十多年把握中国经济快速增长的契机，建立了庞大的生产规模，结合先进的技术装备，在全球棉纺织市场奠定稳固基础。

魏桥纺织位于中国第二大产棉省——山东省，生产规模庞大，共有四个生产基地，分别为魏桥生产基地（第二、第三生产区）、滨州生产基地（滨州工业园第一生产区、第二生产区）、威海生产基地（威海魏桥纺织有限公司和威海魏桥科技工业园有限公司）及邹平生产基地（邹平第一工业园、第二工业园和第三工业园）。截至 2017 年 12 月 31 日，共有员工约 5.5 万人。生产区每日 24 小时轮班工作。2017 年，集团产 39.4 万吨棉纱、9.21 亿米坯布、0.74 亿米牛仔布。强大的经济规模使魏桥纺织处于有利位置。此外，作为一家综合棉纺织生产商，集团用自己生产的棉纱制造坯布和牛仔布。集团的产品种类齐全，超过 2000 种，均以知名的"魏桥"商标在海外和国内销售。

集团的客户包括福泰纺织、金星纺织和雅戈尔集团等知名企业和经销商，其中很多是位于华南及华东地区的公司，当地有很多大型纺织和制衣公司。

城镇化及收入倍增目标长期拉动中国纺织品服装需求，同时消费者需求向中高端转移，魏桥纺织将顺应市场需求，在积极开拓市场、减低库存的同时，也将通过技术改造及创新，优化操作流程，进一步降低万锭用工水平，提高营运效率。集团将继续深化结构调整，推进高质量发展，加快新旧动能转换，全面推进智能制造，不断提升企业发展质量和效应。

附录2　2019年中国纺织服装企业竞争力100强

序号	企业名称	序号	企业名称
1	山东魏桥创业集团有限公司	30	青岛喜盈门集团有限公司
2	南山集团有限公司	31	浙江雅莹服装有限公司
3	雅戈尔集团股份有限公司	32	深圳歌力思服装实业有限公司
4	江苏阳光集团有限公司	33	北京依文服装服饰有限公司
5	内蒙古鄂尔多斯羊绒集团有限责任公司	34	东莞市搜于特服装股份有限公司
6	宁波申洲针织有限公司	35	上海斯尔丽服饰有限公司
7	红豆集团有限公司	36	泉州海天材料科技股份有限公司
8	鲁泰集团	37	浙江宏达经编股份有限公司
9	新郎希努尔集团股份有限公司	38	江苏东渡纺织集团有限公司
10	烟台氨纶股份有限公司	39	广东省丝绸纺织集团有限公司
11	波司登股份有限公司	40	德海绒业股份有限公司
12	江苏虎豹集团有限公司	41	淄博兰雁集团有限责任公司
13	报喜鸟集团有限公司	42	安莉芳（中国）服装有限公司
14	维科控股集团股份有限公司	43	浙江美欣达印染集团股份有限公司
15	际华轻工集团有限公司	44	山东滨州亚光毛巾有限公司
16	森马集团有限公司	45	山东千榕家纺有限公司
17	青岛即发集团控股有限公司	46	孚日集团股份有限公司
18	湖南梦洁家纺股份有限公司	47	盛宇集团有限公司
19	山东如意科技集团有限公司	48	江苏梦兰集团有限公司
20	浙江袜业有限公司	49	浙江恒逸集团有限公司
21	上海罗莱家用纺织品有限公司	50	雅芳婷布艺实业（深圳）有限公司
22	愉悦家纺有限公司	51	武汉猫人服饰股份有限公司
23	北京铜牛集团有限公司	52	浙江双灯家纺有限公司
24	百隆东方有限公司	53	安徽华茂集团有限公司
25	杉杉投资控股有限公司	54	文登市芸祥绣品有限公司
26	庄吉集团	55	江苏堂皇集团有限公司
27	青岛红领集团有限公司	56	广东名瑞（集团）股份有限公司
28	华孚控股有限公司	57	虎都（中国）服饰有限公司
29	浙江洁丽雅纺织集团有限公司	58	利郎（中国）有限公司

序号	企业名称	序号	企业名称
59	天虹纺织集团有限公司	80	南通海林集团有限公司
60	上海嘉麟杰纺织品股份有限公司	81	杭州金富春丝绸化纤有限公司
61	江苏康乃馨织造有限公司	82	江苏 AB 集团有限责任公司
62	常州新绅绒制品有限公司	83	福建柒牌集团有限公司
63	山东金号织业有限公司	84	淄博银仕来纺织（集团）有限公司
64	上海三枪集团有限公司	85	江苏三房巷集团有限公司
65	浙江荣盛控股集团有限公司	86	宁波博洋纺织有限公司
66	北京爱慕内衣有限公司	87	达利丝绸（浙江）有限公司
67	泰安康平纳毛纺织集团有限公司	88	山东华乐实业集团有限公司
68	常州老三集团有限公司	89	上海红富士家纺有限公司
69	郑州领秀服饰有限公司	90	郴州湘南麻业有限公司
70	内蒙古鹿王羊绒有限公司	91	桐昆集团股份有限公司
71	铜陵华源麻业有限公司	92	山东大海集团有限公司
72	湖南省忘不了服饰有限公司	93	云蝠投资控股有限公司
73	连云港鹰游纺机有限责任公司	94	江苏倪家巷集团有限公司
74	浙江金鹰集团有限公司	95	德州华源生态科技有限公司
75	盖奇（中国）织染服饰有限公司	96	达利（中国）有限公司
76	江苏金辰针纺织有限公司	97	福建格林集团有限公司
77	金达集团控股有限公司	98	南通大东有限公司
78	山西绿洲纺织有限责任公司	99	罗蒙集团股份有限公司
79	福建凤竹纺织科技股份有限公司	100	山东同大集团有限公司

注 本数据以主营业务收入由高到低排序，数据来自中国纺织经济信息网。

附录3 2019 年中国服装行业 100 强企业

序号	企业名称	序号	企业名称
1	海澜集团有限公司	9	浙江森马服饰股份有限公司
2	雅戈尔集团股份有限公司	10	迪尚集团有限公司
3	红豆集团有限公司	11	巴龙国际集团有限公司
4	杉杉控股有限公司	12	江苏阳光集团有限公司
5	波司登股份有限公司	13	即发集团有限公司
6	山东如意时尚投资控股有限公司	14	江苏东渡纺织集团有限公司
7	太平鸟集团有限公司	15	新郎希努尔集团股份有限公司
8	搜于特集团股份有限公司	16	罗蒙集团股份有限公司

序号	企业名称	序号	企业名称
17	江苏虎豹集团有限公司	53	上海三枪（集团）有限公司
18	万事利集团有限公司	54	际华三五三六实业有限公司
19	鲁泰纺织股份有限公司	55	欣贺股份有限公司
20	狮丹努集团股份有限公司	56	江苏亨威实业集团有限公司
21	鑫缘茧丝绸集团股份有限公司	57	浙江华城实业投资集团有限公司
22	常州华利达服装集团有限公司	58	特步（中国）有限公司
23	山东昊宝服饰有限公司	59	安正时尚集团股份有限公司
24	江苏华瑞国际实业集团有限公司	60	青岛雪达集团有限公司
25	雅莹集团股份有限公司	61	才子服饰股份有限公司
26	山东岱银纺织集团股份有限公司	62	常州东奥服装有限公司
27	大杨集团有限责任公司	63	江苏玉人服装有限公司
28	温州法派服饰股份有限公司	64	摩登大道时尚集团股份有限公司
29	报喜鸟控股股份有限公司	65	深圳市珂莱蒂尔服饰有限公司
30	维格娜丝时装股份有限公司	66	国人西服有限公司
31	宁波博洋服饰集团有限公司	67	深圳市娜尔思时装有限公司
32	汇孚集团有限公司	68	淘帝（中国）服饰有限公司
33	山东桑莎制衣集团有限公司	69	比音勒芬服饰股份有限公司
34	九牧王股份有限公司	70	江苏三润服装集团股份有限公司
35	浙江伟星实业发展股份有限公司	71	湖南东方时装有限公司
36	朗姿股份有限公司	72	深圳华丝企业股份有限公司
37	雅鹿集团股份有限公司	73	广州市汇美时尚集团有限公司
38	山东仙霞服装有限公司	74	浙江朗莎尔维迪制衣有限公司
39	江南布衣服饰有限公司	75	湖南省忘不了服饰有限公司
40	深圳歌力思服饰股份有限公司	76	宜禾股份有限公司
41	四川琪达实业集团有限公司	77	上海东隆羽绒制品有限公司
42	山东舒朗服装服饰股份有限公司	78	安莉芳（上海）有限公司
43	浙江乔治白服饰股份有限公司	79	黑牡丹集团进出口有限公司
44	爱慕股份有限公司	80	富绅集团有限公司
45	石狮市大帝集团有限公司	81	苏州工业园区天源服装有限公司
46	北京铜牛集团有限公司	82	北京雪莲集团有限公司
47	地素时尚股份有限公司	83	上海梵金投资管理有限公司
48	浙江巴贝领带有限公司	84	辽宁东元国际商贸有限公司
49	山东傲饰集团有限公司	85	浙江爱伊美服装有限公司
50	宁波培罗成集团有限公司	86	达利（中国）有限公司
51	耶莉娅集团	87	际华三五三四制衣有限公司
52	洛兹集团有限公司	88	际华三五零二职业装有限公司

序号	企业名称	序号	企业名称
89	山西兵娟制衣有限公司	95	陕西伟志集团股份有限公司
90	江苏卡思迪莱服饰有限公司	96	浙江蓝天制衣有限公司
91	浙江达成凯悦纺织服装有限公司	97	北京格雷时尚科技有限公司
92	依文服饰股份有限公司	98	南通泰慕士服装有限公司
93	湖南派意特服饰有限公司	99	江苏刘潭集团有限公司
94	北京卓文时尚纺织股份有限公司	100	北京嘉曼服饰股份有限公司

注 本数据来自中国服装协会 2019 年的统计。

附录4 14家 2019 年《财富》中国 500 强纺织企业

排名	公司名称	简介
100	荣盛石化股份有限公司	荣盛石化股份有限公司总部位于杭州市萧山区，毗邻杭州萧山国际机场和中国轻纺城，是中国石化—化纤行业龙头企业之一。公司主要从事石化、化纤相关产品的生产和销售，具备芳烃 200 万吨、精对苯二甲酸（PTA）1300 万吨以上、聚酯 300 万吨以上、纺丝 130 万吨、加弹 40 万吨的年产能。公司通过强强联合，先后在宁波、大连和海南部署 PTA 产业，成为全球最大的 PTA 生产商之一。2015 年建成的中金石化芳烃项目具备 200 万吨规模。目前公司正在舟山绿色石化基地打造 4000 万吨 / 年的炼化一体化项目
150	恒力石化股份有限公司	见附录1
214	桐昆集团股份有限公司	桐昆集团股份有限公司是一家以 PTA、聚酯和涤纶制造为主业的大型股份制上市企业，地处杭嘉湖平原腹地桐乡市。企业前身是成立于 1982 年的桐乡县化学纤维厂，经过三十多年的发展，现拥有总资产 360 亿元，下辖 5 个直属厂区和 18 家控股企业，员工 19000 余人。2011 年 5 月，桐昆股份成功登陆资本市场，成为嘉兴市股改以来第一家主板上市企业。公司现已具备 520 万吨聚合和 570 万吨涤纶长丝年生产加工能力，420 万吨 PTA 年生产加工能力，居世界涤纶长丝企业产能和产量之首
270	新凤鸣集团股份有限公司	新凤鸣集团股份有限公司是浙江省重点规模企业，上交所 A 股上市（股票代码：603225），创办于 2000 年 2 月，坐落在中国化纤名镇——桐乡洲泉，是一家集聚酯、纺丝、PTA、加弹、进出口贸易为一体的现代大型股份制企业，连续多年跻身"中国民企 500 强""中国制造业 500 强""浙江省百强企业"之列。截至 2018 年，公司整体产能规模已达 370 万吨，民用长丝产能规模位列全球行业前三
351	安踏体育用品有限公司	1991 年，安踏（福建）鞋业有限公司在福建省晋江市成立，安踏品牌应运而生。经过 20 多年的发展，安踏已经成为国内体育用品品牌的领跑者。2014 年，安踏逆势上扬，零售转型大获成功，全年营收近 90 亿元人民币。2015 年，安踏打破国内体育用品品牌从未到达过的 100 亿人民币大关，全年营收达 111.2 亿人民币。2009 年 5 月 9 日时任国务院总理温家宝在视察安踏时给予高度评价——安踏已经成功从"劳动密集型"企业转型为"技术密集型"企业，安踏为"中国制造"升级到"中国创造"探索出一条具备自身特色的道路

排名	公司名称	简介
370	际华集团股份有限公司	际华集团股份有限公司于2009年6月26日设立,并于2010年8月16日在上海证券交易所挂牌上市。际华集团旗下70余户全资及控股子公司,分布在全国23个省、直辖市、自治区、香港特别行政区以及欧洲等地,资产规模超300亿元。际华集团是军需轻工生产制造企业,是国内统一着装部门和行业以及其他职业装着装单位的主要生产供应商,是国内少数几个面向国际军需品市场的销售、加工基地之一。具有年产职业装7000万套、鞋靴1.5亿双、特种功能性鞋靴1000万双、坯布1.2亿米、印染色布1.6亿米的生产能力
395	申洲国际集团控股有限公司	申洲国际集团控股有限公司(证券代码:02313.HK)及其附属公司为中国最具规模的纵向一体化针织制造商,集织布、染整、印绣花、裁剪与缝制四个完整的工序于一身,产品涵盖了所有的针织服装,包括运动服、休闲服、内衣等。申洲国际集团的出口金额连续多年位列中国针织服装出口企业排名第一位,也在中国出口至日本市场的针织服装制造商中位列第一位
416	唐山三友化工股份有限公司	唐山三友化工股份有限公司成立于1999年12月28日,坐落于渤海之滨的唐山市曹妃甸区,交通便利,区位优势明显,是唐山三友集团的核心公司,是河北省重点化工骨干企业,是全国纯碱和化纤行业的知名企业。2003年6月18日,三友化工A股股票在沪市挂牌上市。2005年,完成股权分置改革。2011年,化纤公司、盐化公司相关资产注入上市公司。2012年,完成矿山公司相关资产的注入,实现了集团主业资产的整体上市。资产总额240亿元,年营业收入200亿元,员工20000名。可年产纯碱340万吨、黏胶短纤维50万吨、烧碱50万吨、PVC40万吨、有机硅20万吨
434	天虹纺织集团有限公司	天虹纺织集团有限公司创立于1997年,创始人洪天祝,集团是全球最大的包芯棉纺织品供应商之一,专门致力于高附加值时尚棉纺织品的制造与销售,目前已成为中国棉纺织行业竞争力前10强企业,位列中国500强,是香港联交所主板上市公司,股票代码:2678。集团拥有400万纱锭及1400台喷气织机的生产能力,投资总规模超过150亿人民币。集团雇佣国内外员工超过40000名,拥有中国市场及全球主要市场全覆盖的销售办事处,逾3000名国内外优质客户,2018年销售额超过191亿元人民币
436	海澜之家股份有限公司	海澜之家股份有限公司成立于1988年,总部位于江苏省江阴市新桥镇,是国内服装行业龙头企业、全国文明单位。集团现有总资产1000亿元,全国各地员工60000余名(其中总部20000余名)。在2018中国企业500强中名列150位、中国民营企业500强中名列34位。2018年,集团完成营业总收入超1200亿元、利税85亿元,连续多年税收贡献位列无锡市前茅。集团的发展经历了粗纺起家,精纺发家,服装当家,再到品牌连锁经营的历程
437	浙江龙盛集团股份有限公司	浙江龙盛集团股份有限公司成立于1970年,目前已成为化工、钢铁汽配、房地产、金融投资四轮驱动的综合性跨国企业集团。2010年,龙盛通过启动债转股控股德国迪达全球公司,开始掌控染料行业的话语权。在全球的主要染料市场,龙盛拥有超过30个销售实体,服务于7000家客户,约占全球21%的市场份额,在所有的关键市场都有着销售和技术的支持,在50个国家设有代理机构,拥有在12个国家的18家工厂

排名	公司名称	简介
446	江苏东方盛虹股份有限公司	江苏东方盛虹股份有限公司（曾用名吴江丝绸股份有限公司、江苏吴江中国东方丝绸市场股份有限公司）成立于 1998 年 7 月 16 日，坐落在江苏省苏州市吴江区盛泽镇。经中国证券监督管理委员会核准，2000 年公司成功登陆 A 股市场，2018 年 8 月完成重大资产重组，公司注册资本 402905.3222 万元。公司专业从事民用涤纶长丝产品的研发、生产和销售，结合区域纺织产业聚集优势，立足化纤产业，积极打造国际国内差异化民用化涤纶产业龙头企业。未来，公司将以化纤产业为起点，根据行业发展规律以及自身发展需要，把握时机，逐步向化纤产业链上游攀登，打造"原油炼化—PX/ 乙二醇—PTA—聚酯—化纤"新型高端纺织产业链，以形成上下游协同发展的国际化现代化企业
493	魏桥纺织股份有限公司	见附录 1

注　数据来源于中国纺织 http://www.texnet.com.cn/。

附录 5　中国纺织行业特色领域分布

附录 5.1　中国纺织服装行业名镇

福建省：纺织产业全面发展

中国校服名镇	福建省惠安县螺阳镇
中国经编名镇	福建省长乐市金峰镇
中国花边名镇	福建省长乐市松下
中国织造名镇	福建省晋江市龙湖镇
中国休闲服装名镇	福建省晋江市英林镇
中国运动休闲服装名镇	福建省石狮市灵秀镇
中国内衣名镇	福建省晋江市深沪镇
中国西裤名镇	福建省石狮市蚶江镇

广东省：内衣产业龙头大省

中国品牌服装制造名镇	广东省东莞市茶山镇
中国内衣名镇	广东省普宁市流沙东街道
中国针织名镇	广东省佛山市张槎镇
中国内衣名镇	广东省佛山市南海区大沥镇
中国休闲服装名镇	广东省博罗县园洲镇
中国童装名镇、中国品牌羊绒服装名镇	广东省佛山市顺德区均安镇
中国针织名镇	广东省汕头市潮南区两英镇
中国女装名城	广东省东莞市虎门镇
中国针织内衣名镇	广东省汕头市潮阳区谷饶镇

中国面料名镇	广东省佛山市南海西樵
中国内衣名镇	广东省中山市小榄镇
中国内衣名镇	广东省汕头市潮南区陈店镇
中国童装名镇	广东省佛山市禅城区环市镇
中国休闲服装名镇	广东省中山市沙溪镇
中国羊毛衫名镇	广东省东莞市大朗镇

浙江省：化纤、针织、经编三足鼎立

中国针织名镇	浙江省绍兴县兰亭镇
中国轻纺原料市场名镇	浙江省绍兴县钱清镇
中国化纤名镇	浙江省杭州市萧山区衙前镇
中国童装品牌羊绒服装名镇	浙江省湖州市织里镇 浙江省杭州市萧山区新塘街道
中国袜子名镇	浙江省诸暨市大唐镇
中国化纤名镇	浙江省绍兴县马鞍镇
中国化纤名镇	浙江省桐乡市洲泉镇
中国绢纺织名镇	浙江省桐乡市河山镇
中国家纺布艺名镇	浙江省桐乡市大麻镇
中国针织名镇	浙江省绍兴县漓诸镇
中国针织名镇	浙江省桐庐县横村镇
中国经编家纺名镇	浙江省绍兴县杨汛桥镇
中国纺织机械制造名镇	浙江省绍兴县齐贤镇
中国非织造布名镇	浙江省绍兴县夏履镇
中国植绒纺织名镇	浙江省桐乡市屠甸镇
中国化纤织造名镇	浙江省杭州市萧山区党山镇
中国家纺寝具名镇	浙江省建德市乾潭镇
中国布艺名镇	浙江省海宁市许村镇
中国毛衫名镇	浙江省嘉兴市秀州区洪合镇
中国羊毛衫名镇	浙江省桐乡市濮院镇
中国经编名镇	浙江省海宁市马桥镇
中国织造名镇	浙江省嘉兴市秀洲区王江泾镇

江苏省：针织服装、家纺的天下

中国家纺名镇	江苏省丹阳市皇塘镇
中国家纺名镇	江苏省通州市川姜镇
中国化纤纺织名镇	江苏省宜兴市新建镇
中国氨纶纱名镇	江苏省张家港市金港镇

中国亚麻纺织名镇	江苏省宜兴市西渚镇
中国亚麻蚕丝被家纺名镇	江苏省吴江市震泽镇
中国色织名镇	江苏省通州市先锋镇
中国环保滤料名镇	江苏省阜宁县阜城镇
中国家纺名镇	江苏省丹阳市导墅镇
中国针织服装名镇	江苏省江阴市顾山镇
中国毛衫名镇	江苏省常熟市碧溪镇
中国经编名镇	江苏省常熟市梅李镇
中国化纤名镇、中国棉纺织名镇	江苏省江阴市周庄镇
中国非织造布及设备名镇	江苏省常熟市支塘镇（任阳）
中国化纤加弹名镇	江苏省太仓市璜泾镇
中国丝绸名镇	江苏省吴江市盛泽镇
中国家纺名镇	江苏省通州市姜灶镇
中国织造名镇	江苏省常州市武进区湖塘镇
中国针织服装名	江苏省江阴市祝塘镇
中国羽绒服装名镇	江苏省常熟市古里镇
中国休闲服装名镇	江苏省常熟市沙家浜镇
中国毛衫名镇	江苏省吴江市横扇镇
中国牛仔布名镇	江苏省泰兴市黄桥镇
中国针织服装名镇	江苏省常熟市辛庄镇
中国休闲服装名镇	江苏省常熟市海虞镇

其他

中国非织造布制品名镇	湖北省仙桃市彭场镇
中国制线名镇	湖北省汉川市马口镇
中国纺织机械名镇	山东省胶南市王台镇
中国裤业名镇	辽宁省海城市西柳

附录 5.2　中国纺织服装产业名城

中国革基布名城	福建省尤溪县
中国针织文化衫名城	山东枣庄市市中区
中国无缝针织服装名城 中国袜业名城、中国线带名城	浙江省义乌市
中国棉纺织名城	新疆维吾尔自治区石河子市
中国棉纺织名城	山东省广饶县
中国毛绒名城	浙江省慈溪市

中国毛巾毛毯名城	河北省高阳县
中国女裤名城	河南省郑州市二七区
中国手套名城	山东省嘉祥县
中国化纤产业名城	广东省江门市新会区
中国亚麻纺编织名城	黑龙江省兰西县
藏毯之都	青海省西宁市
中国手工羊毛地毯名城	新疆维吾尔自治区和田地区
中国手工家纺名城	安徽省岳西县
中国工艺家纺名城	山东省文登市
中国针织名城	山东省即墨市
中国织造名城	湖北省襄樊市樊城区
中国服装商贸名城	湖南省株洲市芦淞区
中国针织服装名城	江西省南昌市青山湖区
中国童装名城	福建省泉州市丰泽区
中国羽绒服装名城	江西省共青城
中国童装加工名城	河北省磁县
中国毛衫名城	山东省海阳市
中国休闲服装名城	江苏省常熟市
中国针织塑编名城	辽宁省沈阳市康平县
中国针织名城	浙江省瑞安市
中国袜业名城	吉林省辽源市
中国棉纺织名城、中国蜡染名城	山东省临清市
中国棉纺织名城	山东省淄博市高青县
中国半精纺毛纱名城	山东省禹城市
中国绗缝家纺名城	浙江省浦江县
中国印染名城	山东省昌邑市
中国过滤布名城	浙江省天台县
中国纺织机械名城	山西省晋中市（榆次）
中国苎麻业名城	湖南省益阳市
中国精品羊绒产业名城	宁夏回族自治区灵武市
中国羊剪绒毛毡名城	河北省南宫市
中国家纺名城	山东省高密市
中国针织名城	浙江省象山县
中国棉纺织名城	山东省夏津县
中国棉纺织名城	山东省邹平县
中国服装商贸名城	广东省广州市越秀区
中国针织服装名城	河南省安阳市

中国休闲服装名城	河北省宁晋县
中国羽绒服装加工名城	江苏省高邮市
中国工艺毛衫名城	广东省汕头市澄海区
中国休闲服装名城	浙江省乐清市
中国休闲服装名城	福建省石狮市

附录6　中国纺织产业集群（部分）简介

浙江绍兴柯桥：中国轻纺名城

作为全国最具代表性的纺织集群基地之一，浙江绍兴柯桥纺织产业历史源远流长，地位举足轻重。早在隋唐时"越罗"就名扬天下，及至明清更有"时闻机杼声，日出万丈绸"之盛况。柯桥区被誉为"托在一块布上"的经济强区，是化纤面料的"世界工厂"。近年来，柯桥区主动应对经济发展新常态，以纺织产业集群转型试点为主要抓手推动传统产业转型提升，并取得积极进展。柯桥区目前年生产化纤325万吨、印染布162亿米，分别约占全国产量的7.2%和30%，纺织业的产值利润率由2012年的4.4%提高到2015年的5.3%，高附加值产品占比年均提高5%以上，纺织产业提质增效明显。

柯桥区共有纺织企业近8000家，其中规模以上企业775家，已形成上游的聚酯、化纤原料，中游的织造、染整，下游的服装、家纺、轻纺实体市场和网上轻纺城等全国最完整的产业链和市场营销体系，纺织全产业链的优势十分突出。先后被评为国家新型工业化纺织印染产业示范基地、中国绿色印染研发生产基地、国家火炬计划绍兴纺织装备特色产业基地、"两化深度融合"国家综合性示范区和浙江省首批产业集群转型升级示范区，纺织产业集群影响力不断增强。

广东东莞虎门：打造世界级的时尚产业集群

23年前，虎门是一个边陲小镇，但是改革开放给虎门带来了一个大机遇，借助改革开放的春风，虎门人做出了惊人的创举，举全镇之力兴办全国性的服装交易会——中国（虎门）服装交易会。谁也不曾想到，就是这个创举，成就了虎门服装时尚产业的发展与兴旺。如今虎门的服装服饰产业已形成了规模庞大的产业集群、配套完善的产业链条、成熟发达的市场体系。服装使虎门这个昔日的小镇不但成为富有现代气息的时尚之都，更是东莞纺织服装鞋帽产业繁荣发展的印证和缩影。

目前，虎门全镇已拥有服装服饰生产加工企业2300多家、配套企业1000多家，年工业总产值超450亿元。市场区域面积约7平方千米，总经营面积337万平方米，有40多个专业市场，虎门服装服饰市场年销售额超900亿元。在品牌培养方面，虎门拥有各类服装服饰注册品牌 5 万多个。如今的虎门早已成为享誉国内外的以女装、童装、休闲装为特色的中国服装服饰名城，荣获中国女装名镇、中国童装名镇、全国服装（休闲服）产业知名品牌创建示范区、中国服装区域品牌试点地区、首批全国纺织模范产业集群、首批中国服装产业示范集群、国家电子商务示范基地、国家火炬计划服装设计与制造产业基地、中国百佳产业集群等多项国家级荣誉。

"虎门服装经过 30 多年的快速发展和成长，在经济全球化的过程中，如今受到了严峻的威胁与挑战。"谭志强坦言，一方面外部竞争的压力越来越大；另一方面行业内受原材料、用工成本等因素上涨的影响，企业的利润空间越来越狭窄……这些都促使虎门服装服饰产业的引领者们必须在发展中思变。

如今，在国家粤港澳大湾区大战略背景下，虎门这座城市又有了它的新定位——打造"中等发达、开放时尚的现代化滨海城市"。新的定位促使虎门服装产业重新定位自己在中国服装服饰产业中的角色。未来虎门服装不仅是"量"地占据，更应该有"质"的飞跃。

本文节选自 http：//news.dayoo.com/gzrbrmt/201911/14/158545_52920813.htm.

附录 7　2016—2019 年赴某大学招聘毕业生人数前十的纺织服装类企业名录

排名	2016 年	排名	2017 年
1	上海罗莱家用纺织品有限公司	1	鲁泰纺织股份有限公司
2	宁夏如意科技时尚产业有限公司	2	东莞德永佳纺织制衣有限公司
3	信泰（福建）科技有限公司	3	东莞超盈纺织有限公司
4	福建省百凯弹性织造有限公司	4	浙江同辉纺织股份有限公司
5	宁波太平鸟时尚服饰有限公司	5	华芳集团有限公司
6	互太（番禺）纺织印染有限公司	6	安踏体育用品集团有限公司
7	浙江三元纺织有限公司	7	福建柒牌商贸有限公司
8	东莞德永佳纺织制衣有限公司	8	利郎（中国）有限公司
9	鲁泰纺织股份有限公司	9	浙江金三发集团有限公司
10	山东如意科技集团有限公司	10	浙江华孚色纺有限公司
排名	2018 年	排名	2019 年
1	利郎（中国）有限公司	1	深圳市富安娜家居用品股份有限公司
2	东莞德永佳纺织制衣有限公司	2	云尚羊绒（西安）有限公司
3	东莞超盈纺织有限公司	3	鲁泰纺织股份有限公司
4	鲁泰纺织股份有限公司	4	浙江同辉纺织股份有限公司
5	浙江同辉纺织股份有限公司	5	安踏体育用品集团有限公司
6	浙江金三发集团有限公司	6	斐乐服饰有限公司
7	浙江雅莹时装销售有限公司	7	陕西奥普森检测科技有限公司

排名	2018 年	排名	2019 年
8	广东溢达纺织有限公司	8	西安纺织集团有限责任公司
9	安踏体育用品集团有限公司	9	绍兴市柯桥区西纺纺织产业创新研究院
10	如意集团有限公司	10	浙江芬雪琳针织服饰有限公司

附录 8　2019 年中国经济十强市（县）皆与纺织服装产业深度相关

排名	所属省	市 （县）
1	江苏省	昆山市
2	江苏省	江阴市
3	江苏省	张家港市
4	江苏省	常熟市
5	福建省	晋江市
6	湖南省	长沙县
7	浙江省	慈溪市
8	江苏省	宜兴市
9	江苏省	太仓市
10	山东省	龙口市